蔬菜水果感官性状与检验方法

SHUCAI SHUIGUO GANGUAN XINGZHUANG YU JIANYAN FANGFA

李倩　柳琪　滕葳　编著

化学工业出版社

·北京·

内容简介

感官检验是评价蔬菜水果产品质量的重要依据之一。本书探讨了蔬菜水果种植环节、贮运环节各因素对蔬菜水果感官性状的影响，介绍了蔬菜水果产品感官检验实验室的环境设施要求，感官检验人员的素质要求，蔬菜水果感官检验的质量控制，蔬菜水果产品感官差别检验、标度和类别检验以及分析或描述性检验方法及检验示例，为读者提供蔬菜水果等农产品感官检验的基本方法。

本书可供从事蔬菜水果感官检验、品种鉴定、品种研究及管理人员参考使用。也可作为高等院校蔬菜水果类专业、有关科技人员、农产品生产及销售人员的参考用书。

图书在版编目（CIP）数据

蔬菜水果感官性状与检验方法/李倩，柳琪，滕葳编著. —北京：化学工业出版社，2022.1

ISBN 978-7-122-40329-2

Ⅰ.①蔬… Ⅱ.①李… ②柳… ③滕… Ⅲ.①蔬菜-食品感官评价 ②水果-食品感官评价 Ⅳ.①TS207.3

中国版本图书馆CIP数据核字（2021）第241962号

责任编辑：刘 军 孙高洁　　装帧设计：王晓宇
责任校对：王 静

出版发行：化学工业出版社（北京市东城区青年湖南街13号 邮政编码100011）
印 装：三河市延风印装有限公司
710mm×1000mm 1/16 印张19 字数356千字 2022年2月北京第1版第1次印刷

购书咨询：010-64518888　　售后服务：010-64518899
网 址：http://www.cip.com.cn
凡购买本书，如有缺损质量问题，本社销售中心负责调换。

定 价：98.00元

感觉是客观事物的不同特性在人脑中引起的反应。在人类产生感觉的过程中，感觉器官直接与客观事物的特性相联系，一种物质的感官特性涉及这种物质组成的一切物理、化学性质，这里的感觉器官包括眼、耳、鼻、口、手。感官检验是用感觉器官检验产品的与感官特性相关的方法。蔬菜水果感官检验，是蔬菜水果产品质量检验的基础，是产品生产、品种鉴定、品种开发研究、品质控制、监督管理的重要手段，其检验结果是产品直接或间接内在品质质量的体现。感官检验是评价产品质量的重要依据之一。

由于蔬菜水果生产环节受自然环境条件、生产技术过程、病虫草害等客观因素影响，各种蔬菜水果的产品规格、外形存在差异，产品处于非正常、不新鲜状态，例如蔫萎、枯塌、损伤、病变、虫害侵蚀等引起的形态异常等。另外，蔬菜水果种类不同，特别是蔬菜种类繁多，其可食部分可以来自植物的根、茎、叶、花、果实和种子，由于这些可食部分的组织结构和新陈代谢方式不同，蔬菜水果耐贮性也有很大的差异。采收、运输、贮藏过程也会对蔬菜水果品质产生影响。采后机械损伤、失水、萎蔫、黄化、败坏、冷害、冻害、病菌侵害等，都对蔬菜水果的感官、营养品质造成不良影响。因此，了解蔬菜水果生产过程、影响品质和耐贮性的自然环境条件、病虫草害，以及采收、运输、贮藏过程对其感官指标的影响，是开展蔬菜水果感官检验、鉴别蔬菜水果品质优劣工作的重要基础。

蔬菜水果感官检验中需要掌握以下信息：一是人对一种刺激的响应与先前的经验或来自环境的其他感官刺激密不可分。经验和环境这两种因素的影响可控制，影响结果可标准化。二是在检验中，任一组感官评价员中感官响应的差异是必然的、不可避免的，是由个体内或个体间生理和心理上的差异引起的。但经过培训，群组中个体感官响应会保持高度一致性。三是感官检验中人员响应引起的系统偏差可导致失真的数据和不正确的解释，这种情况很难识别。应通过合适的试验设计和检验过程，尽可能控制产生偏差的因素。四是由检验结果得出的评定结论，其有效性取决于采用的检验方法以及检验过程。

蔬菜水果感官检验目标主要有以下三类：对产品进行分类、排序以及描述。

对两个或两个以上产品进行区分，重要的是要理清所需要的检验目标［差异是否存在、差异的大小、差异的方向（性质）、差异的影响，如对偏爱的影响、是否全部或部分人员能察觉到差异］，以及确证产品没有差异。

感官检验也是一门测量的科学，和其他的分析检验过程一样，也涉及精密度（感官检验的数据要有重现性）、准确度（感官检验的测量数据和真实数据之差）和可靠性（感官评价数据的分析，通常采用的显著性为5%或1%）。本书主要介绍了病害对蔬菜水果感官品质的影响，生产、贮运环节对蔬菜水果感官品质的影响，蔬菜水果感官检验实验室与人员培训要求以及蔬菜水果感官检验方法及应用示例，为从事蔬菜水果感官检验、品种鉴定、品种研究和蔬菜水果生产管理等人员提供实际应用参考。

本书由山东省标准化研究院、山东省农业科学院农业质量标准与检测技术研究所、农业农村部食品质量监督检验测试（济南）、山东省食品质量与安全检测技术重点实验室和农业农村部农产品风险评估检验检测机构，针对我国食品、农产品生产、管理监测检验检测机构发展和实际工作需要组织编写，借此希望能够促进我国蔬菜水果感官检验与结果评价工作顺利开展，使读者初步了解和掌握感官检验的基础知识和方法，为完善我国食品、农产品生产、管理、检验检测提供技术支持。

本书编著者之一的李倩博士是山东省标准化研究院农业农村标准化研究中心的研究人员，具体负责本书提纲拟定、资料整理、撰写、统稿工作；滕葳、柳琪是山东省农业科学院农业质量标准与检测技术研究所、山东省食品质量与安全检测技术重点实验室、农业农村部食品质量监督检验测试中心（济南）和农业农村部农产品风险评估检验检测机构的专职研究人员，负责资料收集等工作。

由于编著者水平有限，书中难免有不足之处，敬请专家和同仁批评指正。

编著者

2021 年 12 月

目
CONCENTS
录

第一章 蔬菜水果感官特性与影响因素

蔬菜水果产品所特有的自然属性，使其具有不同于其加工产品的特点。在生产者方面，由于蔬菜水果在生长、采摘、运输、贮存等过程中，受到生理性病害、病菌、虫害、施肥用药、栽培环境、运输、贮存条件等各种因素的影响，蔬菜水果产品的大小、形状、色泽、成熟度、甜度、爽口度、质地、病虫伤害、机械损伤、冻害、冷害等状况差异很大，即使同一植株上的果实，其商品性状也不完全一致。因此，在菜园和果园内采收的蔬菜水果大小混杂、良莠不齐。只有对蔬菜水果产品按照一定的标准进行感官分级检验，使产品标准化，或者使同品性状大体趋于一致，这样才有利于产品的收购、包装、运输、贮藏及销售。了解掌握自然环境生产过程对蔬菜水果产品产生的不良影响及初步的影响原因，是正确掌握蔬菜水果产品感官检验的基础。

通常蔬菜水果的外在感官质量，是通过人的视觉、触觉和嗅觉来进行鉴定的。蔬菜水果的病虫害感染、生理病害程度，蔬菜水果的色泽、形状、大小、整齐度，蔬菜水果个体的结构特点都会影响蔬菜水果的感官品质。蔬菜水果洁净状况、滋味、气味、口感等都是通过感官进行鉴别与检验的。普通的消费者在日常选购蔬菜水果时，也主要是依据视觉、触觉和嗅觉来进行鉴别的，通过蔬菜水果的感官外形来判断和选择蔬菜水果产品。在监督检验角度，通常农产品的感官性状也是农产品质量品质的一种间接表现。

第一节 蔬菜水果品质质量的评价

目前，世界主要国家在蔬菜水果品质质量检验验收标准上，对蔬菜水果的选择认识基本一致。

一、蔬菜水果品质构成

蔬菜水果品质主要由以下几个方面构成。

（1）外观　大小、形状、色泽等。

（2）风味　糖、酸、糖苷类、单宁、氨基酸、醛、烯、酯等。

（3）质地　组织的老嫩程度、硬度的大小、汁液的多少、纤维的多少等。

（4）营养　维生素、矿物质、蛋白质、碳水化合物等。

（5）安全　有害物质的残留等。

二、蔬菜水果感官品质的评价

感官品质是指通过人的感官可以作出判断的质量要求，包括颜色、大小、形状、结构、稠度、黏度、味道和气味等。感官品质是蔬菜水果质量最敏感的部分，也是消费者购买与否首先考虑的方面。

1. 蔬菜感官鉴别评价的主要内容

（1）色泽　从蔬菜色泽看，各种蔬菜都应具有本品种固有的颜色，大多数有发亮的光泽，以此显示蔬菜的成熟度及鲜嫩程度。除杂交品种外，各品种都不能有其他因素造成的异常色泽及色泽改变。

（2）气味　从蔬菜气味看，多数蔬菜具有清新、甘辛香、甜酸香等气味，可以凭嗅觉识别不同品种的质量，不允许有腐烂变质的气味和其他异常气味。

（3）滋味　蔬菜滋味因品种不同而各异，多数蔬菜滋味甘淡、甜酸、清爽鲜美，少数具有辛酸、苦涩等特殊风味以刺激食欲。如失去本品种原有的滋味即为异常，但改良品种应该除外，例如大蒜的新品种就没有“蒜臭”气味或该气味极淡。

2. 水果感官鉴别评价的主要内容

（1）新鲜度　如重量、鲜嫩程度、光泽、果梗有无变色。

（2）果形　如大小、匀整性、有无变形、有无划痕；果皮如颜色、有无白粉、厚度、剥皮的难易、有无凹凸、有无皱纹及病虫害；有无残留的农药、蜡等。

（3）果肉　如硬度、果胶、纤维、齿感、色泽、香气、甜味、酸味、颜色。

（4）贮藏影响　贮藏中有无后熟现象。

第二节 蔬菜水果的内在物质与感官特性的关系

蔬菜水果所含的营养成分，如各种维生素、矿物质、蛋白质、碳水化合物等，是构成蔬菜水果品质的一个主要方面。同时，蔬菜水果的品质还包括蔬菜水果本身的颜色、质地、大小、形状和风味等内容。

一、蔬菜水果的色泽

蔬菜水果的色泽因不同种类、品种而异，不论鲜食还是贮藏，色泽是品质分级标准之一。决定蔬菜水果色泽发育的色素主要有叶绿素、类胡萝卜素、花青素等。

1. 叶绿素

存在于叶绿体内，与胡萝卜素共存。叶绿素的形成要有光及必要的矿物质元素，并受某些激素的影响。一些果实、果皮或果实的某些部分保持绿色是果实新鲜和健壮的标志，反之失去绿色或变黄是成熟衰老的标志，如苹果底色，洋梨、香蕉的绿色，柑橘果蒂部绿色，番茄的绿色，等。生长素可使柑橘果蒂保持绿色。赤霉素、细胞激素可使柑橘果皮保持绿色，推迟上色甚至回绿。

2. 类胡萝卜素

柑橘类果实含 α-胡萝卜素、β-胡萝卜素、叶黄素、玉米黄质和隐黄素，番茄含番茄红素。

在果实的生长期内，光对类胡萝卜素形成有影响。一般果实成熟过程中受光少，类胡萝卜素含量也少，但也有的在果实生长初期光照好，由绿熟到上色期，遮光反而上色好（如番茄）。温度高可抑制类胡萝卜素的形成，如番茄红素形成的最适温度为 19～24℃，30℃以上不易形成。

3. 花青素类

花青素类是指果实或花表现出的红、蓝、紫等色的水溶性色素，它主要存在于细胞液或细胞质中。在 pH 低时呈红色，中性时为淡紫色，碱性时呈蓝色，与金属离子结合也呈现各种颜色。因此果实可呈现各种复杂的色彩。

影响红色发育的条件，除去遗传因素外，主要有以下几方面因素。

（1）可溶性碳水化合物　花青素的形成须有糖的积累。例如康克葡萄在果实内还原糖不达到 8%以上不着色，玫瑰露葡萄不达到 17.5%以上，上色不良。苹果的红色在戊糖呼吸旺盛时才能形成，而戊糖呼吸活跃，须有充足的糖积累，才能形成色素原，糖积累少，红色发育不好。

（2）光　光的作用与碳水化合物形成有关，光也可间接刺激诱导花青素的形成。但由于果树种类、品种不同，也有不直接接受日光照射而上色好的，如苹果的一些浓红型芽变，新红星、红皇后等品种在散射光下上色也好。

光质对上色影响更大。紫外线对上色有利，故在海拔高、云雾少的生长条件下上色好。

（3）元素　氮多会减少果实红色。氮影响果实上色的直接原因是，它与可利用的糖合成有机氮，减少了碳水化合物的积累，甚至使果实细胞的原生质增多而液泡变小。缺钾的植株上施用钾肥可增加果实红色，缺钾时，施钾肥对氮的吸收有促进作用，从而阻碍了植株的红色发育。

（4）水分　一般在干旱的地方灌水后蔬菜水果上色鲜艳。这是因为水通过影响光合作用间接影响了蔬菜水果色素的发育。

（5）温度　夜温与果实上色关系密切。因为夜温高，果实呼吸消耗糖分多，夜温较低，有利于果实糖分的积累。

二、果实的硬度

1. 决定果实硬度的内因

果实硬度是水果和果菜类品质的重要指标之一。决定果实硬度的内因是细胞质的结合力，即细胞构成物质的力学强度与细胞的膨压。

果实细胞间的结合力受果胶物质含量的影响，随着果实成熟，可溶性果胶增多，原果胶减少。有的果实只是原果胶减少，使原果胶/总果胶之比下降，果实细胞内失去结合力，果肉变软。

细胞壁的构成物中以纤维素的含量与硬度大小关系密切。

2. 影响果实硬度的外因

叶片的含氮量常与果肉硬度呈负相关，含氮量高，果实硬度低。水分大，果个大，果肉细胞体积大，果肉硬度低。采收时和采后的温度对贮藏期果实硬度有很大影响，果肉变软的速度在 21℃ 时比 10℃ 时要快 2 倍。所以采收时气温高，采后又不能及时入冷库，这是苹果、梨果变软、不耐贮藏的重要原因。

三、蔬菜水果的风味

1. 甜味

蔬菜水果中所含的糖主要有葡萄糖、果糖、蔗糖，果糖最甜，蔗糖次之，葡萄糖更次，但葡萄糖风味好。成熟的甜、酸樱桃所含的糖主要是葡萄糖和果糖，苹果、梨、枇杷、柿含有 3 种糖，但葡萄糖和果糖含量大大高于蔗糖。而某些种类如桃、杏及部分李品种、柑橘中蔗糖占优势。葡萄果实中以葡萄糖最多，果糖次之，无蔗糖。番茄中主要含葡萄糖，果糖次之，蔗糖很少或没有。由于糖的种类及比例含量的变化，果实有千差万别的风味。

2. 酸味

蔬菜水果依种类、品种和成熟度的不同以及组织部位的不同含有各种有机酸，这些有机酸在组织中或以游离状态或以盐的形式存在，它们与糖一起决定蔬菜水果的风味。

3. 香气

蔬菜水果特有的芳香是由其所含的多种芳香物质所致，此类物质大多为油状挥发性物质，故又称挥发性油。挥发性物质的主要成分为醇、酯、醛、酮、烃以及萜类和烯烃等。也有的蔬菜水果芳香物质是以糖苷或氨基酸形式存在的，在酶的作用下分解，生成挥发性物质才具备香气，如苦杏仁、蒜油等。

芳香物质在果品中的存在部位也随种类不同而异，柑橘类存在于果皮中较多；苹果等仁果类存在于果肉和果皮中；核果类则在核中存在较多，但核与果肉的芳香常有一定的差异；许多蔬菜的芳香成分存在于种子中。

4. 涩味

绝大多数果品含有多酚物质，蔬菜除了茄子、蘑菇等外，一般多酚含量较少。在多酚类物质中，主要为单宁物质，它是一大类具有儿茶酚及黄酮醇和黄烷酮醇结构的物质，普遍存在于未成熟的果品中，果皮部的含量多于果肉。单宁具有涩味，在蔬菜水果成熟的过程中，它经过一系列的氧化或与酮、醛等进行反应，失去涩味。

第三节
病害对蔬菜水果感官特性的影响

蔬菜水果生产过程中，常会受到病害的影响。引起某种蔬菜水果病害的病原物、环境条件及植物本身与其他蔬菜水果有很大差别，因此蔬菜水果病害的发生有其自身的特点。

许多病原微生物在土壤中存活和积累，在寄主植物被采收后，随遗留的病残体一起，存活于土壤中。有的病原物以休眠孢子或其他有利于生存的形态结构在土壤中长期存活，如大白菜菌核病菌的菌核，在干燥条件下存活期可达一年以上。有的病原物在土壤中行腐生生活。多年连作地为病原物的大量繁殖和积累创造了有利的条件。

蔬菜水果种子、苗木传带病菌。近几年来，随着种苗产业的发展，种苗传带病原菌的问题已日趋突出。有的新种植区原来没有病害或没有某种病害发生，通过从外地调种或购入种苗后，将新的病害传带进来。种子传带病害是最常见的，其传带病原物的方式多种多样：有的以菌丝体的形式潜伏种皮内部，有的以菌核的形态混杂于种子之中，有的病毒存在于种胚之中。所有带有病菌的种子，均可传播病害。

蔬菜水果生长发育的特点要求其周围环境有一定的湿润程度，这样才有利于蔬菜水果生产。但是潮湿的环境条件对病原物来说，同样是十分适合的，湿度大，尤其有利于细菌的繁殖和真菌孢子的形成。细菌必须在水中游动和侵入，而真菌孢子要在水中或较高湿度时才能萌发和侵入。因此在潮湿天气的条件下或多雨时，蔬菜水果病害发生严重。尤其是大规模发展起来的保护地蔬菜、水果栽培，由于光照强度低、湿度大等特点，非常有利于病害的发生和流行，因此保护地蔬菜、水果栽培中发病往往非常严重。

一、蔬菜水果病害的病状与病征

病害是蔬菜水果在生长发育过程中，由于病原微生物的侵染或受到周围不良环境的影响后，其正常的生理代谢受到了干扰，内部组织结构和外部形态出现的异常现象。蔬菜水果病害的病原不同，其症状也不一定相同，有时甚至会有很大的差异。症状是识别病害的重要依据。多数病害的症状都具有相对的稳定性。但症状的表现也不是固定不变的，例如花叶常伴随着器官的畸形。因此，对某些病害特别是不常见的病害，不能单凭症状进行识别，更不能只根据一般症状下结论，必要时应进行病原的鉴定。蔬菜水果病害的症状可以分为两种类型：病状与病征。

1. 病状及其类型

病状是指感病植物本身所表现的不正常状态。蔬菜水果病害的病状归纳起来，有以下几种类型。

（1）变色　蔬菜水果受害后局部或全部失去正常的绿色，称为变色。如失绿、黄化、红叶、花叶等。

（2）坏死　它表现为蔬菜水果局部细胞和组织的死亡。常见的有斑点、穿孔、猝倒和立枯。坏死还表现为溃疡和疮痂的症状。坏死现象一般不改变植物原来的结构。

（3）腐烂　是指在细胞或组织坏死的同时，伴随着组织结构被破坏和分解。按照腐败组织的质地分为干腐、湿腐和软腐 3 种。

（4）萎蔫　是指蔬菜水果由失水导致枝叶凋萎下垂的一种现象，通常是全株性的。

（5）畸形　蔬菜水果被侵染后，细胞数目增多或减少，体积增大或变小，导致局部或全株呈畸形。畸形的表现类型很多，如矮化、丛枝。此外，还有皱叶、蕨叶、扁枝、叶片肥厚和扭曲等。畸形的病状在病毒病中较为常见。

2. 病征及其类型

蔬菜水果发病后，除表现以上的病状外，在发病部位往往伴随着出现各种病原物形成的特征性结构，叫病征。只有真菌和细菌病害才有病征出现。一般在蔬菜水果发病的后期才出现，气候潮湿有利于病征的形成。常见的病征有下面几种：

（1）霉状物　霉是真菌性病害常见的病征。不同的病害，霉层的颜色、结构、疏密等变化较大，可分为霜霉、黑霉、灰霉、青霉、白霉等。

（2）粉状物　粉状物是某些真菌孢子密集地聚集在一起所表现的特征。根据颜色的不同，又可分为白粉、锈粉、黑粉等。

（3）粒状物　病菌常在病部产生一些大小、形状、颜色各异的粒状物。这些粒状物，有的着生在寄主的表皮下，部分露出，不易与寄主组织分离，如真菌的分生孢子盘、分生孢子器、子囊壳、子座等；有的则长在寄主植物表面，如白粉菌的闭囊壳、菌核等。

（4）脓状物　这是细菌特有的特征性结构。在病部表面溢出含有许多细菌和胶质物的液滴，称作菌脓或菌胶团。

二、蔬菜病害

1. 发生时期

蔬菜水果在其整个生长季节及采收后常会遭受病原物的侵袭而发病，按病害发生的时期，可以分为苗期病害、成株期病害、采后病害。

（1）苗期病害　常见的有立枯病、猝倒病、灰霉病和沤根。

（2）成株期病害　常见的有霜霉病、疫病、白粉病、菌核病、枯萎病、青枯病、锈病、病毒病、软腐病、根肿病。

（3）采后病害　病害的发生较为复杂，有些部位在收获时并没有表现出病征或病状，但是此时病原物可能已经侵入到了蔬菜水果体内，即蔬菜水果实际上已经感病，这些病征和病状在采收后才表现出来。因此采后病害是蔬菜水果在采后的贮藏、运输、销售期间发生的病害。采后侵染蔬菜水果的病原物主要是一些弱寄生性的真菌和细菌，常见的有青霉、葡萄孢、链格孢、根霉、镰刀菌、曲霉等。

2. 发生部位

蔬菜的根、茎、叶、花、果均可感染病原微生物，引起发病。蔬菜叶部病害是发生最多的，主要有疫病、早疫病、晚疫病、霜霉病、白粉病、黑斑病、角斑病、软腐病、疮痂病、病毒病等；茎部病害主要有枯萎病、黄萎病、青枯病等；根部病害主要有根腐病、根肿病、根结线虫病、沤根、烧根；发生于花和果实上的病害主要有灰霉病、脐腐病、日灼病。引起蔬菜变质的常见微生物见表 1-1。

表 1-1　引起蔬菜变质的常见微生物

微生物	感染的蔬菜	病害
欧文氏菌属	甘蓝、白菜、萝卜、花椰菜、番茄、茄子、辣椒、黄瓜、西瓜、豆类、洋葱、大蒜、芹菜、胡萝卜、莴苣、马铃薯等	细菌性软化腐烂
假单胞菌属	甘蓝、白菜、花椰菜、番茄、茄子、辣椒、黄瓜、西瓜、甜瓜、豆类、芹菜、莴苣、马铃薯等	枯萎、斑点
黄单胞菌属	甘蓝、白菜、花椰菜、番茄、辣椒、莴苣、生姜等	枯萎、斑点、溃疡
灰葡萄孢	甘蓝、白菜、萝卜、花椰菜、番茄、茄子、辣椒、黄瓜、南瓜、豆类、洋葱、大蒜、芹菜、胡萝卜、莴苣等	灰霉腐烂
白地霉	甘蓝、萝卜、花椰菜、番茄、豆类、洋葱、大蒜、胡萝卜、莴苣等	酸腐烂或出水性软化腐烂
黑根霉	甘蓝、萝卜、花椰菜、番茄、黄瓜、西瓜、南瓜、豆类、胡萝卜、马铃薯等	根霉软化腐烂
疫霉属	番茄、茄子、辣椒、瓜类、洋葱、大蒜、马铃薯等	疫霉腐烂
刺盘孢属	甘蓝、白菜、萝卜、芜菁、芥菜、番茄、辣椒、瓜类、豆类、葱类、莴苣、菠菜等	黑腐烂
核盘孢属	甘蓝、白菜、萝卜、花椰菜、番茄、辣椒、豆类、葱类、芹菜、胡萝卜、莴苣、马铃薯等	菌核性软化腐烂或菌核病
链格孢属	甘蓝、白菜、萝卜、芹菜、芜菁、花椰菜、番茄等	链格孢霉腐

续表

微生物	感染的蔬菜	病害
镰孢霉属	茄子、马铃薯等	腐烂或黑腐烂
白绢薄膜革菌	番茄、洋葱、黄花菜、马铃薯等	镰孢霉腐烂
其他	甘蓝、白菜、萝卜、花椰菜、番茄、茄子、辣椒、瓜类、豆类、葱类、芹菜、胡萝卜等	霉菌引起新鲜蔬菜的变质

三、水果病害

水果病虫害主要可分为侵染性病害、非侵染性病害和虫害等。在水果的种植过程中，病虫害问题深刻影响着水果的产量和品质。因此，需要对病虫害进行合理诊断分析，从而针对性地进行防治，保障水果的质量。

1. 侵染性病害

在水果种植中，果树受到的侵染性病害主要是由感染病原体导致的，而病原体包括病毒、真菌、线虫以及原核生物等，侵染性病害表现出能够互相感染等特点。对于感染真菌这类病害，在果树上会出现叶片变色以及斑纹等现象，甚至还会出现局部坏死和枯烂，在果树的感染部位还会发霉以及出现粉状物和颗粒物。侵染性病害引起水果变质的常见微生物见表 1-2。

表 1-2　侵染性病害引起水果变质的常见微生物

微生物	感染的水果	病害
青霉属	柑橘、梨、苹果、桃、樱桃、李、梅、杏、葡萄、黑莓等	青霉病、绿霉病
灰葡萄孢	柑橘、梨、苹果、桃、樱桃、李、梅、杏、葡萄、黑莓、草莓等	灰霉腐烂
黑根霉	梨、苹果、桃、樱桃、李、梅、杏、葡萄、黑莓、草莓等	根霉软化腐烂
黑曲霉	柑橘、苹果、桃、樱桃、李、梅、杏、葡萄等	黑腐烂
枝孢霉、木霉属	桃、樱桃、李、梅、杏、葡萄等	绿霉腐烂
链格孢属	柑橘、苹果等	链格孢霉腐烂
疫霉属	柑橘等	棕褐色腐烂
核盘菌属	桃、樱桃等	棕褐色腐烂
镰孢霉属	苹果、香蕉等	镰孢霉腐烂
小丛壳属	梨、苹果、葡萄等	炭疽病或黑腐烂
刺盘孢属	柑橘、梨、苹果、葡萄、香蕉等	炭疽病或黑腐烂
盘长孢属	柑橘、梨、苹果、葡萄、香蕉等	炭疽病或黑腐烂

续表

微生物	感染的水果	病害
粉红单端孢	苹果等	粉红腐烂

注：柑橘包括橘子、柠檬、橙、柚。

2. 非侵染性病害

表现出仅仅局部发生，没有明显的扩散现象，并且在发病的果树上未表现出明显的病状和未发现病原体，这些可基本判定为非侵染性病害。此类病害的发生可能是由农药或者化肥使用不当造成的，例如果树局部集中畸形、被灼伤等现象。另外，果树存在生长不佳、顶部出现老叶等缺素症状，主要是缺少营养所致。

四、蔬菜水果生理性病害

蔬菜水果病害的发生除病原物因素外，还有一些生理性的因素，这种病害统称为生理性病害。生理性病害发生后，不会大规模流行，但是往往会引起其他侵染性病害（即病原物引发的病害）发生和流行。因为生理性病害发生后，植株本身抵御不良环境的能力下降，而有利于病原物的侵入。生理性病害的发生往往由以下几个方面引起：

① 土壤中缺少某种元素或某种元素含量过多引起中毒。

② 水分过多或过少。

③ 温度、光照失调。

④ 农药的药害。

⑤ 环境污染。

五、蔬菜水果病害的传播方式及其与环境条件的关系

蔬菜水果病害通过空气、水、土壤、其他生物（如昆虫、线虫、人等）、其他自然条件及种子传播。有的病害是通过某一种途径传播的，而有的病害则是通过多种途径复合传播的。

蔬菜水果生长的环境中有生物因素，也有非生物因素。生物因素主要是指生长环境中的其他生物如微生物、昆虫、其他植物及人类；非生物因素主要包括温度、湿度、风雨、光照、各种有机和无机物等。对蔬菜水果病害的发生与流行产生影响的环境条件，主要包括气候、土壤、生物和农业耕作方式。

引起病害流行的因素一般有三个方面：

（1）寄主植物（蔬菜水果） 大面积高密度栽培种植造成寄主植物易感染病害。

（2）病原物 病原物致病性强，且病原物数量大。

（3）环境条件　环境条件有利于病原物的侵染、繁殖、传播和生存。

当这三者均有利于病菌产生和扩散时，病害就会大面积发生和流行。

六、蔬菜水果病害基础

蔬菜水果病害是蔬菜生产上的自然灾害，它直接影响蔬菜水果的产量和品质，造成的损失十分严重。蔬菜水果病害就是植物受到其他生物的侵染，或者不适应环境条件时，不能正常地生长发育，并出现各种病态，最终表现为产量下降、品质降低，甚至死亡。当蔬菜水果感染病害后，在生理上、组织上、形态上逐渐发生一系列病变过程，叫病理程序。与蔬菜水果病害相比，风、雹、昆虫以及高等动物对植物造成的机械损伤，没有逐渐发生的病变过程，因此不是病害。

冬暖式温室大棚，投入较高，因而少者使用 4～5 年，多者 7～8 年，甚至 10 年以上。在冬季蔬菜、水果生产中，尤其是自 12 月下旬至翌年 3 月初，环境温度低，为保持温室内的温度，通风换气便受到限制，从而使棚室内的湿气不能及时逸散，导致棚内湿度大，特别是遇到连阴天，湿度可达饱和状态，造成植株表面大量结水。这种环境尤其适合真菌中的鞭毛菌所导致的病害的发生，常见的有黄瓜霜霉病、番茄晚疫病、辣椒疫病等。这些病菌，只有当它们的病菌孢子浸浴在水滴或水膜中才会萌发，侵染才会发生。另外，像茄子菌核病、番茄叶霉病这类需要高湿度的病害发生也较露地蔬菜严重。还有一类适合这种高湿度环境的是各种细菌性病害，如黄瓜细菌性角斑病、番茄溃疡病等。

1. 病原菌型

引起蔬菜水果发生病害的因素叫病原。侵害蔬菜水果的病原主要有真菌、细菌、病毒、病原线虫和寄生性种子植物。

（1）真菌　在蔬菜水果病害中，真菌性病害的种类最多。真菌是一类不含叶绿素，没有根、茎、叶分化的真核生物。真菌典型的营养体是菌丝体，而它们的繁殖体是各种类型的孢子。真菌种类很多，分布非常广泛。真菌属于菌物界真菌门，真菌门分为 5 个亚门：鞭毛菌亚门，常见的有根肿菌属引起白菜根肿病，腐霉属引起黄瓜、茄子等绵腐病，疫霉属引起番茄晚疫病、马铃薯晚疫病和辣椒疫病，霜霉科真菌引起各种蔬菜霜霉病；接合菌亚门真菌引起甘薯软腐病；子囊菌亚门真菌常见的有引起桃缩叶病的外囊菌目、引起瓜类白粉病的白粉菌目和引起茄子褐纹病的球壳菌目等；担子菌亚门真菌常见的有引起菜豆锈病的锈菌目、引起小麦散黑穗病的黑粉菌目；半知菌亚门真菌常见的有丛梗孢目，引起番茄早疫病、黄瓜枯萎病、番茄灰霉病等，黑盘孢目引起辣椒炭疽病，球壳孢目引起芹菜斑枯病、茄子褐纹病等，无孢目真菌引起蔬菜的立枯病。

（2）细菌　蔬菜水果的细菌病害，在数量上和为害程度上不如真菌和病毒病害。细菌是属于原核生物界的单细胞生物，有细胞壁，无固定的细胞核。蔬菜水果病原细菌都是短杆状的，大小为（1～3）$\mu m\times(0.5\sim0.8)\mu m$。细菌以裂殖的方式进行繁殖，在26～30℃的适宜条件下，大约20 min分裂1次。蔬菜水果病原细菌可分为5个属：假单胞杆菌属，如引发辣椒青枯病、茄子青枯病、番茄青枯病、马铃薯青枯病和黄瓜细菌性角斑病等的细菌；黄单胞杆菌属，如引发菜豆细菌性疫病、姜瘟病和辣椒疮痂病等的细菌；欧氏杆菌属，如引发大白菜软腐病和辣椒软腐病等的细菌；野杆菌属，如苹果毛根病菌；棒杆菌属，如马铃薯环腐病菌。

（3）病毒　蔬菜水果病毒病害，在生产上是仅次于真菌的病害。许多蔬菜水果都会受到一种或几种病毒的侵染，给生产造成巨大的损失。病毒是一类非细胞状态的分子生物，一个完整的病毒颗粒叫病毒粒体。它们的侵染来源主要有种子、无性繁殖材料、寄主植物、生物介体及病株残体。

2. 病原物的传播

越冬或越夏的病原物，必须传播到蔬菜水果上才能发生初侵染，在植株之间也只有通过传播才能引起再侵染。

（1）病原物的主要传播途径　气流，如霜霉病病菌在棚室内和棚室间的传播；雨水和流水，如白菜软腐病菌是靠流水进行传播的；许多蔬菜水果病毒是依靠昆虫传播的，如引起多种蔬菜病毒病的黄瓜花叶病毒是由蚜虫传播的；人类的各种活动，常“帮助”病原物传播，例如调运种子、苗木以及嫁接、整枝、打杈、修剪等活动都可以传播病害。

（2）病毒的传播途径

① 介体传染。病毒的自然传播多数依靠昆虫、菟丝子等介体，其中以刺吸式口器的昆虫最为突出，像西葫芦病毒病、番茄蕨叶病、辣椒病毒病主要靠蚜虫传播。

② 汁液接触传染。田间进行的许多农事活动都可以传染病毒病。另外，叶片间的互相摩擦，会使病毒通过轻微的伤口传播。

③ 嫁接传染。许多病毒病是通过嫁接传染的。

第四节
有害动物对蔬菜水果感官特性的影响

蔬菜果树种植中难以避免有害动物产生的危害，分为害虫、蜱螨类和软体动物等引起的危害。咀嚼式、锉吸式、刺吸式口器的危害最严重。有害动物常取食蔬菜水果的组织、器官，干扰和破坏蔬菜水果的正常生长、发育，引起减产和质量下降，除造成直接损失以外，一些有害动物还可以传播植物病害，造成田间病害发生与流行。有害动物对蔬菜水果的危害还表现在防治这些有害动物所耗费的农药、人工及由此引发的农药公害和农药中毒。蔬菜水果有害动物的分类方法有下面几种：

一是根据有害动物危害部位分为地上有害动物和地下有害动物；

二是根据蔬菜水果生产的时间可分为作物生长期有害动物和产品贮藏期有害动物；

三是根据有害动物取食特性可以分为取食固体食物的咀嚼式口器有害动物和取食液体食物的刺吸式口器有害动物；

四是根据有害动物危害的作物类型分为十字花科蔬菜有害动物、茄科蔬菜有害动物、葫芦科蔬菜有害动物等；

五是根据动物分类学可分为昆虫、蜱螨类和软体动物。

线虫又称蠕虫，是一类低等动物。寄生植物的线虫有数百种之多。蔬菜水果寄生线虫通常为雌雄异体，大多数是雌雄同形，少数为雌雄异形。线虫头部的口腔内有吻针，用以穿刺植物和吸食。线虫的生活史包括卵、幼虫和成虫3个阶段，幼虫共有4个龄期。寄生线虫多数以幼虫随病残体在土中越冬，少数以卵在母体内越冬。线虫的危害除了吻针对植物的机械损伤外，主要是它分泌的多种酶和毒素会造成各种病变，如北方根结线虫造成黄瓜、番茄和茄子的线虫病。

一、蔬菜水果有害动物的危害方式

蔬菜水果有害动物的危害方式主要有直接危害和间接危害两种。直接危害是通过直接取食蔬菜水果体而造成的。根据有害动物的取食特性，直接危害又可分为以下几类：

（1）咬食　如菜蛾、菜粉蝶、斜纹夜蛾、甜菜夜蛾等；

（2）刺吸汁液　如各种蚜虫、叶螨、白粉虱等，刺吸蔬菜水果的茎、叶、芽等器官的汁液；

（3）蛀食　如豌豆象、地蛆、黄曲条跳甲幼虫等，蛀食蔬菜水果的花蕾、果、种子、根与茎；

（4）潜叶危害　如潜叶蝇、斑潜蝇等潜入蔬菜（如豆角、瓜类）叶片内，取食叶肉组织。

蔬菜水果有害动物的间接危害是指有害动物取食蔬菜水果时，将病株上的病原物传到健株上或分泌一些害虫的分泌物到蔬菜水果体表，影响蔬菜水果的光合作用并引起霉菌寄生；或将虫卵产于蔬菜水果组织而伤害植株。其中传播病害是间接危害中引起损失最大的一种危害方式。

二、有害动物危害蔬菜水果的症状

蔬菜水果的根、茎、叶、花、果均可能受到有害动物的危害。同一部位可能遭受不同有害动物的危害，同一有害动物也可能危害不同的部位。

（1）叶片症状　蔬菜水果的叶片受害后，常出现孔洞或缺刻，或仅留下叶脉，或叶肉被取食而留下透明的表皮；被有害动物刺吸的叶片常出现卷缩、变黄、生长缓慢甚至停滞，被叶螨刺吸危害的叶片呈大红色；叶肉被潜叶蝇危害后通常出现白色、蛇形弯曲的隧道。

（2）花果症状　有害动物取食花、果实、种子等繁殖器官后，在其上蛀孔或留下虫粪或使器官脱落或造成空粒或引起果实畸形。

（3）根、茎部症状　蔬菜水果的根、茎被有害动物取食后常会引起植株萎蔫、死亡。

三、蔬菜水果有害动物的发生与周围环境条件的关系

蔬菜水果有害动物的发生受多种环境因素的影响，其中最主要的环境因素是气候因素，包括温湿度、降水、光、风等，以温湿度影响最大。温度范围一般为8～36℃，温度过高或过低均易引起有害动物大量死亡，湿度则主要影响有害动物取食的难易程度；土壤因素，由于土壤是一部分有害动物的栖息地之一，尤其对于一些地下有害动物，土壤是其活动的主要场所；食料因素，由于各种蔬菜水果或同种蔬菜水果不同器官、不同生育时期或不同生长势，对有害动物的营养价值不同，从而可影响有害动物的生长发育速率、存活率、生殖力及行为能力等；天敌因素，有害动物天敌可以将有害动物直接杀死，从而减轻其危害。

四、蔬菜水果有害动物的主要特点

目前蔬菜水果生产采用的是露地栽培和保护地栽培两种方式。这两种不同的栽培方式有不同的特点，因此这两种不同生产方式生产的蔬菜水果上有害动物的发生也具有不同的特点。

1. 露地栽培

露地蔬菜水果的特点是栽培品种繁多、茬口复杂、间套种形式多样、作物品种布局无规律或规律性差。蔬菜水果栽培耕作制度的复杂性，使得蔬菜水果害虫的发生规律也十分复杂，这种复杂性体现在四个方面，即：

① 同一地区栽培同种蔬菜水果时，栽培时期可能不完全相同，有害动物发生的种类、危害程度也会差异很大。

② 不同时间，在某一种植地区的不同地块上栽培同一种蔬菜水果时，尽管其生长时期基本一致，但有害动物的优势种及种群数量存在明显差异。

③ 多食性有害动物年间数量差异大，并且常常会暴发成灾。

④ 同一地区，有害动物的组成及不同种类的危害程度依栽培地的生态环境而存在差异。虽然露地栽培蔬菜水果有害动物发生情况复杂，但相对于某一种植区来说，大多数主要有害动物及其季节消长规律在一个地区较长时间内（一般

10年左右）还是较稳定的。如在长江中下游地区，近30年来，蔬菜的主要有害动物一直是小菜蛾、菜粉蝶、斜纹夜蛾、桃蚜、萝卜蚜、小地老虎，且每一种害虫的季节消长规律也基本不变。

2. 保护地栽培

保护地蔬菜水果栽培的环境特点是高温、温差大、高湿、光照弱、气流缓慢等，尤其是高温，是影响有害动物发生的主要因子。因为高温可使有害动物发生基数增加，发生世代增多，并且保护地在冬季成了有害动物大量繁殖和越冬的场所。其次在保护地中，有害动物天敌往往被隔离在外，为有害动物的大量繁殖和发生提供了客观上的便利。但是保护地栽培方式对某些有害动物有一定的抑制作用。如在长江中下游地区，在保护地中的茄果类蔬菜可避开小地老虎的危害；另外，一些用于覆盖的材料（如遮阳网）有利于阻止某些害虫的侵入或产卵。在棚室中，有害动物的发生有许多不同于露地蔬菜水果的地方。如温室大棚有3类有害动物发生最为严重，即潜叶蝇类、害螨类和粉虱类，其他类别的有害动物虽也可在“室中”发生，但为害较轻。有害动物主要通过3种方式进入到棚室内：如蔬菜大棚生产过程中，一是在扣棚前有害动物就已经生活在棚室内的杂草上，杂草是它们的最初寄主，例如朱砂叶螨、茶黄螨、温室白粉虱等。二是随菜苗迁入，如一部分温室白粉虱便是以产在叶片上的卵被带入棚室内。三是暂时潜藏在棚室内的土壤中，例如美洲斑潜蝇和南美斑潜蝇以蛹在土壤中潜藏，待扣棚后温度升高到一定范围时，再羽化为成虫。二斑叶螨可在棚室内的土中滞育，翌年2月份以后出蛰为害。朱砂叶螨在田中作物收获后至棚室中蔬菜种植之前，既可以在棚室中的杂草上生活，也可以雌成螨潜伏在土中休眠，待棚室中温度升高后再为害。暂时潜藏在土壤中的有害动物还有许多，如为害十字花科蔬菜的黄曲条跳甲、一些地下有害动物等。在棚室中，湿度大，无露地常遇到的刮风下雨，尤其是大风和暴雨，因而对那些体小的有害动物，像茶黄螨、南美斑潜蝇、美洲斑潜蝇等不会发生意外死亡，十分有利于它们的发生，与露地发生的种群相比，它们的种群数量比较稳定，因而为害更严重，造成的损失也更大。

第五节
草害对蔬菜水果感官特性的影响

由于杂草生命力十分旺盛，蔬菜水果中的杂草一旦生长起来，往往会抢夺蔬菜水果的养分、水分和阳光，占据空间，传播多种病虫害，严重影响蔬菜水果的正常生长，并降低蔬菜水果的产量和质量，因此蔬菜水果地杂草是蔬菜水果生产的一大威胁。

一、杂草种类

据报道，农田中各种杂草有 200 多种。按植物分类分为单子叶杂草和双子叶杂草；按生活史分，有一年生杂草和多年生杂草。菜田杂草常见的有 40～50 种，但造成严重危害的只有 20～30 种。

二、蔬菜水果杂草的危害性及其发生特点

农田杂草的危害性及其发生特点主要表现在以下几个方面：

① 杂草与蔬菜作物争夺养分、水分、阳光、空间，从而对蔬菜水果的正常生长造成直接影响。

② 多种病虫以杂草作为中间寄主，从而也使杂草成为蔬菜水果病虫的传播媒介或中间桥梁。

③ 杂草大量生长后造成栽培地空气湿度过大，从而加重病害的发生和流行。

④ 一些杂草是有毒杂草，对人畜有毒，人畜误食后，造成中毒。所以有效地清除蔬菜水果杂草，可以为蔬菜水果的正常生长创造一个良好的生态环境，并为生产高产优质的蔬菜水果提供良好的保障。

第六节
采收贮运对蔬菜水果感官特性的影响

一、采收对蔬菜水果的影响

采收是蔬菜水果生产上的最后一个环节，也是贮藏、流通、加工开始的第一个环节。水果和蔬菜的采收成熟度与其产量、品质有着密切的关系。采收过早，不仅产品的大小和重量达不到标准，而且风味、品质和色泽也不好；采收过晚，产品已经成熟衰老，不耐贮藏和运输。在确定水果和蔬菜的采收成熟度、采收时间和方法时，应该考虑水果和蔬菜的采后用途、它们本身的特点、贮藏时间的长短、贮藏方法和设备条件、运输距离的远近、销售期长短和产品的类型等等。一般就地销售的产品，可以适当晚采收，而长期贮藏和远距离运输的产品，应该适当早些采收，一些有呼吸高峰的果实应该在达到生理成熟（果实离开母体植株后可以完成后熟的生长发育阶段）和呼吸跃变以前采收。采收工作有很强的时间性和技术性，必须及时并且由经过培训的工人采收，才能取得良好的效果，否则会造成不应有的损失。采收以前必须做好人力和物力上的安排和组织工作，选择恰当的采收期和采收方法。

二、贮运对蔬菜水果的影响

贮藏病害主要包括：冷害、冻害、微生物病害。病因分为两大类：一是非生物因素造成的非侵染性病害（生理病因分为冷害、冻害），二是寄生物侵染引起的侵染性病害。

1. 冷害

冷害又称寒害，是指 0℃以上，10℃以下的低温对植物所造成的伤害。

2. 冻害

当温度下降到 0℃以下，植物体内发生冰冻，植物因而受伤甚至死亡，这种现象称为冻害。在田间有时冻害又与霜害相伴发生，故冻害往往又叫霜冻。

3. 果蔬贮运中的微生物病害

贮运病害，一般是指在贮运过程中发病、传播、蔓延的病害，包括田间已被侵染，但尚无明显症状，在贮运期间发病或继续危害的病害。果蔬贮运中的微生物病害是引起果蔬商品腐烂和品质下降的主要原因之一。果蔬贮运中微生物病害普遍发生，它能相互传播。病原菌主要是真菌和细菌，除了采后感染，相当多的是田间感病而采后发病。果蔬的耐贮性、抗病性和品质主要由果蔬种类及品种所特有的遗传特性所决定。同时，也受植株个体所生长的环境条件、农业技术因素的影响。

蔬菜水果运输过程中，细菌主要由菜、果的剪口、裂口，或由昆虫爬动、取食造成的伤口侵入菜、果实体内。一旦侵入，迅速造成烂果。

常见新鲜园艺产品的物理特性和推荐贮藏条件见表 1-3。

表 1-3　常见新鲜园艺产品的物理特性和推荐贮藏条件

种类		温度/℃	相对湿度/%
水果	苹果	−1.0～4.0	90～95
	杏	−0.5～0	90～95
	鳄梨	4.4～13.0	85～90
	香蕉（青）	13.0～14.0	90～95
	草莓	0	90～95
	酸樱桃	0	90～95
	甜樱桃	−1.0～−0.5	90～95
	无花果	−0.5～0	85～90
	葡萄柚	10.0～15.5	85～90
	葡萄	−1.0～−0.5	90～95

续表

种类		温度/℃	相对湿度/%
水果	猕猴桃	−0.5～0	90～95
	柠檬	11.0～15.5	85～90
	枇杷	0	90
	荔枝	1.5	90～95
	芒果	13.0	85～90
	油桃	−0.5～0	90～95
	甜橙	3～9	85～90
	桃	−0.5～0	90～95
	梨（中国梨）	0～3	90～95
	西洋梨	−1.5～−0.5	90～95
	柿	−1.0	90
	菠萝	7.0～13.0	85～90
	宽皮橘	4.0	90～95
	西瓜	10.0～15.0	90
蔬菜	石刁柏	0～2.0	95～100
	青花菜	0	95～100
	大白菜	0	95～100
	胡萝卜	0	95～100
	花菜	0	95～98
	芹菜	0	98～100
	甜玉米	0	95～98
	黄瓜	10.0～13.0	95
	茄子	8.0～12.0	90～95
	大蒜头	0	65～70
	生姜	13	65
	生菜（叶）	0	98～100
	蘑菇	0	95
	洋葱	0	65～70
	青椒	7.0～13.0	90～95

续表

种类		温度/℃	相对湿度/%
蔬菜	马铃薯	3.5～4.5	90～95
	萝卜	0	95～100
	菠菜	0	95～100
	香茄（绿熟）	10.0～12.0	85～95
	番茄（硬熟）	3.0～8.0	80～90

第二章 病害对蔬菜水果感官品质的影响

蔬菜水果的品种繁多且形态各异。按照蔬菜食用部分的器官形态，可以将其分成根菜类、茎菜类、叶菜类、花菜类、果菜类和食用菌类六大类型。按照园艺分类法，水果可分为：仁果类、核果类、坚果类、浆果类、柑橘类、热带及亚热带果类。

本书主要描述由客观因素造成的各种蔬菜水果的非正常、不新鲜状态，例如由蔫萎、枯塌、损伤、病变、虫害侵蚀等引起的形态异常，并以此作为鉴别蔬菜水果品质优劣的依据之一。

第一节 病害对蔬菜感官品质的影响

本节主要描述蔬菜植物生理性病害，即由非生物因素即不适宜的环境条件引起，这类病害没有病原物的侵染，不能在植物个体间互相传染，所以也称非传染性病害。植物生理性病害具有突发性、普遍性、散发性、无病症的特点。

一、萝卜

萝卜在生产过程中，经常会出现一些影响品质的现象。如先期抽薹（这在冬春萝卜或春萝卜栽培过程中经常出现）、畸形根、裂根、糠心、黑皮和黑心、白锈和粗皮、辣味、苦味、冻害和烧根等。

1. 萝卜先期抽薹

发生症状 萝卜的先期抽薹，是指肉质根尚未达到商品成熟之前，植株即已抽薹的现象。先期抽薹对萝卜产量和质量的影响与先期抽薹的早晚关系密切。在肉质根尚未膨大前就已抽薹，肉质根没有食用价值；在肉质根膨大后期，肉质根已基本达到商品成熟，此时植株抽薹若能及时收获则对产量和品质没有什么影响，但若不及时采收则会造成纤维增加或糠心而降低品质。先期抽薹对萝卜产量的影响主要取决于田间植株先期抽薹率，一般先期抽薹率达到20%以上时，就会造成严重减产。

主要原因 萝卜先期抽薹的三个条件：

（1）低温　萝卜的植株、肉质根、萌动的种子甚至没有吸水的种子都可以感受低温的影响而通过春化阶段。研究表明，通过春化阶段最适宜的温度是3～5℃，高于或低于这个温度抽薹率较低。但不同品种感受低温的影响不同，北方品种冬性强，要求低温条件比较严格；而南方品种冬性较弱，在较高的温度条件下仍能通过春化阶段，如广东一些品种在20℃左右时仍能通过春化阶段。

（2）低温时间与苗龄　大多数萝卜品种在1～10℃，经过10～20天的低温就可以通过春化阶段。在3～5℃的低温条件下，3～5天就有效果，经过10天则可以全部通过春化阶段。苗龄不同，春化效果也不同，萌动的种子在5℃条件下，需经过15～20天完成，而幼苗在2片真叶展开时，通过春化最快，只需3～5天。苗龄较大时需要经过低温的时间延长。

（3）日照时数　萝卜通过春化后，在长日照条件下，可以加速抽薹，一般在12h左右光照条件下，均可抽薹。但品种之间有差异，有些品种较严格，需在12h以上光照条件下才能抽薹。因此，春萝卜容易先期抽薹，而秋萝卜很少先期抽薹。

2. 萝卜糠心

发生症状　萝卜肉质根的糠心，又称糠心，是生长到后期在肉质根中央纵生圆筒状孔洞的一种现象。轻者发生在肉质根下部，重者整个肉质根发生空洞，不但重量轻，而且还原糖减少，木质化、纤维化，萝卜食用的部分失去水分，口感发柴，口味差，失去食用价值，影响食用、加工及贮藏品质。随着萝卜糠心程度的增加，干物质含量下降，纤维素含量上升。

主要原因　萝卜肉质根发生糠心的原因是多方面的，主要与品种、栽培措施和环境条件有关。

（1）品种　萝卜糠心的程度，不同品种间差异很大。品种与糠心的关系可归纳为以下几个方面：

① 肉质致密的小型品种不易糠心，肉质疏松的大型品种容易糠心。

② 肉质根膨大生长过快、过早的品种容易糠心。肉质根膨大生长缓慢，地上部与地下部生长较平衡的品种，糠心程度较轻。

③ 一些肉质根生长快，木质部薄壁组织生长也快，细胞直径大的品种易糠心。而肉质根生长较慢，淀粉含量较多，可溶性固形物的浓度较高的品种不易糠心。

④ 肉质根的输导组织分布较均匀、密集的品种不易糠心，反之则易糠心。

（2）栽培管理　萝卜肉质根的糠心与栽培管理有密切关系。

① 施肥。糠心组织的出现，主要是因为肉质根迅速膨大，而叶子所合成的同化物质不能相应供给。因此在氮素过多，尤其是肉质根生长后期多氮的条件下，容易引起糠心。如果肥料不很充足，特别是氮和磷肥不足，而钾肥较充足时，地上部、地下部生长缓慢，肉质根不易糠心。但是，这并不是说生产上要防止糠心，就应不施或少施氮磷肥，而是要合理施肥，特别是重视多施钾肥，以便使地上部与地下部生长达到平衡，最终使肉质根肥大而不糠心。

② 种植密度。当萝卜种植的株行距过大时，土壤肥力充足，肉质根膨大迅速，同化产物不能满足肉质根膨大的需要，也容易糠心。当株行距较小，合理密植时，萝卜糠心较少。

③ 土壤湿度及土质。萝卜肉质根膨大初期，土壤湿润，膨大迅速，可溶性固形物较少，但细胞的直径较大。到肉质根膨大后期，土壤干旱，肉质根的部分细胞因缺水而衰老，容易糠心。土质黏重，不易糠心；土质疏松，较易糠心。

④ 先期抽薹。由于栽培管理不当，在肉质根膨大初期，发生先期抽薹，大部分有机营养物质用于抽薹开花，因而容易糠心。另外，收获后，在贮藏期间抽薹，消耗肉质根贮藏的营养物质，也会引起糠心。贮藏期间的呼吸消耗和蒸腾失水也会引起糠心。

(3) 温度及日照　萝卜适宜于白天温度较高而夜间温度较低的气候条件下生长，在昼夜温差较大的条件下，根的膨大生长正常，不易出现糠心。一般在生长初期，温度高些也不易引起糠心。但到生长中后期，夜温过高，呼吸作用旺盛，消耗大量营养物质，容易引起糠心。

日照对糠心的影响，可分为日照的长度和日照的强度两个方面。多数品种，在短日照的条件下肉质根膨大速度快，容易糠心，而在长日照条件下，肉质根的膨大缓慢，不易糠心。但也有少数品种相反。萝卜肉质根膨大期，需要充足的光照。光照强度不足，叶片光合能力差，同化物质少，肉质根得不到充足的同化物质，糠心现象严重。此外，收获期偏晚，叶片已衰老，光合物质很少，不能满足肉质根膨大的需要，也会引起糠心。

3. 萝卜畸形根

发生症状　萝卜肉质根出现分杈与弯曲等畸形根，以及肉质根开裂形成裂根是生产上常见的现象，是影响产量与品质的重要问题。

由开裂形成的各穗肉质根称为裂根。开裂的肉质根不但影响商品质量，而且容易腐烂，不耐贮藏。

主要原因　萝卜肉质根上有两列侧根，在正常的栽培条件下，这些侧根不会膨大。但在特殊条件下，侧根可以膨大，膨大的结果，形成了 2 条或更多的分杈，当耕作层太浅，肉质根向下生长受阻会使肉质根弯曲或畸形。造成萝卜肉质根分杈与弯曲的主要原因如下。

(1) 种子生活力　陈旧种子往往生活力下降，发芽不良，幼根先端生长缓慢，中部的侧根往往代之而长，以致产生分杈。

(2) 土壤状况　当在土中混有石块、砖瓦等硬物，或施用垃圾肥料时，混有的塑料薄膜、玻璃等物品，妨碍直根的正常伸长和膨大。当肉质根在伸长过程中，主根碰到上述物质时，伸长受到阻碍，会引起侧根的膨大而形成分杈或弯曲。

萝卜主根膨大要求土壤通气性好，含氧量高。如果肉质根膨大前期灌水量过大，或夏季雨涝，排水不良，土壤含水量过高，通气不良，加之物理挤压，都会抑制主根肥大。而肉质根膨大后期土壤通气条件稍有改善时，则侧根膨大，形成胡须状侧根。

另外，土壤板结，耕作层太浅，土壤质地黏重等条件下，也会妨碍肉质根的正常膨大，而引起杈根或弯曲。一般情况下，长形品种比短形品种产生畸形根的比例要大些。

（3）施肥状况　在种植萝卜的地里施用大量未腐熟的堆肥、牲畜粪尿等有机肥料，或追施尿素、碳酸氢铵等化肥的浓度过高时也易引起畸形根的发生。这是因为萝卜直根的先端遇到正在发酵的堆肥、浓度较高的牲畜尿液或化学肥料时，往往会枯死、折断或生长受抑制，不能继续伸长生长，而侧根代之膨大形成杈根或弯曲根。另外，在肉质根膨大期，追施氮素化肥过多，造成叶丛繁茂，不利于肉质根的膨大，也容易使侧根膨大或主根弯曲，形成杈根或弯曲根。

（4）土壤害虫及其他　土壤中的地下害虫如果咬伤萝卜幼根的尖端，抑制了直根的生长，也会引起侧根膨大，发生分杈或畸形。

此外，栽培管理不当也会引起肉质根的畸形。如某些肉质根较长的品种，稀植的比密植的容易发生分杈和弯曲。在管理上，碰伤幼苗下胚轴的一侧，往往形成轻度曲根。

4. 萝卜裂根

发生症状　萝卜肉质根的开裂有多种情况，有沿直根纵向的开裂，有在靠近叶柄基部横向的开裂，还有的直根表面呈龟裂状，然后龟裂的面积增大，根的生长停止，引起肉质根的木质化。

主要原因　直根之所以从表面开裂，是因为外部组织并不随内部组织同步肥大，此外与组织开裂难易、肥大速度及组织间肥大的不均衡性有关。开裂的地方产生周皮层，随着周皮层的木质化程度增加，周皮的硬度也增加。开裂的肉质根不但影响商品质量，而且容易腐烂，不耐贮藏。

（1）浇水不匀，旱涝不均　萝卜肉质根开裂的原因很多，其中土壤水分是主要因素。有时，肉质根膨大初期土壤干旱缺水，生长受到抑制，周皮木质化程度提高，随后又遇到高湿的土壤环境（包括降大雨或干旱后突然灌大水），直根迅速膨大，而周皮层不能相应扩大而造成裂根。总之，土壤前期干燥而后期多湿，是引起裂根的主要原因。

（2）氮肥过多　施用氮肥，耕作粗放，裂根发生也较多。不同品种对土壤条件的适应性不同，发生裂根的多少也不同。另外，收获过晚，肉质根组织变脆，裂根增加。

5. 萝卜黑皮和黑心

发生症状　萝卜肉质根黑皮和黑心是部分组织由缺少氧气造成呼吸障碍而发生的坏死现象。

主要原因　在土壤板结、坚硬、通气不良、土壤含氧量不足；或施用新鲜厩肥，土壤中微生物活动强烈，消耗氧气过多；或土壤含水量过多，空气含量少等情况下均会造成萝卜的黑心。萝卜黑腐病也能引起黑心，所以应注意防治黑腐病。

6. 萝卜白锈和粗皮

发生症状 萝卜肉质根的表面，尤其是根部发生白色锈斑的现象较多。

主要原因 白锈的发生，是由于萝卜肉质根周皮层组织一层一层地呈鳞片状脱落，而在肉质根上留下的痕迹部分不含色素，成为白色锈斑。在不良的生长条件下，主要是生长延长，叶片脱落后的叶痕增多，会形成粗糙的表皮。萝卜肉质根白锈和粗皮现象的发生均与播种过早，生长期延长有关。播种过早，生长的叶片数较多，脱落的叶数也较多，叶痕亦多，因而使表皮粗糙，又有白锈。适期播种，这种现象会显著减少。

7. 萝卜辣味

发生症状 萝卜中均含有一种具有挥发性的物质，俗名"芥子油糖苷"或"芥辣油"。芥辣油含量适宜时，萝卜具有良好的风味；如果含量过高，则辣味重，会影响生食品质。

主要原因 辣味物质在根中的分布，韧皮部中含量高于木质部；真根部中含量高于根头部，自下而上含量逐渐减少。肉质根中芥辣油的含量除与品种有关外，还与环境条件有关，气候炎热、干旱、肥水不足、病虫危害等因素致使肉质根产生较多的芥辣油。在生产上应选用含芥辣油较少的品种，一般生长速度快的白皮品种和杂交一代的绿皮品种以及一些生食品种的辣味都较轻。适当晚播，防止干旱，合理灌水，增施有机肥和钾肥，均可减轻萝卜肉质根的辣味。

8. 萝卜苦味

发生症状 萝卜肉质根的苦味是由一种含氮的碱性有机物——苦味素形成的。

主要原因 在天气炎热，施用氮肥过多，磷、钾肥不足时常使苦味较重。在生产中应合理施肥，增施磷、钾肥，适期晚播，使肉质根膨大期气温适宜，可减轻苦味。

9. 萝卜冻害

发生症状 萝卜的肉质根发硬，呈失水状，不容易煮烂，口嚼不动，品质差。

主要原因

（1）收获偏晚，储藏不科学。

（2）因萝卜在储藏期间要求的温度较低，为 1～3℃，接近于萝卜开始受冻的温度，而萝卜含水量又大，达 70%多，在储藏期间稍不注意，就容易使萝卜受冻。因此，萝卜在储藏时，要严格把握 1～3℃的温度要求。

10. 萝卜烧根

发生症状　在萝卜膨大过程中及收获的萝卜中发现外皮变黄、变黑或变褐，影响品质。

主要原因　施肥浓度过大，不均匀，靠根部太近。

二、胡萝卜

1. 胡萝卜根颜色变淡

发生症状　胡萝卜的根颜色变淡、变浅，无光泽，长相差，食用价值偏低，品质稍差。

主要原因

（1）土壤温度不稳定，施氮肥偏多、偏重，缺铜。

（2）温度对胡萝卜的生长发育起着很重要的作用。温度不仅影响着种子发芽的天数，而且也影响着根颜色的深浅。根的皮色多呈橘红、橘黄，是其所含胡萝卜素所致。在肉质根生长过程中，温度适合时，越接近于成熟，胡萝卜素的含量就越高，皮色也逐渐加深。当土温在10～15℃时，根的颜色较浅；温度在21.1～26.6℃的范围内，胡萝卜的根色深，长相好，出售价值高，品质优。

（3）氮素是叶绿素的组成成分，氮素越多，叶绿素也就越多，颜色就越绿。而胡萝卜的根中几乎没有叶绿素，增施氮肥不但不能增加胡萝卜素的含量，使根的颜色加深，相反，增施氮肥还会抑制胡萝卜素的合成，造成根皮色变浅。

（4）如果土壤中缺少微量元素铜也会造成根皮色的变化。

2. 胡萝卜心柱变粗

发生症状　收获的胡萝卜切开后横断面心柱布满整个内部，质量很差。

主要原因　土壤温度不稳定，施氮肥偏多、偏重，缺铜。

3. 胡萝卜烂根

发生症状　挖出胡萝卜，根已烂掉，烂根严重影响胡萝卜的生长。

主要原因　土壤水分过多，浇水过勤，造成土壤中空气稀薄，根处在无氧呼吸的状态，时间长了，导致烂根的发生，影响叶的正常生长和肉质根正常膨大。

4. 胡萝卜瘤状根

发生症状　胡萝卜正常生长的根光滑，而有时如出现瘤状物则会降低品质，食用价值差。

主要原因

（1）土壤湿度过大，排水不良。土壤干、湿变化过快，根表面的气孔突起较大，形成瘤状物。土壤过干，肉质根细小、粗糙、外形不正、质地粗硬。

（2）胡萝卜适应性强，栽培容易，对土壤的选择性小，沙壤土、壤土、黏土质均可栽培成活。胡萝卜的肉质根表面有相对四个方向四排纵列须根，细根较多，主根深达 2m 以上，根系扩展 60 多厘米。根的表面有气孔，以便根内部与土壤中空气进行交换。若栽培在土质黏重的土壤里，土壤通气情况差，迫使气孔扩大而使胡萝卜表皮粗糙，形成瘤状物，结果使得胡萝卜的肉质根长相太差，质量次，售价低。

5. 胡萝卜根皮变绿

发生症状 胡萝卜的肉质根在膨大的后期根皮的颜色渐渐变绿，影响品质。

主要原因 中耕培土不严。每次中耕后，特别是后期应注意结合培土，最后一次中耕要于封垄前进行，并将细土培于根头部，以防根部膨大后露出地面，根皮颜色慢慢变成绿色而影响胡萝卜的品质。

三、马铃薯

马铃薯在种植过程中会出现畸形、裂口、空心、黑心等现象，有些地块还出现了植株长势很旺盛，但所结薯块较小甚至没有薯块的现象，严重影响了马铃薯的产量，使种植户蒙受经济损失。

1. 块茎畸形

发生症状 块茎畸形主要有肿瘤型畸形，即在块茎的芽眼部位突出一个或几个肿瘤状小薯；链状二次生长型畸形，即糖葫芦型薯块，是块茎上长出的匍匐茎，顶端再次膨大形成小块茎；次生块茎，即在块茎上再形成块茎。

主要原因 主要是由二次生长造成的。二次生长的主要原因是高温（35℃）干旱，或高温干旱后突然降雨、浇水、降温，使原本停止生长的块茎又处于适宜的生长条件下，再次生长；另外，土壤干旱，或有机肥施用不足，土壤板结以及种植密度过大，都会影响薯块均匀膨大，造成畸形。

2. 马铃薯青皮病

发生症状 马铃薯块茎发青被称为青皮病。

主要原因 薯块在阳光照射下，表皮组织产生叶绿素所致。当马铃薯栽植过浅接近地面结薯，随着薯块膨大或土面干裂，使块茎暴露出地面形成青皮病，另外，新收获的马铃薯在存储时遇光也会产生青皮。

3. 块茎裂口

发生症状 在收获时，有的块茎表面有一条或数条纵向裂痕，表面有马铃薯皮覆盖。

主要原因 这种现象主要是由土壤忽干忽湿造成的，在土壤干旱时，块茎停止生长，表皮木栓化，当下雨或浇水时，块茎继续膨大导致表皮破裂。

4. 块茎空心

发生症状 较大的块茎易发生空心，空心多呈白色或棕褐色，而且外部看不出任何症状。

主要原因 这是由块茎膨大期时肥水供应充足，使块茎膨大速度过快造成的。

5. 块茎黑心

发生症状 在块茎内部，出现黑色或灰色的病斑，病斑边界与健康组织边界不明显，病斑处块茎不易煮熟，且口感发脆。

主要原因 是由钾肥施用不足造成的，钙肥缺乏时也会导致这种情况的发生。

四、芜菁

1. 芜菁口味异常

发生症状 食用收获后的芜菁时，口感干、发硬，有苦味、辣味，品质差，质量低。

主要原因

（1）芜菁生长期间的温度过高。在营养生长阶段，肉质根生长的最适温度为15～18℃，以及要有一定的昼夜温差。在肉质根生长期间温度过高，不仅影响肉质根的膨大，而且品质下降，食之发干、发硬，有苦味、辣味，降低食用价值。

（2）种植得过稀或过稠。过稀由于植株间漏光严重，肉质根的温度升高，对肉质根的膨大和品质有较大影响。过稠，则植株枝叶过于稠密，影响了肉质根的放热，也易使肉质根的温度升高，影响产量。

2. 芜菁根分杈

发生症状 芜菁收获时，根形不齐整，产生分杈。

主要原因 由育苗移栽造成。芜菁为直根系，侧根两列，肉质根的直根所占比例较大。主根入土深，耐旱力强，根形正。主根生长发育过程中有一个显著特点，即当把主根切断后，主根再生能力很差，刺激了侧根的生长，往往形成较多的分杈，降低了芜菁的质量。芜菁一般不进行育苗移栽，以防移栽定植时切断主根，形成较多的分杈。

五、根恭菜

1. 根恭菜黑斑

发生症状 根恭菜的肉质根发生硬块，或似软木状的黑斑散布在全根部。

主要原因 硼对根恭菜的生长具有很大作用。如果缺硼，则容易引起根恭菜产生黑斑。在叶上表现为叶片变细或畸形，或叶形不正，在肉质根中最先在环状组织上出现病症，而后发展到整个肉质根有硬块，或似软木状的黑斑散布在整个根部。

2. 根恭菜肉质根白色圆圈纹

发生症状 根恭菜成熟后横剖肉质根，内部出现白色的圆圈纹，品质很差。

主要原因

（1）生长季节温度高。根菾菜为耐寒性蔬菜，喜冷凉气候，在冷凉季节生成的肉质根糖分高、肉色深、品质好，而在炎热季节生成的肉质根内部常出现白色的圆圈纹，品质差。

（2）在生产上如果春季栽培根菾菜，除考虑通过春化阶段需要的最低温度以外，应尽量早栽，使肉质根形成时尽量不在25℃以上。因为温度在25℃以上或更高，就有可能对肉质根形成白色圆圈纹有利。

3. 根菾菜肉质根纤维多有苦味

发生症状 根菾菜的肉质根在食用时品质粗糙，木质化严重，发柴，有苦味，品质差，质量低。

主要原因

（1）据测算，生产1g干物质的根菾菜要消耗300～400g水分，说明根菾菜的生长需要消耗较多的水分。如果供水不足，不仅会使根菾菜的生长受到影响，而且生产的根菾菜品质差、质量低，根菾菜纤维含量增加，口感发柴，有苦味。

（2）根菾菜的光合作用最适宜的温度是20～25℃，在此温度下光合作用强，光合产物制造得多、积累得多，生产的根菾菜质量好、品质优。如果温度高于25℃，呼吸作用加强，光合产物消耗大于光合产物积累，生产的糖和蛋白质就消耗得多，因而生产的根菾菜的品质差、纤维多、有苦味。

六、美洲防风

1. 美洲防风根腐烂

发生症状 美洲防风在管理过程中出现叶部受渍、根腐烂的现象。

主要原因 美洲防风又名芹菜萝卜、蒲芹萝卜。美洲防风怕旱忌湿。土壤水分过少，根部生长不良，品质粗劣；土壤水分过多，根部易腐烂。

2. 美洲防风根皮粗糙

发生症状 成熟时的美洲防风根部发育不佳，根部畸形，根皮粗糙。

主要原因

（1）种植在黏土地块上。

（2）若种植在土层浅、土质黏重、排水不良的地块，成熟后往往畸形，皮粗糙，须根多，品质欠佳。

七、番茄

1. 番茄蒂腐病

发生症状 番茄蒂腐病主要危害果实，青果先发病。病斑多发生在果实顶端脐部，即花器残余部位及其附近，初呈暗绿色水渍状圆形或不规则病斑，长 1～2cm。随着果实的发育，扩展到半个果实以上。病斑凹陷，很快变为暗绿色或黑色，发病部位的果肉组织崩溃收缩呈扁平状，受害果实的健全部位提前变红。病部在潮湿的条件下，往往被腐生菌侵染，在病斑上产生墨绿色、黑色或粉红色的霉状物，也叫脐腐果。

主要原因 番茄既不耐旱，又不耐涝，整个生育期内都必须注意水分的调整，以免产生脐腐果。如果土壤中水分过多或过少，则容易使脐腐果产生的机会增多。

2. 番茄裂果病

发生症状 发生环状、放射状、条状裂果，引起病部腐烂。环状裂果指以果蒂为中心，呈环状浅裂，多在果实成熟前出现；放射状裂果以果蒂为中心，向果肩部延伸，呈放射状深裂，可在果实绿熟期开始时自果蒂附近产生的细微条纹开裂；条状裂果是在果顶花痕部呈不规则开裂。裂口处易遭病菌侵入，引起腐烂。

主要原因

（1）在果实生长后期，遇夏季高温干旱或暴雨、烈日曝晒，土壤水分供应不均；由于果实皮薄，果肉含水量多，果皮组织与果实生长速度不均衡，造成膨压增大；品种间对裂果的抗性有差异，一般长果形、果蒂小、棱沟浅的小果型品种较大果型品种抗裂；叶片大、果皮木栓层薄的红果型品种较粉果型品种抗裂；加工番茄较鲜食番茄抗裂。

（2）果皮的老化是由日光直射果皮引起的，土壤中钙和硼含量少也易引起果皮的老化，导致裂果。

（3）在摘心栽培中，对一些上部果实和叶片较小的品种要注意防止裂果的产生。

3. 番茄空洞果（菊型果）

发生症状 在番茄的果肉部与果腔部之间出现空隙，影响番茄的销售及食用品质。

主要原因

（1）用生长激素处理的果实经常发生番茄空洞果。使用植物激素不当，种子被包在果腔内，果肉部和果腔部发育速度过分大。

（2）多心室的番茄果实，果肉部和果脐部以外有较多的壁部和中心部，随着果实的膨大，各部分的生长不容易平衡，易产生空洞果。少心室的果实，果肉部和果脐部之间生长发育不平衡，易产生空洞果。

（3）由于移栽时根受伤，在大田里根发育不好，形成的空洞果也多。

（4）在同一花序中，从第一朵花到第五、六朵花的开花时间如果不集中，就会引起果实间对同化养分的争夺，迟开的花就会形成空洞果。因此在同一花序上，要把同时开放的3～4朵花一同用生长激素处理。

4. 番茄筋腐果

发生症状　番茄果实着色不匀，横切后可见果肉维管束组织呈黑褐色。发病较轻的果实，部分维管束变褐坏死，果实外形没有变化，但维管束褐变部位不转红。发病较重的果实，果肉维管束全部呈黑褐色，病果胎座组织发育不良，部分果实伴有空腔发生，果实呈现明显的红绿不匀。严重时发病部位呈淡褐色，表面变硬，失去食用价值。

主要原因

（1）品种之间存在差异；日照不足、低温、多雨、多湿、地下水位高且肥料施用过量。

（2）不同层次的果穗发育时，所处的环境气候条件不同。

（3）耕作制度比如连作发病重；番茄栽培最好种新茬，如果与番茄连作，或与茄子、辣椒等茄科的蔬菜进行连作会造成番茄筋腐果的重发生。

（4）土壤缺钾、缺铁、缺锰时，番茄生长明显受到影响，特别是对病害的抵抗力降低，筋腐果增加。

5. 番茄绿色果腔果

发生症状　番茄果实虽已着色，但果腔部仍为绿色，果实很酸很涩，食用价值不高。

主要原因

（1）干旱是形成绿色果腔果的主要因素。

（2）钾肥供应不足时也容易发生。

6. 番茄窗缝果

发生症状　番茄果实上出现单个小孔或出现大的裂口。

主要原因

（1）缺钙，而多施用了氮肥与钾肥，造成营养不均衡。

（2）根的发育不良。

（3）土壤缺水造成干旱。

7. 番茄果实中心柱木质化

发生症状　番茄的中心部分即中心柱木质化，中心部坚硬，品质变劣，无食用价值。

主要原因

（1）钾元素供应不足。

（2）单施、偏施、重施氮肥，妨碍了番茄对钾的吸收。钾不仅具有使细胞胶体充水膨胀、持水力提高，以及减少蒸发、增强作物抗旱性的功能，还具有促进糖类形成、增加细胞中糖分、提高细胞渗透压、增强番茄抗寒能力、促进维管束发育、增强细胞厚角组织强度的功能，而且钾还能提高蛋白酶的活性，有利于蛋白质的形成。因此，缺钾会造成光合作用的产物向其他器官的输送变慢，叶内有机物特别是糖分的形成会停顿，而且会过度提高作物呼吸强度，使糖分消耗过多，糖的积累和蛋白质的形成受到抑制。因此，在番茄栽培中，要供应足量的钾肥，以免钾不足，造成果实中心柱木质化，降低品质。

8. 番茄粒型果

发生症状　大果型番茄结果时，番茄只有豆粒一样大小就停止发育长大。

主要原因　对于容易脱落花朵的番茄，为了促使早结果，往往用生长激素处理。激素处理后由于光合产物供应的量较少，果实呈粒型，因此在使用激素处理花朵时，需选择番茄植株长势好、光合能力较强的时期，而且每朵花只能蘸一次药，重复蘸药，易形成粒型果等畸形果。

9. 番茄日灼症

发生症状　番茄的果实在向阳面出现大块褪绿变白的病斑，与周围健全组织界线比较明显，后期病斑变干、变质、变黄，组织坏死。多在果实膨大期有绿果出现时才出现日灼，有时也会发生在叶片上，形成漂白状坏死。

主要原因

（1）番茄栽培的密度太稀不合理。

（2）整枝、打杈时摘叶过重、过多。

（3）天气干旱，土壤缺水，暴雨后猛晴。

（4）品种的抗性存在差异。

10. 番茄酸浆果

发生症状　大果型番茄结的果实比较小，而且酸味浓，无食用价值。

主要原因　主要是使用植物激素不当。

11. 番茄 2,4-D 药害

发生症状　番茄叶片受害后，表现为叶片下弯、僵硬、细长、纵向皱缩，小叶不能展开，叶缘扭曲畸形。

主要原因

（1）2,4-D 使用浓度和使用方法不当。在使用 2,4-D 时，要根据温度的变化选用不同的浓度。温度低时，浓度宜高些，温度高时，浓度宜低些，一般浓度 10～20mg/L。

（2）不同花序应选用不同的浓度，第一花序 20mg/L，第二花序 15mg/L，第三花序 10mg/L。

（3）应掌握适宜的施用时间，在植株的花序上有 2～3 朵花要开或半开时，使用效果最好。过早花蕾小，处理后会抑制果实发育，造成僵果，过晚花朵已开放，花柄离层已形成，减弱效果。

（4）每朵花只能蘸一次，不可重复蘸药，否则易造成畸形果。在点花时，切勿沾到未开的花朵、叶片、嫩梢上，以免发生药害。采种的果实切勿用2，4-D蘸花，否则会无种子。

12. 番茄乳突果

发生症状 有的果实大小发育正常，有的果实发育太小，从横侧面看，前端高出果面，有大有小，大的表现细长，小的则表现突出。

主要原因

（1）偏施氮肥。

（2）夜温高。

（3）2,4-D蘸花时使用不当。

八、茄子

1. 茄子僵果

发生症状 茄子果实不正，有的如棍状，有的如锤状，有的如石头状，而且茄子朽住不长，维持初期长成的样子，或果实表面光泽消失，无光泽。发病轻的症状只表现在顶端或果实的某一面，发病重的整个果实全无光泽。也称为无光泽果或呆果。

主要原因

（1）施肥不当。施肥不仅要施有机肥，而且还要施氮、磷、钾肥和微肥。做到每次施肥量要少，不要施很大数量的肥。

（2）阴雨天叶片的蒸腾很小，因此根吸水也少。在阴雨的翌日即天晴以后，温度上升，蒸腾加快，如果根的吸水量还不能改变，叶片就会缺水，引起叶片与果实之间的水分争夺，此时则容易产生无光泽果。所以，在雨后翌日的晴天要进行叶面喷水。

2. 茄子石茄果

发生症状 果实形状异常，僵朽不长。剖开果实可发现果肉发黑，果肉硬，不能食用。它同茄子僵果的根本区别在于僵果仅发生在茄子表面，而果肉变化不大。如发现僵果而又不及时管理，僵果最终就会发展成石茄果。

主要原因

（1）茄子的花不能受精时，单性结果的果实就会发育成石果；温室栽培的初期，由于开花受低温的影响，花粉的发芽、伸长不良，不能完全受精。

（2）在肥料浓度过高、水分不足的情况下生长的植株，同化养分减少。

（3）一氧化碳气体中毒，可使同化作用受到抑制。

（4）光照不足，或经过摘叶，同化养分不足；低温下，长势弱的植株，如果使用激素促其坐果，由于坐果较多，每一果实分配到的同化物质少。

3. 茄子裂果

发生症状 果实上有一部分发生程度不同的开裂，开裂的部位一般始于花萼下端，这种从花萼下端开始开裂的果实是开裂最严重的果实。另外，果实的顶部、中腹部开裂的情况也较多。保护地栽培中开裂果较多。

主要原因

（1）在露地栽培条件下，白天高温、干旱，晚上浇水或温度低。

（2）过量施用氮肥；浇水过多过勤；生长点营养生长过盛，造成花芽分化和发育不充分而形成多心皮的果实或雄蕊茎部分开。

（3）在保护地栽培条件下棚室中产生一氧化碳，导致果实膨大受抑制。

4. 茄子扁平果

发生症状 茄子果实很扁、很短，失去茄子长圆特性。

主要原因

（1）温度低，比正常温度低7～8℃，尤其夜温低。

（2）施用肥料单一、过量，未配方施肥。

（3）水分管理不均衡，浇水忽多忽少。

5. 茄子双子果

发生症状 茄子果实分杈，有的分杈较深，有的分杈较浅，有的在结果初期分杈。

主要原因

（1）茄子苗期过于干旱。

（2）偏施氮肥，导致营养不良。

6. 茄子果形异常果

发生症状 茄子在结果后形状异常，有的呈矮胖果，有的呈下部膨大果，有的呈歪曲果等。

主要原因

（1）茄子的营养状况不正常。主要是单施、重施氮肥，尤其单施、偏施铵态氮肥，如铵态氮肥施量多，则容易出现异常果。

（2）不能适时供应水分，浇水量忽大忽小。

（3）土壤温度适中或稍高时可产生品质较好的果实，如水分较少，容易生成矮胖果。

（4）在加温温室内，注意加温热风炉的燃烧情况，如一氧化碳过多，易使果实膨大受阻，产生异常果。

（5）在使用激素处理茄子时，注意施用浓度及时间，防止产生异常果。

7. 茄子皱果

发生症状 茄子果皮不光滑，皱缩，有皱纹。

主要原因

（1）茄子在冬春季节保护地栽培时，由于温度低、光照不足，幼苗长势弱，花芽分化晚，短柱花多，落花落果严重，这时如用激素处理，若浓度太大，易产生皱果。

（2）使用激素处理花朵时，浓度使用不当。

8. 茄子长形果

发生症状　茄子的果形较长，失去长圆的特点。

主要原因

（1）品种因素。

（2）茄子结果期温度太高。结果期温度控制得好坏对提高产量和果形有重要作用。对于圆形、长圆形果的品种，白天温度控制在 20～30℃，对开花结实无不良影响。白天适温 25℃左右，一旦出现 35℃左右的高温，就会出现结实障碍，茄子容易结成长茄。当低于 20℃时，也会导致结实不良。夜间最低温度在 18～20℃，如果夜温高，不能促进发育最旺盛时期的果实膨大，果形由圆形转变成长形。由于同化物质送往生长部位的量减少，将导致逐渐出现植株生长不良、营养不足的症状，从而影响后继花果的生长发育，造成减产。

（3）肥水供应失去平衡。

9. 茄子畸形果

发生症状　茄子结果畸形，有的在一个果上又结果实，有的呈腰包果等怪状。

主要原因　主要受低温的影响，尤其是后期低温的影响，低温产生畸形果。应调节温度，使植株能制造更多的光合产物，同时尽可能减少植株呼吸消耗，从而提高茄子的产量和质量，避免畸形果的产生。

10. 茄子着色不良

发生症状　紫色品种的茄子在棚室栽培条件下，果实颜色变为淡紫色或红紫色，严重的呈绿色，且大部分果实半边着色不好。

主要原因

（1）茄子果实表皮的颜色是由花青素苷含量决定的，花青素苷主要受光照影响较大，所以光照越强，着色越好。在紫色茄子坐果后，如遇阴天较多，阴天持续的时间长，将导致茄子果实得不到充足的光照。因此，遮盖在叶子下面的茄子因光照不足，时间一长着色较差。

（2）在棚室保护地，覆盖塑料薄膜也易造成茄子着色较差。特别在冬季和早春，果实膨大期正处在紫外线较弱的时期，这时生产的茄子着色较差。如果在此间遇高温干燥或营养不良，着色更差且光泽不好。此外，塑料膜受污或附着较多的水滴，也影响茄子的着色。

11. 茄子花萼变褐

发生症状 果实膨大期，阳光直射，茄子的花萼或果梗会变褐，影响茄子商品价值。

主要原因 茄子植株的长势对防止花萼或果梗变褐起着重要的作用，植株生长势太弱造成叶片覆盖不好。另外，植株的根系发育不良，施肥灌水后也不能很好地吸收养分和水分，同化作用较低，不能抑制花萼和果梗变褐。为了促进植株生长健壮，在前期要施足肥浇足水，适当划锄，后期不使根系衰弱。

12. 茄子日灼果

发生症状 茄子果实向阳面出现褪色发白的病变，后略扩大，呈白色或浅褐色，致皮层变薄，组织坏死，干后呈革质，容易引起腐生真菌侵染，出现黑色霉层，湿度大时，常引起细菌传染而发生果腐。

主要原因

（1）茄子果实暴露在阳光下，局部过热；早晨果实上出现大量水珠，太阳光照射后，露珠聚光吸热，果皮细胞被灼伤。

（2）炎热的中午或午后，土壤水分不足，雨后骤晴等都会使果实温度升高，引起日灼。

13. 茄子花萼开裂果

发生症状 用植物激素处理的无籽茄子有时出现花萼开裂果，发生轻的无籽茄子，茄子品级下降，发生重的茄子，品质降低，影响销售。一般受精果不会发生。

主要原因

（1）在用植物激素处理茄子的时候，浓度和时间掌握不准。

（2）中午高温时使用激素。

（3）多次重复使用激素。

14. 茄子空洞果（凹凸果）

发生症状 茄子果实表面出现凹凸，剖开果实可见果皮下层出现空腔。

主要原因

（1）茄子植株生长势弱。

（2）使用的激素浓度过高。

九、辣椒

1. 辣椒石果

发生症状 在温室栽培的辣椒上，短花柱花单性结实或种子少的果实，同化养分的分配少，狮子型品种的辣椒石果较多。

主要原因

（1）品种因素，狮子型的品种石果较多；长柱花的正常花在温度过低时，花药不易受精，尤其在夜温低时。

（2）缺微量元素钙。

（3）辣椒属于高温型作物，发育的最适温度为20～35℃。辣椒开花期的温度不能低于15℃，若低于15℃，受精不良，大量落花；10℃以下不开花，花粉死亡，坐住的幼果也不肥大，极易变形，产生石果。若高于35℃时，花粉变态或不孕，不能受精，易落花。辣椒在开花坐果期应保持25～30℃，夜温不低于16～18℃，就能减少石果的发生。

（4）加强开花结果期的肥水管理，促进植株壮长，防止石果的发生。

2. 辣椒蒂腐果（顶腐病）

发生症状 发病初期，在辣椒果实顶端出现暗绿色、水渍状斑点，由于发展速度较快，病斑很快扩大到2～3cm，甚至扩展到果实的一半以上。病斑组织皱缩、凹陷。

主要原因

（1）由于弱寄生菌的侵染，病斑变成黑褐色，果实内部也变黑，但仍较坚实，如遇辣椒软腐病菌侵入，也可引起软腐病。

（2）缺钙；植株生长过旺，棚室高温，肥料供应过多。

3. 辣椒日灼果

发生症状 辣椒果实受害，主要发生在果实向阳面上，初期被太阳晒成灰白色或浅白色革质，病部表面变薄、皱缩，组织坏死变硬，如同开水烫过一样。若空气湿度大，易受腐生菌侵染，长出灰黑色霉层，使病部腐烂。

主要原因

（1）白天温度升高到35℃以上或夜间高于20℃且时间超过4h；放风不及时或未放风；辣椒果实向阳面与阴面之间，尤其在晴天的下午12:00～15:00，温差超过10℃。

（2）土壤缺水或棚内湿度太大、受中午阳光照射等。

4. 甜椒辣味增加

发生症状 种植的甜椒辣味增加。

主要原因

（1）低温、缺水造成植株体内的水分倒流，从而增大了甜椒中辣椒素的含量；土壤溶液浓度过高。

（2）根部外伤，阻断了根系对水分、养分吸收的速率，造成植株体液浓度的升高，使辣味增加。

（3）收获过早或过晚。要适时收获，避免早收或晚收。

（4）肥料不足。

5. 辣椒“虎皮”椒

发生症状 辣椒病果一侧变白，变白部位边缘不明显，内部不变色或稍带黄色霉层；病果生褐色斑，斑上稍红，果内无霉层；果实内有的生黑色霉层。干辣椒色素要求保持鲜红，但由于种种不利因素的影响，近收获期或晾晒干的辣椒往往混有以上三种情形的褪色个体，这些褪色个体，往往被称为“虎皮”椒。

主要原因

（1）果实存放条件不适，储藏时夜间温度高或有露水或在田间雨淋、着露或曝晒。

（2）白天日照强，曝晒。

（3）炭疽病的危害。

（4）采收不及时。应及时采收成熟的果实，成熟期是指青熟后 20 天以上。果皮由子房壁发育而成，往往与胎座组织分离，在成熟的过程中，叶绿素逐渐减少，番茄红素增加，果皮由绿变红，如含胡萝卜素则变成枯黄色。

6. 辣椒畸形果

发生症状 指成熟的不正常果形的辣椒，如弯曲、扭曲、皱缩、僵小果，横剖可见果实里种子很小或无种，有的发育受到严重影响，果皮内侧变成褐色。

主要原因

（1）受精不完全。

（2）当温度高于 30℃时，花粉的发芽率降低，容易产生不正常果。

（3）当温度低于 13℃时，基本不能受精，形成单性结实果，产生僵果。

（4）花柱雌蕊比雄蕊短时，授粉困难，容易落花，或形成单性果或变性果。

（5）肥水不足，光照不良，果实得到的同化养分少或不均匀。

（6）果实发育时受不良因素的影响，纵轴先伸长，横轴后伸长。

（7）根系条件不好时，地上部与地下部失去平衡，容易出现顶端无尖的果实。

十、黄瓜

1. 黄瓜尖头瓜

发生症状 黄瓜近肩部瓜把子粗大，前端较尖细，形似胡萝卜。

主要原因

（1）在高温、干旱的条件下易结尖头瓜。

（2）温室栽培管理不善。

（3）植株长势弱、蔓疯长时也易结尖头瓜。

（4）单性结实率低的品种，受精时遇到障碍。

2. 黄瓜瓜佬

发生症状 黄瓜花开花授粉受精后膨大不畅，结的瓜小，像小梨、苹果一样悬在瓜秧上，无食用价值。

主要原因 同一花芽分化的雌雄蕊都得到发育，在这种情况下，结出的瓜即成瓜佬。

3. 黄瓜化瓜

发生症状 黄瓜开花授粉受精后没有膨大，最后花干瘪干枯，或刚坐下的幼瓜在膨大过程中中途停止，由瓜尖到全瓜逐渐变黄、干瘪，最后干枯。

主要原因

（1）品种因素。

（2）高温，白天温度高于32℃，夜间高于18℃，使正常的光合作用受阻，呼吸作用增强，造成营养不良而化瓜。

（3）二氧化碳浓度太低，特别在日出2h内。

（4）种植的密度太大；底部瓜采摘不及时；不是壮苗移栽的瓜。

（5）肥水管理不科学，经常缺水少肥引起化瓜。

（6）连续阴雨天造成温度过低。

（7）使用激素浓度过大。

（8）霜霉病等病虫害引起化瓜。

4. 黄瓜苦味瓜

发生症状 采摘的黄瓜味苦，不甜脆，食用价值降低。

主要原因

（1）品种因素。

（2）采摘的时间过早，采摘过早的黄瓜因葫芦碱没转化完有苦味。

（3）土壤长期缺水易形成苦味瓜。

（4）偏施氮肥；易使植株生长衰弱导致瓜苦。

5. 黄瓜双体瓜

发生症状 黄瓜双体瓜在植株开花时就可看到两朵花长在一起，如不去掉此花，就会结双体瓜，食用价值不大。

主要原因

（1）植株缺钙造成。

（2）干旱缺水。

（3）育苗时床土不好。

6. 黄瓜大头瓜

发生症状 黄瓜先端膨大。

主要原因

（1）营养条件不足，容易产生大头瓜。

（2）由于蜜蜂采花过程破坏了受精，种子生长的部分养分集中于先端，致使先端膨大。

7. 黄瓜弯曲瓜

发生症状 黄瓜生长过程中不顺直，有的尖端弯曲，有的中间弯曲，有的顶部弯曲，有的弯曲严重一些，有的弯曲程度较轻。

主要原因

（1）摘叶过多易导致形成过多的弯曲瓜。

（2）结果过多，过高的单株产量会增加植株的负担，给叶片及植株的生长带来不利，尤其是叶片的同化功能衰退，形成弯曲果。

（3）开花时子房小的花，花的素质不好，即使开花，以后得到的养分也较少，容易引起弯曲瓜。

（4）结果初期长出的正常果，如果养分不能及时充分供给，不久也会形成弯曲果。

（5）结出的长果形黄瓜，在膨大中遇到叶片的阻碍，也会形成弯曲果。

（6）结出的大部分大头果都会形成弯曲果。

8. 黄瓜带叶瓜

发生症状 黄瓜在开花时有的从子房中长出叶子，有的花萼的一部分变成叶子，有的蔓被叶子取代，这种瓜在开花时果实上已长有叶子。

主要原因 缺硼，高温，干旱，偏施氮肥。

9. 黄瓜蜂腰瓜

发生症状 黄瓜在果实的一处或多处出现像蜜蜂细腰似的症状。将收获的果实剖开来看，即使是外表完全看不出蜂腰形状的果实，内部也会开裂而成空洞，或者不开裂但产生褐变的小龟裂，发病重的从外表可看到蜂腰形。

主要原因 缺硼，缺钙，高温干燥，低温多湿，多氮。

10. 黄瓜裂瓜

发生症状 黄瓜的果实从尾端开始开裂，沿纵向开裂。

主要原因

（1）黄瓜低温干燥时，为了增加产量，向叶面喷洒叶面扩散剂，果实因水分增加而突然开裂。

（2）棚室长期干燥、土壤缺水时，突然浇水，来不及摘掉的黄瓜因吸水突然开裂。

11. 黄瓜短形瓜

发生症状 黄瓜结得粗短，达不到出售要求的长度。

主要原因

（1）不同品种发生黄瓜短形瓜的情况不同，黄瓜短形瓜存在品种因素。

（2）嫁接的黄瓜出现短形瓜的概率较大；生产过程中，没有根据嫁接黄瓜的特点进行管理已出现的短形瓜。

（3）黄瓜结位较低，植株没长到一定时期就留瓜。

12. 黄瓜白粉瓜

发生症状 黄瓜果实生长过程中，在其表面产生一层白粉，食用价值很低。

主要原因

（1）土壤长期干旱。

（2）最适宜黄瓜生长的土壤相对湿度为85%～90%，空气相对湿度为70%～90%。黄瓜在夜间能够承受90%～100%的空气相对湿度，但湿度过大时，易发生病害。黄瓜生长过程中，除幼苗期和定植后需控水实行一段时间的蹲苗外，其他时期均是在不使黄瓜沤根的前提下，大量浇水，以满足黄瓜生长发育各时期的要求。特别是在黄瓜结果期，有营养生长和生殖生长同时进行的特点，需水量很大，必须满足供应。如果水分供应不足，不仅使黄瓜产量受到影响，而且还会使部分结出的黄瓜从瓜内渗出生物碱及盐类，使表面发白，影响黄瓜的质量。

13. 黄瓜褐色心腐瓜

发生症状 把黄瓜花脱落的尾部剖开，可看到有褐色的心腐。

主要原因

（1）缺钙。

（2）长期低温。应保持正常的温度，白天在25℃左右，夜晚在15～18℃。切勿低温。

14. 黄瓜细尾瓜

发生症状 黄瓜的先端在膨大过程中受阻，生长变细，像老鼠尾巴一样。

主要原因

（1）黄瓜在开花结果后遇到低温。

（2）黄瓜在膨大的过程中肥水管理太差，缺肥干旱。

15. 黄瓜尖嘴瓜

发生症状 黄瓜的近肩部较细，下部正常或肥大。

主要原因

（1）温度管理不一致，温度忽高忽低。

（2）土壤干旱或旱涝不匀。

（3）养分供应不平衡，黄瓜在刚膨大时，养分较好，以后又缺乏。

十一、韭菜

1. 韭菜干尖

发生症状 叶片生长缓慢、细弱，外叶枯黄；有时嫩叶轻微黄叶，外部叶片黄化枯死，叶尖枯萎，逐渐变褐色，或变为枯白色；有的外叶叶尖变褐，然后渐渐枯死，中部叶片变白。

主要原因

（1）土壤缺水，土壤酸化。

（2）有毒气体危害。

（3）干旱高温危害。

（4）微量元素缺乏。

2. 韭菜叶枯

发生症状 从叶尖变黄后整片叶枯萎死亡。

主要原因

（1）高温、高湿。

（2）肥料不足、收获技术不合适。

（3）由于气候越来越干燥，环境污染较严重，韭菜用水不卫生，可能有的韭菜用含有化学污染物质的污水、坑塘水浇，容易使土壤遭到污染而使韭菜中毒死亡。在生产中，不能使用污染的河水、坑塘水浇灌，要用井水浇灌，避免引起韭菜死株现象的发生。

（4）注意防治韭菜地蛆。

3. 韭菜鳞茎空瘪

发生症状 韭菜的地上部生长势衰弱，造成鳞茎空瘪。

主要原因

（1）韭菜特别是温室栽培的韭菜，不能进行光合作用所造成。

（2）韭菜的光照强度对韭菜的产量和质量有重要影响。春秋两季是光合作用最旺盛的时期，韭菜积累了大量的营养物质。韭菜所含的养分以蔗糖为最多。韭菜的含糖量在不同部位有差异，以根系为最高，鳞茎次之，韭苗最少，同时，露地春韭经过两三次收割之后，韭苗与根系仍然健壮，根系含糖量仍高。而温室栽培的韭菜，经过三次收割后，生长势极其衰弱，鳞茎空瘪。这是由于露地韭菜收割后仍能进行光合作用，温室韭菜不能进行正常的光合作用。

4. 韭菜叶尖变紫死亡

发生症状 韭菜的叶片尖端颜色变紫，个别嫩芽死亡。

主要原因 早春新发的嫩芽遇到晚霜，受冻造成。韭菜喜冷凉气候，耐低温。当外界气温降到－7～－6℃时，地面上的叶子才开始萎蔫。地下部的根茎部分抗寒力更强，能在－40℃的低温下生长。韭菜的生长适温12～24℃。当春季温度开始上升时，约需达到2～3℃，鳞茎可萌发新芽。如果遇到晚霜，新发芽的叶片因生长势弱，抵抗低温的能力差，叶片尖端发生紫变，变成紫叶，部分新发鳞茎会受冻而死。

5. 韭叶腥臭

发生症状 韭叶发臭。

主要原因

（1）夏季高温，强光曝晒。

（2）韭菜虽是长日照作物，但韭菜喜中性光照，如光照过强，反有损于食用价值。在夏季高温和强光照射下，叶身中维管束的厚壁细胞发达，细胞壁易木质化，致使嫩叶组织变粗硬，芳香风味改变，甚至发臭，品质下降。

（3）在韭菜栽培上，夏季高温季节不能生产韭菜，可生产一茬韭黄或韭白，但不能连续生产，否则，会造成下茬产量降低，甚至出现早衰现象。

6. 韭菜鳞茎腐烂

发生症状 夏季高温季节，个别或部分鳞茎发生腐烂。

主要原因 浇水过多，排水不良，土壤过湿。

十二、葱

1. 大葱皮色灰暗

发生症状 大葱收获后皮色灰暗，不洁白，商品性差。

主要原因 大葱作为商品出售，质量的优劣在于葱白是否洁白、肥大、紧实，只有具备这三条，大葱的商品价值就高，销售就容易。栽培大葱应该选择土层深厚、肥水良好、富含有机质的壤土，最好不要选择在沙土或黏土地种植。若在沙土地种植，假茎洁白，但质地松、耐藏性差；在黏土地种植的大葱，假茎质地紧实，风味浓，储藏性好，但皮色灰暗，商品性差。

2. 大葱叶失绿发黄

发生症状 大葱定植后，叶片失绿变黄。

主要原因 大葱定株后的营养生长时期遇到高温。

3. 胡葱地上部枯死

发生症状 胡葱生长着的地上部枯死。

主要原因 高温胡葱是由洋葱演变而来。茎部鳞茎膨大，鳞皮红褐色，叶绿色。耐寒力不强，不耐高温，生长适温在22℃左右，10℃以下生长缓慢。冬季生长繁茂，夏季高温前形成鳞茎。温度高于25℃植株生长不良，高于30℃，如在6～7月份高温季节，地上部会因热而枯死。冬前不收获者可进行一次分株栽植，春季抽薹前生长最旺盛，可适时采收，若采收过迟，叶纤维增多，叶片硬化，不利食用。

4. 韭葱发柴

发生症状 韭葱在食用时口感发柴，质地粗硬。

主要原因 食用器官错误（即吃错了地方），经软化叶梢部即假茎部供食用。

十三、蒜

1. 大蒜独头蒜

发生症状 大蒜鳞茎未分化，到收获期收获独头蒜。

主要原因

（1）种瓣太小。

（2）土壤瘠薄。大蒜对土壤种类要求不严，但以富含腐殖质的肥沃的壤土为最好，这类土壤疏松透气、保水性能强，适于鳞茎生长发育，长出的大蒜蒜头大而整齐，品质好，产量高。而沙质土栽培的大蒜，辣味浓，质地松，不耐储藏。

（3）管理中水肥不足。

（4）要求土壤 pH 为 5.5～6.0，过碱则种瓣腐烂，小头和独头蒜增多，降低产量。

2. 大蒜种瓣湿烂

发生症状 大蒜后期收获时种瓣潮湿腐烂。

主要原因 幼苗前期浇水过多。大蒜为浅根系作物，喜湿怕旱。土壤湿度合适，大蒜才能快速萌芽。幼苗前期要减少浇水，加强中耕松土，促进根系发育，防止种瓣湿烂。如果浇水过多，过多的水分挤走了土壤中的空气，使种瓣得不到足够的氧气发育，发生湿烂，导致地表部分幼苗死亡，造成缺苗，断垄严重。

3. 大蒜烂脖

发生症状 大蒜收获前，假茎茎部发生腐烂，造成大蒜散瓣。

主要原因

生长后期灌水过多、过勤，造成土壤缺氧。土壤黏重不宜多浇水，沙土和沙壤土可多浇水。在收获前 5～7 天应停止浇水，以防土壤湿度过大引起烂脖，导致散瓣。

4. 大蒜散瓣

发生症状 大蒜收获时散瓣较多。

主要原因

（1）后期追氮肥过多。

（2）后期浇水过晚、过多。为促进大蒜蒜头的膨大，在提薹后要供应充足的水分，在收获前 5～7 天应停止浇水，以防湿度过大，不便于采收，以及不耐储藏和造成散瓣。

（3）收获过晚。大蒜的收获期应根据成熟度决定。从采薹大约经过 18～20 天达到收获标准。收获早了，蒜头皮薄发亮，不散瓣，但对产量有一定影响；收获晚了，容易散瓣还不易保存。

5. 大蒜二次抽薹（二次生长）

发生症状　春季蒜瓣再生叶由大蒜上部2～3片叶鞘内长出，最早出现的再生叶处还可继续长出多个叶片，形成次级植株，并产生次级蒜薹。剥开大蒜叶鞘，可看到再生叶较早的鳞芽又分化出4～5个小蒜瓣，形成次生鳞茎，从外表看，大蒜上部叶片呈丛生状。

主要原因

（1）气候的影响。冬季12月至次年1月气温偏高，平均气温高于20℃，大蒜提早完成了春化阶段，这使得大蒜花芽和鳞芽分化较历年提前15～20天，从而使原来在3月底前后才能完成的分化过程提前到了3月上旬左右。而2～3月份的气温又不高，使提前分化的鳞芽外层叶鞘又生成叶片，部分幼小的鳞芽在较低的温度下重新进行分化形成次生植株，抽生次生蒜薹，形成次生鳞茎。

（2）春季追施太多的氮肥；基肥施用量大，特别是没有配方施肥，单一施用氮肥。

（3）播种过早；种植密度大。

十四、洋葱

1. 洋葱烂头

发生症状　洋葱头即鳞茎发生腐烂。

主要原因

（1）在洋葱鳞茎膨大生长的后期，第1～2片叶已经枯萎，第3～4片叶的叶尖发黄，此时，鳞茎内由于没有新的叶片充实叶鞘而发生中空，叶鞘包裹不实，若遇连阴雨或喷灌，水会顺着叶片流入鳞茎内，使鳞茎发生腐烂。

（2）在鳞茎充分膨大后，且田间植株开始刚刚倒伏时，未将直立的植株全部人工压倒，雨水流入鳞茎。

（3）洋葱生长前期是需氮高峰期，若缺氮则营养体小，鳞茎成熟度偏低，产量下降；若氮肥施用过多，则组织柔软，增加了病菌的侵染机会。

（4）在鳞茎刚开始转向肥大生长时，过多施用氮肥。进入鳞茎膨大期，若氮吸收过剩则表现为缺钾，导致根部和生长期发育受阻，影响鳞茎的膨大和产品品质，引起鳞茎腐烂。若磷吸收过剩，也容易导致鳞茎腐烂。缺钙是洋葱烂头的原因之一。

（5）在收获前10天必须停止浇水，否则鳞茎中含水过多不易储藏而腐烂。葱头充分干燥是保证葱头不易腐烂的关键之一。如果临收前继续浇水，往往导致烂头的增加。

（6）在洋葱的田间管理、收获、剪头、晾晒、运输及储藏过程中，葱头极易受到机械伤害而产生伤口，这样也容易引起葱头腐烂。

2. 洋葱多胞胎

发生症状 随着葱头的肥大，在球内生长点形成新的叶球，有时 1 个，有时 2～5 个，鳞茎表现为多头，形成多胞胎。

主要原因

（1）苗期分蘖。

（2）暖冬、暖春气温高。

（3）抽薹早。

3. 洋葱心腐

发生症状 洋葱膨大后期，鳞茎内发生腐烂，而外部表现很好。

主要原因

（1）施氮过多。氮肥施用过多，造成植株营养生长，即分化和形成鳞茎过慢，形成的鳞茎细胞柔软，对不利环境条件的抵抗力下降。

（2）缺钙造成心腐。

（3）缺镁造成心腐。

4. 洋葱鳞茎开裂

发生症状 后期洋葱鳞茎开裂，质量下降。

主要原因

成熟期浇水过多。洋葱膨大末期，即到了收获期，要控制水分，应在收获前 7～10 天停止浇水，便于鳞茎组织充实，加速成熟，防止鳞茎开裂，利于洋葱收获及储藏，防止产品质量下降。

5. 洋葱海绵状鳞茎

发生症状 收获后的鳞茎发软，组织呈海绵状。

主要原因 洋葱保鲜储藏时保鲜剂使用不当。

6. 洋葱鳞茎灼伤

发生症状 洋葱葱头在晾晒过程中被太阳晒伤。

主要原因 晾晒方法不恰当。

十五、叶类蔬菜

1. 大白菜干烧心病

发生症状 大白菜干烧心也称夹皮烂，是种生理病害，多数在莲座期和包心期开始发病，受害叶片多在叶球中部，往往隔几层健壮叶片出现一片病叶，严重影响大白菜的品质。大白菜干烧心病各地种植区都有不同程度的发生。在贮运期间还会发生，同样造成较大损失。近些年，由于南方菜地污染严重，发病也日趋增加。

大白菜在莲座期即可发病，发病时边缘干枯，向内卷，长势受到抑制，包心不结实。结球初期，球叶边缘出现水浸状，并呈黄色透明，逐渐发展为黄褐色焦叶，向内卷曲，结球后期发病植株外表未见异常，打开结球内部叶片可见黄化，叶脉呈暗褐色，叶内干纸状，叶片组织水浸状，带有发黏的汁液，但不出现软腐现象，也不发臭，反而有一定韧性。病健组织间具有明显的界线。干烧心病影响大白菜品质，病叶带苦味，不能食用，而且叶片不耐贮藏。

主要原因

（1）注意茬口选择。

（2）在易发生干烧心病的地块种植大白菜时，应避免与吸收钙量较大的甘蓝、番茄等作物连作。如果在番茄结果期发现脐腐病严重时，说明该地块缺钙严重，秋茬最好不要种植大白菜。

2. 大白菜白斑病

发生症状 大白菜叶片上病斑初为散生的灰褐色圆形小斑点，后扩大为灰白色不定形病斑，病斑周缘有淡黄绿色晕圈。潮湿条件下病斑背面产生稀疏的淡灰色霉层。病斑后期变为白色半透明状，发病严重时，病斑连成片，易破裂穿孔，叶片提早枯死。病株叶片由外向内层层干枯，似火烤状。

主要原因 大白菜白斑病由半知菌亚门真菌的白斑小尾孢菌侵染所致。病菌分生孢子梗较短，束生，无色，直或弯曲。分生孢子线形，多细胞，无色。大白菜白斑病病菌主要以菌丝体在土表的病残体或采种株上越冬，或以分生孢子黏附于种子表面越冬。田间借风雨传播，进行再侵染。8～10 月份气温偏低、连阴雨天气可促进病害的发生。

3. 大白菜黑斑病

发生症状 大白菜黑斑病又称黑霉病，是一种常见的叶部病害，但一般年份发病不重。染病菜株叶味变苦，品质变劣。大白菜的叶片、叶柄、花梗、种荚等部位都能感病。叶片发病多从外叶开始，初期产生近圆形褪绿斑，后扩大变为灰褐色或褐色病斑，病斑上有同心轮纹，病斑周围有黄色晕圈。病斑多时叶片变黄干枯。茎、叶柄及花梗上病斑呈褐色、条状、凹陷。潮湿条件下病部常产生黑色霉层，即病菌的分生孢子梗和分生孢子。

主要原因 大白菜黑斑病由半知菌亚门真菌的芸薹链格孢菌侵染所致。病菌分生孢子梗单生，或 2～7 根束生，淡褐色，基部细胞膨大，不分枝，具 1～5 个隔膜。分生孢子单生，倒棍棒状，具纵横隔膜，嘴胞稍长且色浅。大白菜黑斑病病菌主要以菌丝体及分生孢子在病残体、土壤、采种株或种子表面越冬。翌年产生分生孢子，借风雨传播侵染春菜，发病后的病斑能产生大量分生孢子，进行再侵染，秋季侵染大白菜，为害较严重。9～10 月份遇连阴雨天气或高湿低温（12～18℃）时易发病。

4. 芹菜烧心（心腐）

发生症状 心叶叶脉间变褐，叶缘细胞逐渐坏死，呈褐色，多发生在11～12片真叶时。一般在生育初期很少发生。

主要原因

（1）高温、干旱。保护地栽培的芹菜，如气温达到20℃，就要及时放风降温。如不及时放风降温，短期的高温对芹菜的生长发育影响不大，时间长了，不但对芹菜生长发育造成危害，而且极容易造成缺钙。

（2）过干的土壤，加上难溶于水的钙盐，造成土壤中钙溶液的浓度升高，导致钙的倒流，而使芹菜因缺钙产生烧心。

（3）芹菜在酸性土壤中易发生烧心的可能性较大。

5. 芹菜叶柄空心

发生症状 从叶柄基部向上延伸，空心部位呈白色絮状，木栓化组织增生，严重地降低芹菜的品质。

主要原因

（1）种植在沙性土壤的芹菜叶柄空心症状发生较多，发展也较快。

（2）过量喷施赤霉素。适当适量适时施用赤霉素不但能刺激芹菜叶的生长，而且能促使叶柄伸长。使用不当会导致芹菜生长细弱，品质变劣，叶柄细长，外观细弱，而且还会出现空心现象，导致减产严重。

（3）准备储藏的芹菜，在不受冻害的前提下，应尽量适当延迟收获。采收太早，温度较高，储藏时易发生脱水造成叶柄空心，以及发热变黄及腐烂等。

（4）养分不足及后期脱肥，土壤干旱，温度过高。

6. 芹菜叶柄老化

发生症状 小拱棚秋冬茬芹菜的叶柄纤维增多，不鲜嫩，食用时口感差，叶柄发黄老化。

主要原因

（1）浇水不当。

（2）追肥不妥。

7. 芹菜叶柄开裂

发生症状 叶柄开裂多表现为茎基部连同叶开裂，失去食用价值。

主要原因

（1）高温、干旱。

（2）突然性的高温高湿。

8. 芹菜株裂

发生症状 随着芹菜的生长发育，茎基部外侧叶子的叶柄出现纵向开裂。它不同于芹菜叶柄开裂，叶柄开裂是基部叶柄的纵向开裂，是单个叶柄的异常长相，株裂是两叶或多叶之间的叶柄分离现象，对芹菜的生长发育以及产量和质量危害更大。

主要原因

（1）前期控制长势太过，追肥太少或未追肥，应在上肥料前期依苗情、地力进行小追肥，不可不追肥；后期促进生长又过于急迫，芹菜生长发育过于迅速，形成株裂。

（2）在温度管理上，以低于正常温度约 2℃为宜，温度降得过多会造成芹菜生长发育迟缓，发生株裂。

9. 芹菜茎裂

发生症状　主要是芹菜叶的内侧部分表皮开裂。

主要原因　缺硼会造成芹菜茎部开裂，在心叶生长时期要求大量硼元素供给，否则会造成心叶内侧组织变褐并发生龟裂。

10. 芹菜叶缘腐烂

发生症状　幼嫩叶片的叶缘变褐，叶萎缩，湿度大时叶缘腐烂。

主要原因　缺钙。

11. 莴笋茎裂口

发生症状　莴笋的茎部发生裂口现象，降低了莴笋质量。

主要原因　土壤干旱，莴笋生长中后期因浇水施肥过猛，莴笋茎迅速吸水膨胀而产生裂口。若浇得过多过早，容易使叶片徒长，幼叶生长不健壮。莴苣生产过程中要少浇水、匀浇水，可防莴笋茎裂口。

12. 莴笋苦味

发生症状　莴笋在食用时苦味浓。

主要原因　莴笋自身含有莴苣素，有苦味，在其生长期间因植株缺水，莴苣素浓度增加，从而导致了莴笋食用时含有较大的苦味，降低了食用价值。适时供应充足的水分可降低莴苣素的发生从而减轻莴笋的苦味。

13. 莴笋纤维化重

发生症状　食用莴笋时纤维含量多，木质化重，口感差，品质劣。

主要原因

（1）土壤条件太差。

（2）整地不科学；土壤中有机质含量少。

十六、甜瓜

甜瓜畸形的症状及主要原因如下。

发生症状

（1）大肚瓜的前端、花蒂附近肥大，中间和基部变细。

（2）削肩瓜果柄附近果肉少，较细，粗细程度各不相同。

（3）缢缩瓜上出现缢缩症状，切开后可见缢缩处呈中空状。

（4）棱形瓜果实沿维管束纵向隆起，凹凸不平。

（5）长形瓜果实膨大不良。

（6）扁平瓜压缩，呈柿饼状。

（7）尖顶瓜果柄附近粗，先端细。

主要原因

（1）甜瓜的畸形瓜一般发生在果实快速发育时期，不同形状的畸形瓜发生阶段不同。厚皮甜瓜，果实发育过程一般是在开花后13天左右，先纵向生长，然后横向生长加快。一般前期发育正常，后期发育不良，则形成长形瓜，反之，则产生扁平瓜。同一果实，因果梗一端提早停止发育，顶端花蒂部位很晚才停止发育，因此开花后经7～15天时间，果实发育由纵向转向横向膨大，这时如果遇降雨或根部受伤，果实膨大短期内2～3天受到促进或抑制，就会形成梨形瓜或尖顶瓜。

（2）夏季高温持续时间长或植株生长势弱时，易产生缢缩瓜。夜温低，植株茎叶生长受抑制，生殖生长快，果实膨大受抑制，易出现削肩瓜。

（3）肥水管理不到位。甜瓜植株长势弱，尤其是晚熟甜瓜生长量大需水肥数量大。特别是进入果实膨大期，营养生长已基本停止，光合产物及吸收的矿质营养绝大部分向果实输送，如果膨大期以前营养储备不足，就会产生果实营养供不应求，造成果实小，产生的畸形瓜多。

（4）受精不良。甜瓜授粉受精后，子房中产生大量生长素，促使果实膨大，如生长素产生不足就会失去对养分吸收的竞争优势而形成畸形瓜。

（5）地温低，甜瓜发育不均衡。尤其是晚熟甜瓜个大，进入果实膨大期生长速度快，阳面受光条件好，热量也充足，阴面受光不足，地温低于气温，造成阴阳两面生长发育不均衡，导致畸形瓜比例增加。

（6）生长调节剂使用不合理。在甜瓜生产中，由于低温、阴雨、空气湿度大，坐瓜难，有时使用植物生长调节剂处理促进坐瓜，但对操作要求严格，浓度除因气温、品种而异外，喷洒、浸蘸或涂抹不均匀，或使用浓度过高，易形成畸形瓜。

第二节 病害对水果感官品质的影响

水果病害包括生理性病害和病菌性病害。

一、苹果

1. 苹果着色差

发生症状 着色差，表光不佳。

主要原因

（1）品种老化。老品种普遍着色不良、表光差。

（2）栽培措施不当，果园普遍存在土壤酸化、土壤有机质含量太低、肥水管理不科学及病虫害防治不当等问题，影响果实内在品质和外观质量。

（3）氮肥过多，果实发青不易上色，钾肥过多或不足及硼、镁肥过量都会导致果实发黄。

2. 苹果发黄不上色

发生症状 苹果发黄不上色或着色不匀。

主要原因

（1）氮肥施用过量，会出现摘袋后苹果发黄不上色的现象。

（2）追施硼砂过多会导致硼中毒，使苹果发黄不上色，而且一旦出现这种情况，可能会导致连续3年苹果着色困难。

（3）环剥过重。

（4）持续高温。

（5）摘袋时间不合适，会出现发黄不上色现象，甚至会先着色后褪色，返为绿色，出现“绿腔”现象。纸袋的质量不佳会导致果实着色不匀。

3. 苹果缺素症

发生症状 表现为苦痘病、鸡爪纹、皴皮、裂果等生理性的红黑点病。

主要原因 缺钙或缺硼导致果实皮孔破裂，随后病菌侵染引起。

4. 苹果果锈

发生症状 果实表面出现锈斑。

主要原因

（1）由锈果病毒引起的锈果病。

（2）早春倒春寒及花期霜冻导致的冻锈。

（3）喷施农药及叶面肥不当引起的药锈和肥锈。

（4）套袋的果实因纸袋质量不好（遇雨即湿，长期吸附果面）或操作不当（透气孔没打开等）导致的水锈。

（5）幼果期蚜虫等虫害防治不当；害虫排泄物污染果面导致的虫锈。

5. 苹果果个小、果形不正

发生症状 苹果的果个小、果形不正。

主要原因 果实大小和形状是衡量果实商品等级的基本指标。而果树疏花疏果不当，留果过多，肥水不合理等都能导致果个太小。品种不好及授粉不良都会导致果形不正，果形扁及偏斜畸形都会影响销售价格。

6. 苹果烂果

发生症状 苹果生长阶段，发生烂果。

主要原因 炭疽病、轮纹病等果实病害防治不当，直接导致烂果。

7. 苹果水心病

发生症状 苹果会出现一些“冰糖心”的现象，糖化后变得很甜，“冰糖心”的苹果是苹果生长过程中的一种生理性病害——苹果水心病所致，也叫糖化病。患有这种病害的苹果弊大于利。苹果水心病一般发生在苹果的成熟期和储藏期，主要危害苹果的果实。在发病初期，一般从外观上辨别不出，但受害部位的果肉会因为返糖而变得更甜，而且内部果肉组织会呈现出透明状水浸或者变硬、变褐、腐烂，严重时在果皮部位也会呈现出水浸状透明或变褐、腐烂等症状。随着病情的逐渐恶化，有时也会发生裂果现象，尤其在苹果采摘前 1 个月到储藏后的 1 个月内，因为此时温度较高，更容易造成整个苹果在一周内发生褐变腐烂。

主要原因

（1）苹果的种植地，如果出现土壤酸化板结、有机质含量低等问题，则容易造成苹果果树根系发育不良，进而导致苹果缺钙诱发病害。另外，尤其是偏施氮肥的地块，更易加重苹果水心病的发生。

（2）诱发苹果水心病的主要原因就是缺钙。土壤中的氮、钾、镁等微量元素含量过高，会降低土壤中可溶性钙的有效性，抑制苹果对钙的吸收，钙营养不足就容易诱发苹果水心病。同时，有机肥对果树根系从土壤中吸收钙营养具有促进作用，若果园长期大量使用大化肥、不使用有机肥或有机肥使用量不足，也会减少苹果对钙的有效吸收。

（3）施肥不足造成树体营养缺乏，也会抑制酶的合成与活性，并诱发苹果水心病。

（4）高温气候影响以及套袋等因素影响也容易诱发苹果水心病。进入苹果成熟期时，温度较高的地方也应当早收，温度较低的地方可以适当晚收。

（5）苹果成熟后应当及时采收，以防果实成熟过度，易感染水心病的品种最好提前采收。

8. 苹果花脸病

发生症状 花脸病是苹果种植的主要病害，为果实病毒性病害，一经感染，终生带毒。其病害发生表现主要是病果会出现黄白色斑块，危害大，如果防治不及时，会严重影响苹果质量，给果农带来严重的损失。

主要原因

土肥管理不当，误施含氯肥料；负载量过大，挂果过多；采摘不及时，对树体营养补充不足，树体营养亏空，抗冻抗寒能力差，病毒病发生严重；还可通过修剪、嫁接等途径传染致病。

9. 苹果日灼病

发生症状 苹果日灼病也可以称为日烧病，果实受害后，果实阳面会失水焦枯，产生红褐色近圆形斑点，后逐渐扩大，形成黑褐色病斑，严重影响苹果商品价值。

主要原因

(1) 发生日灼病的临界温度是 46～49℃，如若高于临界温度，苹果就极易发生日灼现象。光照是影响果实日灼的重要原因，没有任何遮挡的果实，在接收太阳光直射的情况下，会大大提高果实的表面温度，再加上环境高温对果实的增温作用，很容易使果面温度达到日灼的临界温度，进而导致果实日灼现象的发生。

(2) 通过对红玉、元帅、红祝、国光、白龙、金冠等 6 个苹果品种日灼病发病情况进行统计发现，发病严重程度呈现以下顺序：红祝＞红玉＞元帅＞金冠＞白龙＞国光。由此可以看出，苹果早熟品种发病重，中晚熟品种次之，而晚熟品种发病最轻。

(3) 果园管理不当。同一果园内树势中庸或者健壮的苹果树发病比较轻，而那些树势衰弱的植株则发病比较严重，这反映了肥水管理、修剪、土壤等管理不到位，导致植株树势不强，抵抗病虫害能力降低。

(4) 果袋质量不规范，果实套袋操作不规范，导致果袋壁与果皮紧密贴合，纸袋内部没有空间，也很容易引起果实日灼。

10. 苹果裂纹严重

发生症状

(1) “肩部”裂纹重。在苹果生长后期，当果肉细胞仍在继续膨大时，如果此时温度下降，果皮就会收缩，而仍在继续膨大的果肉细胞则会撑开果皮，导致果皮出现裂纹。苹果的“肩部”果皮嫩，所以裂纹重。

(2) 苹果梗洼裂纹重。摘袋不及时或苹果采收不及时，梗洼裂纹皆会加重。如嘎拉苹果，摘袋后 7 天没有采收，20%以上苹果将产生裂纹。

主要原因 降雨多，苹果裂纹重；摘袋后，如果每天有露水且上午 11 时之前果面不干，苹果裂纹重；土壤湿度大，苹果裂纹重；气温不稳定，苹果裂纹重；7～8 月偏施氮肥的苹果园，苹果裂纹既多又重。

11. 苹果畸形果

发生症状 在秋季发现少数果的果形不正，甚至畸形。

主要原因 这是因为套袋时没有认真选果，套袋果发育不良。也有的是因为套袋时不小心，使果柄出现机械损伤所致。

12. 苹果果实黑点病

发生症状 果面萼洼部位变为褐色，出现针尖大小黑点，而且随病情发展黑点逐渐扩大，有芝麻或绿豆大小，病斑直径一般在1～3mm，口尝无苦味。该病斑一般仅局限于表皮，并不会深及果肉，也不会引起溃烂，在后期和贮存期也不会扩大蔓延。

主要原因 苹果黑点病是由苹果斑点小球壳菌侵染所引起的。

二、梨果

1. 梨果水心病

发生症状 水心病又叫果蜜病、蜜果病、糖化病、玻璃病、水心子病，多发生在果实成熟后期及贮藏期。病斑果肉呈水浸状、半透明，外观似玻璃，或似蜡，果肉坚硬。多从果心部开始发病，也可发生在果肉的任何部位。当发病严重时从果实外部可见病斑，病果皮呈水浸状，透明似蜡，病组织败坏变褐色，味苦，失去食用价值。

主要原因

（1）不同品种具有不同的发病敏感程度，易发病品种的代表是丰水梨，还有秋荣梨、金秋梨、二十世纪梨、华山梨等，多是砂梨系统的品种，玉露香梨也发现有水心病的发生。

（2）水心病的发生也与果实成熟度有密切的关系，果实接近成熟时开始出现水心病症状，果实的成熟能够促进果实水心病的发生。

（3）果实中钙和硼含量变化影响水心病发生，钙素不足，果实往往易发水心病。

（4）在过于干旱、高光强、弱树势以及营养不良的条件下，水心病的发生比例也高。

（5）赤霉素能够加速水心病的发展。

2. 梨果苦痘病

发生症状 苦痘病又称苦陷病，是果实上常发生的一种生理病害，多发生在成熟果实上。症状在果实近成熟时开始出现，病斑多发生在近果顶处，靠果柄一端则较少发生。病部果皮下的果肉产生褐色病斑，外部颜色深，在红色品种上现暗紫红色斑，在绿色品种上现深绿色斑。后期病的部位果肉干缩，表皮坏死，会显现出凹陷的褐斑，深达果肉2～3mm，有苦味。轻病果一果上有病斑3～5处，重病果多达7～8处。

主要原因

（1）梨果苦痘病是我国梨区常见的由果实缺钙引起的生理性病害，最直接表现就是在梨果表皮出现大小不一的突起。其实，裂果和果面不光洁多是缺钙所致。

（2）果实贮藏温度和时间。秋荣梨果实在5℃、10℃下贮藏时，苦痘病发病率不会随着贮藏时间而升高，发病指数则会随着贮藏温度的升高和时间的延长而增加。

3. 梨果裂果病

发生症状 梨裂果病主要发生在果实和枝干上。染病的初期仅在向阳面变红，果肉逐渐木质化，后致果实开裂，裂口处果肉干缩变黑，湿度大或多雨时，病菌乘机从伤口侵入，引致果腐。

主要原因 水分供应不均匀引起的。据调查，小树发病轻，结果树发病重。水肥条件好的发病轻，树势衰弱或染有腐烂病、黑星病的发病重。

4. 梨果缩果病

发生症状 指成熟的果实表面高洼不平，有的果实已失去了该品种应有的形状和特征，剖开果实可见凹陷部位的果肉呈褐色海绵体状，有的果实在凹凸的果面上出现了裂纹，还有的果实变成了畸形果。其症状在果实长到蚕豆大时就表现出来，由暗绿色变为深绿色，并逐渐呈木栓化斑块而出现开裂，长成畸形果。

主要原因 梨果缩果病是由缺硼引发的一种生理性病害。缩果病在偏碱性土壤的梨园和地区发生较重。另外，硼元素的吸收与土壤湿度有关，土壤过湿或过干都会影响到梨树对硼元素的吸收。因此，在干旱贫瘠的山坡地和低洼易涝地，梨果更容易发生缩果病。

5. 梨果黑心病

发生症状 果心内部发生褐变的一种生理病害，病果的外表和正常果实无异。

主要原因 黑心病常发生于果实贮藏期，这与果实入库时降温变化幅度有关；采收太早或太晚也会导致果实黑心病发病的多发。轻度黑心病只果心变褐，尚可食用。应适期采收，入贮果经不同温度预冷可减轻黑心病的发生。

6. 梨果顶腐病

发生症状 梨顶腐病又叫蒂腐病、铁头病。主要危害梨幼果，发病初期果实萼洼处出现淡褐色浸润状小斑点，后逐渐扩大，颜色加深，最后扩展至果顶部，病部变褐稍凹陷，肉质坚硬，中央灰褐色，后期常染杂菌，生出黑色霉层或红色霉层，病果脱落。严重时病斑可及果顶的大半部，完全失去商品价值。此病多发生于西洋梨的品种上。

主要原因 梨顶腐病的病因至今尚未明确，一般认为，此病是一种生理性病害。

7. 梨果粗皮病

发生症状 梨粗皮病（梨轮纹病）是果实上发生的一种生理性病害，果面凹凸不平，呈橘皮状，轻者症状只发生在萼端，重者可遍及大部分果面。果实成熟后，病果萼端由绿变黄的速度减慢，形成“绿头果”或称“青顶果”，还有果农称其为“硬头果”“皱皮果”等。采收之前达到发病高峰。此病多发生在库尔勒香梨上。

主要原因 梨粗皮病（梨轮纹病）病菌为一种真菌，有性世代属子囊菌亚门，座囊菌目，为干腐病菌的一个转化型。病菌以菌丝体或分生孢子器及子囊壳在病枝上越冬，在胶东地区一般在翌年4月下旬至5月上旬，在病组织菌丝体上产生孢子，成为初侵染源。6月中旬至8月中旬为散发盛期。分生孢子主要借助雨水传播，被侵染的幼果开始并不发病，待果实近成熟或在贮存期间才开始发病。粗皮病病菌是一种弱致病菌，菌丝在枝干上可存活4～6年。品种间差异较大，日本砂梨系较易感病，中国梨品种较抗病。

8. 梨果木栓病

发生症状 发病部位先木栓化，再发生褐变而形成病斑，病斑略凹陷，形状不规则。病斑最初硬韧、较小，绿褐色，后期颜色变深，部分病斑可扩大至直径1.0cm，一般病斑直径介于0.1～1.0cm。发病重时，病斑常重叠相交，连成大斑。病斑果皮下果肉出现棕褐色，组织绵软，呈海绵状。

主要原因 梨果实果肉木栓化褐变症状集中发生在果实成熟期。对土壤、叶片和果实中钙、硼含量的比较分析说明，成熟期果实的蒸腾作用减弱，随蒸腾液流入果实的钙和硼元素明显减少，同时套袋处理及天气等原因加剧了果实对钙、硼吸收不足，导致果肉发生木栓化褐变现象。

三、桃果

1. 桃裂果

发生症状 桃裂果是普遍存在的一种现象，在早、中、晚品种中均有发生。症状表现为沿果子中线掰开，果肉带丝状果胶，肉质松软，细胞间隙大，味淡，水分少，甚至带苦涩味。严重影响了桃树果实的品质和商品价值，造成经济损失。

主要原因

（1）桃裂果属生理病害，并伴有真菌性病害，一般发生在两个时期：一是在果核尚未木质化时，即果实第一次迅速膨大期细胞分裂期，发生在核的内层部分。二是硬核期时发生，裂核使胚与核脱落，从而使胚不能获得充足的营养而退化。

（2）品种特性是裂核的重要原因，早熟品种特别是春蕾，在核未完全木质化时，果实即开始迅速生长，较易发生裂核。裂核果大部分能成熟，但商品性差。中熟品种未央二号、加纳岩裂核现象比较普遍，果实不能正常成熟，顶部容易提前软化。大果型品种的特大果实，其养分和水分输送急剧变化，导致果实细胞迅速分裂增多，单个细胞快速吸水膨大，对尚未发育成熟的核造成挤压而裂核。另外由于果肉厚，靠核处果肉和核局部缺氧，代谢紊乱，厌氧呼吸，产生的中间有害产物，造成核和果肉细胞中毒而裂核。

2. 桃黑星病

发生症状 果实染病，初期多发生在肩部，产生暗绿色圆形小斑点，后逐渐扩大，呈略突起的黑色痣状斑点，直径 2～3mm，病斑表面长有黑色霉状物，病斑一般不凹陷；严重时，病斑连片，果面粗糙；近成熟期病斑变为紫黑色或红黑色。但病菌扩展一般仅限于表皮组织，即使表皮因死亡而停止生长，但发病后果肉仍可继续生长，因而病果常发生“生长性”的龟裂现象，呈疮痂状，此种裂果较细菌性黑斑病造成的裂浅，一般不引起烂果。当果梗染病时，病果常会早期脱落，丧失经济价值。

主要原因 引发桃黑星病的病原为半知菌亚门真菌嗜果枝孢菌，其有性世代为子囊菌亚门嗜果黑星菌，暗褐色具分隔的弯曲分生孢子梗最多分枝一次，并单生或呈短链状产生无色或浅橄榄色的椭圆形或瓜子形单胞或双胞分子孢子。嗜果枝孢菌的分生孢子在干燥状态下能存活 3 个月，在 2～32℃ 的温度范围内都可正常发育，10～32℃ 间分生孢子均可萌发，桃、梅、杏、李、扁桃、樱桃等核果类果树都可成为其寄主。病原菌以菌丝体在桃树枝梢的病部或芽的鳞片中越冬，第二年春季 4～5 月，25℃ 左右开始形成分生孢子，借风雨或雾传播，在孢子萌发适温 20～27℃ 条件下，可直接穿透寄主表皮侵入，经过 40～70 天的潜育期，直接表现出病症。

3. 桃疮痂病

发生症状 发病时果实出现暗绿色病斑，病斑随着果实生长而不断变化，到了果实成熟时，病斑变为暗紫或黑色，并出现凹陷，病情严重时产生裂果症状。而树梢在染病后出现浅褐色的病斑，随着病斑扩大，病变处会隆起，还会发生流胶现象。

主要原因 疮痂病是桃树的主要病害之一，主要发生在 5～7 月份果实成熟期，在多雨潮湿的气候环境易发病。主要危害果实和树梢。

4. 桃炭疽病

发生症状 果实染病时，表皮出现水渍状病斑，病斑扩大并变为红褐色，病变处凹陷，中央有同心轮纹状皱纹，在湿度较大时，病斑处会产生大量的黏质小点，最后果实腐烂脱落或僵果留在树体。

主要原因 炭疽病主要发生在秋季阴雨时期，在桃树幼果期易发病，在温暖湿润的环境发病较重。主要危害果实。

5. 桃软腐病

发生症状 该病主要危害近成熟期至贮运期的果实。发病初期病果表面产生黄褐色至淡褐色腐烂病斑，圆形或近圆形；随病斑发展，腐烂组织表面逐渐产生白色霉层，后渐变成黑褐色，霉层表面密布小黑点；病斑扩展迅速，很快导致全果呈淡褐色软腐，有酒味；发病后期病斑表面布满黑褐色毛状物，病果常发生龟裂。果梗受害后果实常早期脱落。

主要原因 病原菌在自然界广泛存在，借气流传播，主要从伤口侵入，另外还可通过病健果接触传播。果实受伤是诱发该病的主要因素，高温下贮运果实发病严重。

6. 桃霉斑穿孔病

发生症状 霉斑穿孔病是桃树常见的一类病害。症状主要是果实受害处出现褐色斑点，斑点边缘红色，中间略凹陷。

主要原因 桃霉斑穿孔病的病原是真菌中的嗜果刀孢菌。病菌以菌丝或分生孢子在被害枝梢、叶或芽内越冬。低温高湿的温室内发病重。土壤缺肥、树体生长衰弱利于发病，树冠下部叶片也易发病。

四、柑橘

1. 柑橘褐斑病

发生症状 幼果表面的病斑大多褐色近圆形，病斑很小，中央凹陷，在整个果面上均可发生，大多病果最终脱落。成熟果实病斑表现为木塞状，外观品相差，影响销售。

主要原因

（1）褐斑病的病菌主要在带病的成熟叶片上越冬，当气温回升后产生的分生孢子通过气流传播。病害的发生一般需要降雨条件，但在部分地区，露水也足以引发此病害。全年有 2 个发病高峰，春梢至幼果期与果实膨大期。

（2）通风透光差、排水不良、田间湿度大、树势弱的果园发病较重。

2. 柑橘油斑病

发生症状 柑橘油斑病俗称虎斑病，是一种生理性病害，多数发生在成熟或接近成熟的果实上，也可发生在采后贮藏初期。主要表现为果皮出现形状不规则的浅绿色或淡黄色的病斑，病、健交界处明显。有的品种病斑边缘为紫褐色，病斑内油胞显著突出，油胞间的组织稍凹陷，后变为黄褐色，油胞萎缩。油斑病一般为柑橘外果皮组织发生病变，内果皮组织没有变化，如果病斑上被炭疽病菌或青霉菌等孢子侵染，往往引起果实腐烂。

主要原因

（1）油斑病是由果皮表面的油胞破裂渗出的芳香油侵蚀果皮细胞引起的生理性病害。主要原因是果实采前日夜温差大和露水重，急剧降温降雨；风伤、刺伤或果实近成熟时被小绿叶蝉为害。

（2）柑橘果实主要是Ca、B、P、K等矿物质营养失调，容易产生油胞下陷的生理病害。

（3）果实生长后期使用碱性农药如松脂合剂、石硫合剂等。

五、芒果

芒果露水斑发生症状及主要原因如下。

发生症状　芒果露水斑是芒果反季节生产的主要病害之一，主要分为病理性病害和生理病害。该病多在果实采收期造成危害，发病初期在果皮表面出现水渍状花斑，病斑大小无明显规律，形状不规则，在田间湿度大时病斑上常伴有墨绿色霉层；该病对芒果肉质影响不大，但会极大地影响果实的外观品质，严重发生时则可使整个果面布满黑色至深褐色污斑，上覆菌丝呈放射状，大大降低芒果的商品价值，对其后期销售带来影响。

主要原因

（1）目前研究认为引起芒果露水斑的原因主要有以下两个方面，一是认为其是一种传染性病害，主要致病病原菌为枝状芽枝霉或球孢枝孢菌。二是生理性病害，病因是噻苯隆、赤霉素、乙烯利等生长调节剂使用不当而产生的药害，这些农药及其极性助剂促使果皮变薄的同时还在果皮处大量累积，使果皮的正常分泌转化遭到破坏，导致有机质转化成了脂酚类物质（药斑），继而促进了露水斑的形成。

（2）露水斑发生的主要条件是树势差导致抗病性差；平地、山坳等露水大、潮湿（持续阴雨等），树枝过密不通风。

六、黄皮果

1. 黄皮果炭疽病

发生症状　黄皮果受害部位呈褐色小斑点，后期会扩大为褐色果皮凹陷，潮湿环境的果皮表面还会出现粉红色的分生孢子，直到整个黄皮果变成棕黑色的病果。

主要原因

（1）黄皮果炭疽病多发生于4～7月份，在高温多雨、积水严重、地势低洼、通风不良的环境种植的黄皮果受害最严重。对于刚刚萌发的嫩梢幼果，如果遇上连续的下雨天气最容易感染炭疽病，恰好这段时间也是黄皮果新梢生长最旺盛的阶段。

（2）炭疽病的病菌以菌丝体和分生孢子的形式隐藏在带病的枝条过冬，只要遇上温暖多雨的天气就产生新的孢子通过风雨传播至附近的枝条，甚至通过昆虫携带传播到更远的地方。

2. 黄皮果梢腐病

发生症状 梢腐病就是以危害新梢方式为主的一种病害，在潮湿不通风的环境下，抽出的新梢会逐渐卷曲成干枯症状，包括叶子和叶柄，以及幼果，只要是幼嫩部位都会发生梢腐病危害。果实感染梢腐病的症状跟炭疽病如出一辙，肉眼根本分辨不出来。发生危害严重会造成果树生长缓慢，进而造成减产。

主要原因 黄皮果梢腐病病菌以菌丝体在病部越冬。春天外界环境条件适宜时产生大量分生孢子，借风雨传播为害，靠带菌苗木进行远距离传播，扩展到新区为害，造成果腐及枝条溃腐。该病害常年可见，4～8月为发病高峰期，春梢发病较重。刚抽出的嫩芽、嫩梢易感病，管理粗放、树势较弱的果园发生较严重。

七、香蕉

1. 香蕉炭疽病

发生症状 香蕉炭疽病是危害香蕉果实的主要病害。香蕉果实感病后，初期果皮上布满黑斑，后迅速扩大并连合成暗褐色稍凹陷的大斑或斑块，影响果实膨大，严重时造成果实畸形，影响果实外观，降低果实商品性。

主要原因 香蕉炭疽病又名黑腐病、熟果腐烂病，是由芭蕉炭疽菌侵染所引起的、发生在香蕉上的一种病害。香蕉炭疽病是全世界香蕉产区的一种重要采后病害。

2. 香蕉冠腐病

发生症状 病菌最先从果轴切口侵入，造成果轴腐烂并延伸至果柄，致使果柄腐烂，果皮爆裂，果肉僵死，不易催熟转黄。空气潮湿时病部上产生大量白色和粉红色霉状物。香蕉采后贮藏7～10天，首先危害果轴，果穗落梳后，蕉梳切口出现白色棉絮状物霉层并开始腐烂，病部继而向果柄发展，呈深褐色，前缘水渍状，暗绿色，蕉指散落。后期果身发病，果皮爆裂，蕉肉僵化，催熟果皮转黄后食之有淀粉味感，丧失原有风味。

主要原因 香蕉冠腐病是由半裸镰刀病菌等四种镰刀菌引起的真菌性植物病。是香蕉仅次于炭疽病的主要病害，发病严重时果腐率达18.3%，轴腐率高达70%～100%。

3. 香蕉焦腐病

发生症状 蕉梳最初局部变褐，逐渐扩大，使整个冠部变黑，并向果指扩展，整个冠部变黑腐烂。果指从果蒂开始变黑，迅速扩展，病部腐烂，果肉发黑，后期可见发黑部位长出许多小黑点，即病原菌分生孢子器。

主要原因 发生于香蕉植被的真菌病害，发展迅速。果实生长期间，果实组织上的菌丝可呈潜伏侵染状态，果实成熟后病菌活动增强，采收后期或贮运时出现蒂腐。

4. 香蕉“烟头病”

发生症状 烟头病又称香蕉果指顶腐病，是香蕉种植过程中常见的病害，一般会危害香蕉青果，病害发生时果实会出现皮层局部变暗和皱缩现象。该病主要为害青果，在一支果梳上可有一个、多个或所有的果指受害。初期症状是果指顶的皮层局部变暗和皱缩，变暗区周边有一条黑带，在病、健组织之间有一条狭窄的褪绿区。后期果肉变干，纤维状，在病部表面出现灰色粉状孢子堆。

主要原因 病菌的分生孢子由气流传播，侵染正在变干的花器，并随病害扩展进一步深入。管理粗放未抹花的蕉园常有发病。

第三章

生产、贮存环节对蔬菜水果感官品质的影响

蔬菜水果的生物因素、生态因素、农业技术因素、采收及贮存环节对蔬菜水果感官品质有着重要的影响。

第一节
生物因素对蔬菜水果品质的影响

一、蔬菜水果种类

蔬菜水果种类不同，耐贮性差异很大。特别是蔬菜种类繁多，其可食部分可以来自于植物的根、茎、叶、花、果实和种子，由于不同蔬菜水果不同可食部分的组织结构和新陈代谢方式不同，因此耐贮性也有很大的差异。

1. 叶菜类

叶菜类耐贮性最差。因为叶片是植物的同化器官，组织幼嫩，保护结构差，采后失水、呼吸和水解作用旺盛，极易萎蔫、黄化和败坏，最难贮藏。

2. 叶球

叶球为营养贮藏器官，一般在营养生长停止后收获，新陈代谢已有所降低，所以比较耐贮藏。

3. 花菜类

花菜类是植物的繁殖器官，新陈代谢比较旺盛，在生长、成熟及衰老过程中还会形成乙烯，所以花菜类是很难贮藏的。如新鲜的黄花菜，花蕾采后 1 天就会开放，并很快腐烂，因此必须干制。然而花椰菜是成熟的变态花序，蒜薹是花茎梗，它们都较耐寒，可以在低温下做较长期的贮藏。

4. 果菜类

果菜类包括瓜、果、豆类，它们大多原产于热带和亚热带地区，不耐寒，贮藏温度低于 8～10℃会发生冷害。其食用部分为幼嫩果实，新陈代谢旺盛，表层保护组织发育尚不完善，容易失水和遭受微生物侵染。采后由于生长和养分的转移，果实容易变形和发生组织纤维化，如黄瓜变成大头瓜，豆荚变老，因此很难贮藏。但有些瓜类蔬菜是在充分成熟时采收的，如南瓜、冬瓜，其代谢强度已经下降，表层保护组织已充分发育，表皮上形成了厚厚的角质层、蜡粉或茸毛等，所以比较耐贮藏。

5. 块茎、鳞茎、球茎、根茎类

块茎、鳞茎、球茎、根茎类都属于植物的营养贮藏器官，有些还具有明显的休眠期或通过改变环境条件，将其控制在强迫休眠状态，使新陈代谢降低到最低水平，所以比较耐贮藏。

6. 水果

水果中以温带生长的苹果和梨最耐贮；桃、李、杏等由于都在夏季成熟，此时温度高，果品呼吸作用强，因此耐贮性较差；热带和亚热带生长的香蕉、菠萝、荔枝、芒果等采后寿命短，不能做长期贮藏。

二、蔬菜水果品种

蔬菜水果的品种不同，其耐贮性也有差异。一般来说，不同品种的蔬菜水果以晚熟品种最耐贮，中熟品种次之，早熟品种不耐贮藏。晚熟品种耐贮藏的原因是：晚熟品种生长期长，成熟期间气温逐渐降低，组织致密、坚挺，外部保护组织发育完好，防止微生物侵染和抵抗机械伤能力强；晚熟品种营养物质积累丰富，抗衰老能力强；晚熟品种一般有较强的氧化系统，对低温适应性好，在贮藏时能保持正常的生理代谢作用，特别是当蔬菜水果处于逆境时，呼吸很快加强，有利于产生积极的保卫反应。

1. 蔬菜品种

大白菜中，直筒形的比圆球形的耐贮藏，青帮系统的比白帮系统的耐贮藏，晚熟的比早熟的耐贮藏，如小青口、青麻叶、抱头青、核桃纹等的生长期都较长，结球坚实，抗病耐寒。芹菜中以天津的白庙芹菜、陕西的实秆绿芹、北京的棒儿芹等耐贮藏；而空秆类型的芹菜贮藏后容易变糠，纤维增多，品质变劣。菠菜中以尖叶菠菜耐寒、适宜冻藏，圆叶菠菜虽叶厚高产，但耐寒性差，不耐贮藏。马铃薯中以休眠期长的品种如克新一号等最为耐贮。

2. 水果品种

（1）苹果　苹果中的早熟品种耐贮性差，如黄魁、丹顶、祝光不宜做长期贮藏；金冠、红星、红元帅、秦冠等中晚熟品种在自然降温的贮藏场所中不能做长期贮藏，然而用冷藏或气调贮藏方法可以贮藏到第二年 5 月。青香蕉、印度、红富士和小国光等晚熟品种是最耐藏品种，如小国光在普通窖中可以贮藏到次年的 5～6 月份。

（2）梨果　梨果中以红宵梨和安梨最耐贮藏，但其肉质较粗，含酸量高；鸭梨、雪花梨、茌梨等品质好，耐贮藏；而西洋梨系统的巴梨和秋子梨系统的京白梨和广梨，一般不做长期贮藏，但如果贮藏条件适当，也可以贮藏到次年春季。

（3）柑橘　柑橘中的宽皮橘品种，耐贮性较差。广东的蕉柑是耐藏品种，甜橙的耐贮性较好，在合适的贮藏条件下，可以贮藏 5～6 个月。

（4）桃　桃一般不能做长期贮藏。通常，非溶质性的桃比溶质性的桃耐贮藏。橘早生、五月鲜和深州蜜桃等，采后只能存放几天；冈山白、大久保品种耐贮性稍强，一些晚熟品种如冬桃、绿化九号比较耐贮藏。

三、砧木

砧木类型不同，果树根系对养分和水分的吸收能力不同，从而对果树的生长发育进程、对环境的适应性以及对果实产量、品质、化学成分和耐贮性直接造成影响。

试验表明，红星苹果嫁接在保德海棠上，果实色泽鲜红，最耐贮藏；嫁接在武乡海棠、沁源山定子和林檎砧木的果实，耐贮性也较好。还有研究表明，苹果发生苦痘病与砧木的性质有关，如在烟台海滩地上嫁接于不同砧木上的国光苹果，发病轻的苹果砧木是烟台沙果、福山小海棠；发病最重的是山荆子、黄三叶海棠；晚林檎和蒙山甜茶居中。还有人发现，矮生砧木上生长的苹果较中等树势的砧木上生长的苹果发生的苦痘病要轻。

不同砧木比较试验的结果表明，嫁接在枳壳、红橘和香柑等砧木上的甜橙，耐贮性较好；嫁接在酸橘、香橙和沟头橙砧木上的甜橙果实，耐贮性也较强，到贮藏后期其品质也比较好。美国加州的华盛顿脐橙和伏令夏橙，其大小和品质也明显地受到了不同砧木的影响。嫁接在酸橙砧木上的脐橙比嫁接在甜橙上的果实要大得多；对果实中柠檬酸、可溶性固形物、蔗糖和总糖含量的调查结果表明：用酸橙做砧木的果实要比用甜橙做砧木的果实中上述物质的含量要高。

有研究者用品种黑籽南瓜砧、超丰 F1 砧、N 型西瓜砧、将军砧、京欣砧 2 号嫁接早佳西瓜，测定嫁接西瓜的营养品质，综合评价得出嫁接将军砧木的西瓜感官品质最为优良，N 型西瓜砧次之。得出结论：将军砧木是早佳西瓜较为适宜的西瓜砧木，感官鉴评参考表/标准见表 3-1。砧木对嫁接西瓜营养品质的影响见表 3-2。

表 3-1　种嫁接砧木西瓜感官鉴评参考表/标准

等级	模糊量	果皮颜色	果实成熟度	果皮厚度	瓤色	籽数	空心率	口感	质地	水分	爽口度	甜度
5	1.0	非常一致	适度	薄	深红	少	无	非常好	非常好	多	非常爽口	非常甜
4	0.8	一致	较适度	较薄	红	较少	较小	好	好	较多	爽口	较甜
3	0.6	一般	一般	一般	浅红	一般	一般	一般	一般	一般	一般	一般
2	0.4	不一致	较生或较熟	较厚	粉红	较多	较大	差	松绵	不多	不爽口	不甜
1	0.2	非常不一致	过生或过熟	厚	浅粉	多	非常大	非常差	非常松绵	少	极不爽口	不甜而酸

表 3-2　砧木对嫁接西瓜营养品质的影响

处理	可溶性糖 / (mg/g)	有机酸 / (μg/g)	可溶性固形物/%	维生素 C / (μg/ 100g)	总胡萝卜素 / (mg/kg)
早佳 CK	56.161aA	0.550cC	11.133cbC	0.1833bB	5.154bB
早佳超丰 F1	53.873baBA	0.550cC	11.400Bb	0.1667bB	5.309bB
早佳 N 型西瓜	44.611cC	1.000aA	10.667cC	0.2500aA	4.672cC
早佳黑子南瓜	41.435cC	0.717cbCB	9.167dD	0.0667cC	4.183dD
早佳将军	50.607bB	1.000aA	11.333cbC	0.1500bB	6.576aA
早佳京欣砧 2 号	55.787aA	0.967baBA	12.067aA	0.1833bB	5.099bB

注：不同大小写字母分别表示差异在 0.01 和 0.05 水平显著。

四、树龄和树势

树龄和树势不同的果树，不仅果实的产量和品质不同，而且耐藏性也有差异。一般来说，幼龄树和老龄树不如中龄树（结果处于盛果期的树）结的果实耐贮。这是因为幼龄树营养生长旺盛，结果少，果实大小不一，组织疏松，含钙少，氮和蔗糖含量高，贮藏期间呼吸旺盛，失水较多，品质变化快，易感染微生物病害和发生生理病害；而老龄树营养生长缓慢，衰老退化严重，根部吸收营养物质能力减弱，地上部光合同化能力降低，所结果实偏小，干物质含量少，着色差，其耐贮性和抗病性均减弱。有研究观察到：11 年生的瑞光苹果树所结的果实比 3～5 年生的着色好，在贮藏过程中发生虎皮病要少 50%～80%；据报道，从幼树上采收的国光苹果，贮藏中有 60%～70%的果实发生苦痘病，不适合进行长期贮藏。苹果苦痘病的发病规律有如下特点：幼树的果实苦痘病比老树发病重，树势旺的果实比树势弱的发病重，结果少的发病较重，大果比小果发病重。

对蕉柑树的调查结果表明，2～3 年生的树所结的果实，果汁中可溶性固形物低、酸味浓、风味差，在贮藏中容易受冷害，易发生水肿病；而 5～6 年生的蕉柑树，果实品质较好，耐贮性也较强。

五、果实大小

同一种类和品种的蔬菜水果，果实的大小与其耐贮性密切相关。一般来说，以中等大小和中等偏大的果实最耐贮。大个的果实与幼树果实性状类似，所以耐贮性较差。研究发现，苹果采后生理病害的发生与果实直径大小呈正相关。如大个苹果在贮藏期间发生虎皮病、苦痘病和低温伤害病比中等个果实严重，硬度下降也快。这种现象也同样表现在梨果实上，大个的鸭梨和雪花梨采后容易出现果肉褐变与黑心；大个的蕉柑往往皮厚、汁少，在贮藏中容易发生水肿和枯水病；

大个的萝卜和胡萝卜易糠心；大个的黄瓜采后易脱水变糠，瓜条易变形呈棒槌状；等等。

六、结果部位

同一植株上不同部位着生的果实，其大小、颜色和化学成分不同，耐贮性也有很大的差异。一般来说，向阳面或树冠外围的苹果果实着色好，干物质、总酸、还原糖和总糖含量高，风味佳，肉质硬，贮藏中不易萎蔫皱缩。但有试验表明，向阳面的果实中钾和干物质含量较高，而氮和钙的含量较低，发生苦痘病和红玉斑点病的概率较内膛果实为高。对柑橘的观察结果显示，阳光下外围枝条上结的果实，抗坏血酸含量比内膛果实要高。同一株树上顶部外围的伏令夏橙果实，可溶性固形物含量最高，内膛果实的可溶性固形物含量最低；果实的含酸量与结果部位没有明显的相关性，但与接受阳光的方向有关，在东北面的果实可滴定酸含量偏低。广东蕉柑树上的顶柑，含酸量较少，味道较甜，果实皮厚，果汁少，在贮藏中容易出现枯水，而含酸量高的柑橘一般耐贮性较强。

蔬菜（一般指果菜类）的着生部位与品质及耐贮性的关系和水果相比略有不同，一般以生长在植株中部的果实品质最好，耐贮性最强。如生长在植株下部和上部的番茄、茄子、辣椒等果实的品质和耐贮性不如中部的果实强；生长在瓜蔓基部和顶部的瓜类果实不如生长在中部的个大，风味好，耐贮藏。由此可见，果实的生长部位对其品质和耐贮性的影响很大，在实际工作中，如果条件允许，贮藏用果最好按果实生长部位分别采摘，分别贮藏。

第二节
生态因素对蔬菜水果品质的影响

一、温度

与其他生态因素相比，研究温度对蔬菜水果品质和耐贮性的影响更为重要。因为每种蔬菜水果在生长发育期间都有其适宜的温度范围和积温要求，在适宜温度范围内，温度越高，蔬菜水果的生长发育期越短。

蔬菜水果在生长发育过程中，温度过高或过低都会对其生长发育、产量、品质和耐贮性产生影响。温度过高，作物生长快，产品组织幼嫩，营养物质含量低，表皮保护组织发育不好，有时还会产生高温伤害。温度过低，特别是在开花期连续出现数日低温，就会使苹果、梨、桃、番茄等授粉受精不良，落花落果严重，使产量降低，形成的苹果果实易患苦痘病和蜜果病，而番茄果实则易出现畸形果，降低品质和减弱耐贮性。

夏季温度是决定果实化学成分和耐贮性的主要因素。通过对165个苹果品种研究后认为，不同品种的苹果都有其适宜的夏季平均温度，但大多数品种3～9月份的平均适温为12～15.5℃。低于这个适温，就会引起果实化学成分的差异，从而降低果实的品质，缩短贮藏寿命。但也有人观察到，有的苹果品种需要在比较高的夏季温度下才能生长发育得最好，如红玉苹果在平均温度为19℃的地区生长得比较好。当然，夏季温度过高的地区，果实成熟早，色泽和品质差，也不耐贮藏。

桃是耐夏季高温的果树，温度对其品质和耐藏性有影响。如夏季适当高温，果实含酸量高，耐贮性增强。但黄肉桃在夏季温度超过32℃时，果实的色泽和大小会受影响，品质下降；如果夏季低温高湿，桃的颜色和成熟度差，也不耐贮运。番茄果实中番茄红素形成的适宜温度为20～25℃，如果长时间持续在30℃以上的气候条件下生长，则果实着色不良，品质下降，贮藏效果不佳。

柑橘的生长温度对其品质和耐贮性有较大的影响，冬季温度太高，果实颜色淡黄而不鲜艳，冬季有连续而适宜的低温，有利于柑橘的生长、增产和提高果实品质。但是温度低于－2℃，果实就会受冻而不耐贮运。

生产实践和研究证明，采前温度和采收季节也会对蔬菜水果的品质和耐贮性产生深刻影响。如苹果采前6～8周昼夜温差大，果实着色好，含糖量高，组织致密，品质好，也耐贮藏。采前温度与苹果发生虎皮病的敏感性有关。在9～10月，如果温度低于10℃的总时数为150～160h，某些苹果品种果实很少发生虎皮病；而总时数如果为190～240h，就可以排除发生虎皮病的可能性。如果夜间最低温度超过10℃，低温时数的有效作用将等于零。这也可能是为什么过早采收的苹果，在贮藏中总是加重虎皮病发生的原因之一。梨在采前4～5周生长在相对凉爽的气候条件下，可以减少贮藏期间的果肉褐变与黑心。同一种类或品种的蔬菜，秋季收获的比夏季收获的耐贮藏，如番茄、甜椒等。不同年份生长的同一蔬菜品种，耐贮性也不同，因为不同年份气温条件不同，会影响产品的组织结构和化学成分的变化。例如马铃薯块茎中淀粉的合成和水解与生长期中的气温有关，而淀粉含量高的耐贮性强。北方栽培的大葱可露地冻藏，缓慢解冻后可以恢复新鲜状态，而南方生长的大葱，却不能在北方做露地冻藏。甘蓝耐贮性在很大程度上取决于生长期间的温度和降雨量，低温下（10℃）生长的甘蓝，戊聚糖和灰分较多，蛋白质较少，叶片的汁液冰点较低，耐贮藏。

二、光照

光照是蔬菜水果生长发育获得良好品质的重要条件之一，绝大多数的蔬菜水果都属于喜光植物，特别是果实、叶球、块根、块茎和鳞茎的形成，都必须有一定的光照强度和充足的光照时间。光照直接影响蔬菜水果的干物质积累、风味、颜色、质地及形态结构，从而影响蔬菜水果的品质和耐贮性。

光照不足会使蔬菜水果含糖量降低，产量下降，抗性减弱，贮藏中容易衰老。如在生长季节的连续阴天会影响苹果果实中糖和酸的形成，果实容易发生生理病害，缩短贮藏寿命。树冠内膛的苹果因光照不足易发生虎皮病，贮藏中衰老快，果肉易粉质化。有些研究发现，暴露在阳光下的柑橘果实与背阴处的果实比较，一般具有发育良好、皮薄、果汁可溶性固形物含量高等特点，背阴处的果实酸和果汁量则较低，品质也差。蔬菜生长期间如光照不足，往往叶片生长得大而薄，贮藏中容易失水萎蔫和衰老。西瓜、甜瓜光照不足，含糖量会下降。大白菜和洋葱在不同的光照强度下，含糖量和鳞茎大小明显不同，如果生长期间阴天多，光照时间少，光照强度弱，蔬菜的产量下降，干物质含量低，贮藏期短。大萝卜在生长期间如果有50%的遮光，则生长发育不良，糖分积累少，贮藏中易糠心。但是，光照过强也有危害，如番茄、茄子和青椒在炎热的夏天受强烈日照后，会产生日灼病，不能进行贮藏。秦冠、鸡冠、红玉等品种的苹果受强日照后易患蜜果病等等。特别是在干旱季节或年份，光照过强对蔬菜水果造成的危害将更为严重。此外，光照长短也影响贮藏器官的形成，如洋葱、大蒜等要求有较长时间的光照，才能形成鳞茎。

光照与花青素的形成密切相关，红色品种的苹果在阳光照射下，果实颜色鲜红，特别是在昼夜温差大、光照充足的条件下，着色更佳；而树膛内的果实，接触阳光少，果实成熟时不呈现红色或色调不浓。研究表明，光照对果实着色的影响是有条件的，苹果颜色的发展首先受果实化学成分的影响，只有在果实有足够大的含糖量时，天气因素才会对颜色的形成发生作用。因此果实的成熟度也是着色的重要条件，在达到一定成熟度之前，即使外界环境条件适宜，花青素也不能迅速形成，果实着色仍然缓慢。

光质（红光、紫外光、蓝光和白光）对蔬菜水果生长发育和品质都有一定的影响。许多水溶性色素的形成都要求有强光，特别是紫外光（360～450nm）与果实红色的发育有密切的关系。紫外光的光波极短，光通量值大，易被空气中的尘埃和小水滴吸收。据研究，苹果果实成熟前6周，阳光的直射量与红色发育呈高度的正相关，特别是在雨后，空气中尘埃少，在阳光直射下的果实着色最快。随着栽培技术的发展，目前很多水果产区，为了提高果实的品质，增加红色品种果实的着色度，在果树行间铺设反光塑料薄膜以改善果实的光照条件，或采用果实套袋的方法改善光质，都取得了良好的效果。此外紫外光还有利于蔬菜水果抗坏血酸的合成，提高产品品质。如树冠外侧暴露在阳光下的苹果不仅颜色红，抗坏血酸含量也较高；温室中栽培的黄瓜和番茄果实因缺少紫外光，抗坏血酸的含量往往没有露地栽培的高；光质也影响着甘蓝花青素苷的合成速度，紫外光对其合成最为有利。

三、降雨

降雨会增加土壤湿度、空气湿度和减少光照时间，与蔬菜水果的产量、品质和耐贮性密切相关，干旱或者多雨常常制约着蔬菜水果的生产。在潮湿多雨的地区或年份，土壤的 pH 一般小于 7，为酸性土壤，土壤中的可溶性盐类如钙盐被冲洗掉，蔬菜水果就会缺钙，加上阴天减少了光照，使蔬菜水果品质和耐贮性降低，贮藏中易发生生理病害和侵染性病害。如生长在潮湿地区或多雨年份的苹果，果实内可溶性固形物和抗坏血酸含量较低，贮藏中易发生虎皮病、苦痘病、轮纹病和炭疽病等病害。此外果实也容易裂果，裂果常发生在下雨之后，此时蒸腾作用很小，苹果除了从根部吸收水分外，也可以从果皮吸收较多水分，促使果肉细胞膨压增大，造成果皮开裂。

柑橘生长期雨水过多，果实成熟后着色不好，表皮细胞中精油含量减少，果汁中糖和酸含量降低，此外，高湿有利于真菌的生长，容易引起果实腐烂。马铃薯采前遇雨，采后腐烂增加。生育期冷凉多雨的黄瓜，品质和耐贮性降低，因为空气湿度高时，蒸腾作用受阻，从土壤中吸收的矿质元素减少，使得有机物的生物合成、运输及其在果实中的累积受到阻碍。

在干旱少雨的地区或年份，空气的相对湿度较低，土壤水分缺乏，影响蔬菜水果对营养物质的吸收，使蔬菜水果的正常生长发育受阻，表现为个体小，产量低，着色不良，成熟期提前，容易产生生理病害。如生长在干旱年份的苹果，容易发生苦痘病；大白菜容易发生干烧心病；萝卜容易出现糠心；等等。降雨不均衡或久旱骤雨，会造成果实如苹果、大枣、番茄等大量裂果。甜橙在贮藏过程中的枯水与生长期的降雨量有关，干旱后遇多雨天气，果实在短期内生长旺盛，果皮组织疏松，枯水现象加重。

四、地理条件

蔬菜水果栽培地区的纬度和海拔高度不同，生长期间的温度、光照、降雨量和空气的相对湿度不同，从而影响蔬菜水果的生长发育、品质和耐贮性。纬度和海拔高度不同，蔬菜水果的种类和品种不同；即使同一种类的蔬菜水果，生长在不同纬度和海拔高度，其品质和耐贮性也不同。如苹果属于温带水果，在我国长江以北广泛栽培，多数中、晚熟品种较耐贮藏，但因生长的纬度不同，果实的耐贮性也有差别。

生长在河南、山东一带的苹果，不如生长在辽宁、山西、甘肃、陕西北部的苹果耐贮性强。同一品种的苹果，在高纬度地区生长的比在低纬度地区生长的耐贮性要好，辽宁、甘肃、陕西北部生长的元帅苹果较山东、河北生长的元帅苹果耐贮藏。我国西北地区生长的苹果，可溶性固形物含量高于河北、辽宁的苹果，西北虽然纬度低，但海拔较高，凉爽的气候适合苹果的生长发育。海拔高度对果实品质和耐贮性的影响十分明显，海拔高的地区，日照强，昼夜温差大，有利于糖分的累积和花青素的形成，果实抗坏血酸的含量也高，所以苹果的色泽、风味和耐贮性都好。

生长在山地或高原地区的蔬菜，体内碳水化合物、色素、抗坏血酸、蛋白质等营养物质的含量都比平原地区生长的要高，表面保护组织也比较发达，品质好，耐贮藏。如生长在高海拔地区的番茄比生长在低海拔地区的品质明显要好，耐贮性也强。

五、土壤

土壤是蔬菜水果生长发育的基础，土壤的理化性状、营养状况、地下水位高低等直接影响到蔬菜水果的化学组成、组织结构，进而影响蔬菜水果的品质和耐贮性。不同种类的蔬菜水果对土壤的要求不同，但大多数蔬菜水果适合于生长在土质疏松、酸碱适中、养分充足、湿度适宜的土壤中。

土质会影响蔬菜水果栽培的种类、产品的化学组成和结构。我国北方气候寒冷、少雨，土壤风化较弱，土壤中沙粒、粉粒含量较多，黏粒较少。沙土在北方分布广泛，这种土壤颗粒较粗，保肥保水力差，通气通水性好，蔬菜生长后期，易脱肥水，不抗旱，适于栽培早熟薯类、根菜、春季绿叶菜类。在沙土中生长的蔬菜，早期生长快，外观美丽，但根部老化快，植株易早衰，抗病、耐寒、耐热性都较弱，产品品质差，味淡，不耐贮。我国黄土高原、华北平原、长江下游平原、珠江三角洲平原均为沙壤土，质地均匀，粉粒含量高，物理性能好，抗逆能力强，通气透水，保水保肥，抗旱力强，适合于栽种任何蔬菜，产品品质和耐贮性都好。在平原洼地、山间盆地、湖积平原地区为黏土，以黏粒占优势，质地黏重，结构致密，保水保肥力大，通气透水力差，适于种植晚熟蔬菜品种，植株生根慢，生长迟缓，形小不美观，但根部不易老化，成熟迟，耐病、耐寒、耐热性强，产品品质好，味浓，耐贮藏。

研究表明，黏重土壤上种植的香蕉，风味品质比沙质土壤上种植的好，而且耐贮藏。生长在黏重土壤上的柑橘，风味品质要比生长在轻松沙壤土上的好。轻松土壤上种植的脐橙比黏重土壤上种植的果实坚硬，但在贮藏中失重较快。苹果适合在质地疏松、通气良好、富含有机质的中性到酸性土壤上生长。在沙土上生长的苹果容易发生苦痘病，可能是因为水分的供给不正常，影响了钾、镁和钙离子的吸收与平衡。在轻沙土壤上生长的西瓜，果皮坚韧，耐贮运能力强。在排水与通气良好的土壤上栽培的萝卜，贮藏中失水较慢；而莴苣在沙质土壤上栽培的失水快，在黏质土壤上栽培的失水较慢。

第三节
农业技术因素对蔬菜水果品质的影响

一、施肥

施肥对蔬菜水果的品质及耐贮性有很大的影响。营养失调会使蔬菜水果在贮藏期间生理失去平衡而致病，钙、氮钙比值、硼引起的生理病害是国内外研究较多的。缺钙往往使细胞抗衰老的能力变弱。钙含量低，氮钙比值大，会使苹果发生苦痘病、鸭梨发生黑心病、芹菜发生褐心病。缺硼往往使糖的运转受阻，叶片中糖累积而茎中糖减少，分生组织变质退化，薄壁细胞变色、变大，细胞壁崩溃，维管束组织发育不全，果实发育受阻。硼素过多亦有害，例如可使苹果加速成熟，增加腐烂。在蔬菜水果的生长发育过程中，除了适量施用氮肥外，还应该注意增施有机肥和复合肥，特别应适当增施磷、钾、钙肥和硼、锰、锌肥等，这一点对于长期贮藏的蔬菜水果显得尤为重要。只有合理施肥，才能提高蔬菜水果的品质，增加其耐贮性和抗病性。如果过量施用氮肥，蔬菜水果容易发生采后生理失调，产品的耐贮性和抗病性会明显降低，因为产品的氮素含量高，会促进产品呼吸，增加代谢强度，使其容易衰老和败坏，而钙含量高时可以抵消高氮的不良影响。如氮肥过多，会降低番茄果实的品质，减少干物质和抗坏血酸的含量。施用氮肥过多的果园，果实的颜色差，质地松软，贮藏中容易发生生理病害，如苹果的虎皮病、苦痘病等等。适量施用钾肥，不仅能使果实增产，还能使果实具有鲜红的色泽和芳香的气味。缺钾会延缓番茄的完熟过程，因为钾浓度低时会使番茄红素的合成受到抑制。苹果缺钾时，果实着色差，贮藏中果皮易皱缩，品质下降；而施用过量钾肥，又易产生生理病害。土壤中缺磷，果实的颜色不鲜艳，果肉带绿色，含糖量降低，贮藏中容易发生果肉褐变和烂心。苹果缺硼，果实不耐贮藏，易发生果肉褐变或发生虎皮病及水心病。缺钙对蔬菜水果质量影响很大，苹果缺钙时，易发生苦痘病、低温溃败病等病害；芒果缺钙易造成花端腐烂；大白菜缺钙，易发生干烧心病；等。蔬菜水果在生长过程中，适量施用钙肥，不仅可提高品质，还能有效防止上述生理病害的发生。

二、灌溉

水分是保持蔬菜水果正常生命活动所必需的，土壤水分的供给对蔬菜水果的生长、发育、品质及耐贮性有重要的影响，含水量太高的产品不耐贮藏。大白菜、洋葱采前一周不要浇水，否则耐贮性下降。洋葱在生长中期如果过分灌水会加重贮藏中的颈腐、黑腐、基腐和细菌性腐烂。番茄在多雨年份或久旱骤雨，会使果肉细胞迅速膨大，从而引起果实开裂。在干旱缺雨的年份或轻质土壤上栽培的萝卜，贮藏中容易糠心，而在黏质土上栽培的，以及在水分充足年份或地区生长的萝卜，糠心较少，出现糠心的时间也较晚。大白菜蹲苗期，土壤干旱缺水，会引起土壤溶液浓度增高，阻碍钙的吸收，易发生干烧心病。

桃在采收前几周缺水，果实就难以增大，果肉坚硬，产量下降，品质不佳；但如果灌水太多，又会延长果实的生长期，果实着色差、不耐贮藏。葡萄采前不停止灌水，虽然产量增加了，但因含糖量降低而不利于贮藏。水分供应不足会削弱苹果的耐贮性，苹果的一些生理病害如软木斑、苦痘病和红玉斑点病，都与土壤中水分状况有一定的联系。水分过多，果实过大，果汁的干物质含量低，而不耐长期贮藏，容易发生生理病害。柑橘果实的蒂缘褐斑（干疤），在水分供应充足的条件下生长的果实发病较多，而在较干旱的条件下生长的果实褐斑病较少。可见，只有掌握适时合理的灌溉，才能既保证蔬菜水果的产量和质量，又有利于提高其贮藏性能。新鲜蔬菜水果一般含有很多水分，其细胞都有较强的持水力，可阻止水分渗透出细胞壁。但当水分的分布及变化关系失常，田间就出现病害，并在贮运期间继续发展。例如马铃薯空心病往往由于雨水或灌溉过多，块茎含水量激增，以致淀粉转化为糖，逐成空心。

三、修剪、疏花和疏果

适当的果树修剪可以调节果树营养生长和生殖生长的平衡，减轻或克服果树生产中的大小年现象，增加树冠透光面积和结果部位，使果实在生长期间获得足够的营养，从而影响果实的化学成分，因此修剪也会间接地影响果实的耐贮性。研究表明，树冠内主要结实部位集中在自然光强的30%～90%范围内。就果实品质而言，在40%以下的光强条件下生长的果实，品质较差；40%～60%的光强可产生中等品质的果实；在60%以上的光强条件下生长的果实，品质最好。如果修剪过重，来年果树营养生长旺盛，叶果比增大，树冠透光性差，果实着色不好，苹果内含钙少而蔗糖含量高，在贮藏中易发生苦痘病和虎皮病。重剪还会增加红玉苹果的烂心和蜜病的发生。柑橘树若修剪过重，粗皮大果比例增加，贮藏中易枯水。但是，修剪过轻，果树生殖生长旺盛，叶果比减小，果实生长发育不良，果实小，品质差，也不利于贮藏。因此，只有根据树龄、树势、结果量、肥水条件等因素进行合理的修剪，才能确保果树生产达到高产、稳产，生产出的果实才能达到优质、耐贮的目的。

在番茄、西瓜等蔬菜生产中，也要定期进行去蔓、打杈，及时摘除多余的侧芽，其目的也是协调营养生长和生殖生长的平衡，以期获得优质耐贮的蔬菜产品。

适当的疏花疏果也是为了保证蔬菜水果正常的叶、果比例，使果实具有一定的大小和优良的品质。生产上，疏花工作应尽量提前进行，这样可以减少植株体内营养物质的消耗。疏果工作一般应在果实细胞分裂高峰期到来之前进行，这样可以增加果实中的细胞数；疏果较早，只能使果实细胞膨大有所增加，疏果过晚，对果实大小影响不大。因为疏花疏果影响到果实细胞的数量和大小，也就影响到果实的大小和化学组成，在一定程度上影响了蔬菜水果的耐贮性。研究表明，对苹果进行适当的疏花疏果，可以使果实含糖量增高，不仅有利于花青素的形成，同时也会减少虎皮病的发生，使耐贮性增强。

四、田间病虫防治

病虫害不仅会造成蔬菜水果产量降低，而且对蔬菜水果品质和耐贮性也有不良影响，因此，田间病虫防治是保证蔬菜水果优质高产的重要措施之一。贮藏前，那些有明显症状的产品容易被挑选出来，但症状不明显或者发生内部病变的产品却往往被人们忽视，它们在贮藏中发病、病虫扩散，从而造成损失。

五、生长调节剂处理

生长调节剂对蔬菜水果的品质影响很大。采前喷洒生长调节剂，是增强蔬菜水果产品耐贮性和防止病害的有效措施之一。蔬菜水果生产上使用的生长调节剂种类很多，根据其使用效果，可概括为以下四种类型：

1. 促进生长促进成熟

如生长素类的吲哚乙酸、萘乙酸和2,4-D(2,4-二氯苯氧基乙酸）等。这类物质可促进蔬菜水果的生长，防止落花落果，同时也促进蔬菜水果的成熟。如用10～40mg/kg的萘乙酸在采前喷洒苹果，能有效地控制采前落果，但也增强了果实的呼吸，加速了成熟，所以对长期贮藏的产品来说会有些不利。用10～25mg/kg的2,4-D在采前喷洒番茄，不仅可防止早期落花落果，还可促进果实膨大，使果实提前成熟。菜花采前喷洒100～500mg/kg的2,4-D，可以减少贮藏中保护叶的脱落。

2. 促进生长抑制成熟衰老

如细胞分裂素、赤霉素等。细胞分裂素可促进细胞的分裂，诱导细胞的膨大，赤霉素可以促进细胞的伸长，二者都具有促进蔬菜水果生长和抑制成熟衰老的作用。结球莴苣采前喷洒10mg/kg的苄基腺嘌呤（BA)，采后在常温下贮藏，可明显延缓叶子变黄。喷过赤霉素的柑橘、苹果，果实着色晚，成熟减慢。无核葡萄坐果期喷40mg/kg的赤霉素，可显著增大果粒。喷过赤霉素的柑橘，果皮的褪绿和衰老变得缓慢，某些生理病害也得到减轻。对于柑橘果实，2,4-D也有延缓成熟的作用，用50～100mg/kg的2,4-D在采前喷洒柑橘，使果蒂保持鲜绿而不脱落，蒂腐也得到了防治，若与赤霉素同时使用，可推迟果实的成熟，延长贮藏寿命。赤霉素可以推迟香蕉呼吸高峰的出现，延缓成熟和延长贮藏寿命。菠萝在开花一半到完全开花之间用 70～150mg/kg 的赤霉素喷布，果实充实饱满，可食部分增加，柠檬酸含量下降，成熟期推迟 8～15 天，有明显的增产效果。用 20～40mg/kg 的赤霉素浸蒜薹基部，可以防止薹苞的膨大，延缓衰老。

3. 抑制生长促进成熟

如乙烯利、丁酰肼、矮壮素（CCC）等。乙烯利是一种人工合成的乙烯发生剂，具有促进果实成熟的作用，一般生产的乙烯利为 40%的水溶液。苹果在采前 1～4 周喷洒 200～250mg/kg 的乙烯利，可以使果实的呼吸高峰提前出现，促进成熟和着色。梨在采前喷洒 50～250mg/kg 的乙烯利，也可以使果实提早成熟，降低总酸含量，提高可溶性固形物含量，使早熟品种提前上市，能改善果实外观品质，但是用乙烯利处理过的果实不能做长期贮藏。丁酰肼对苹果具有延缓成熟的作用，但是对桃、李、樱桃等则可以促进果实内源乙烯的生成，加速果实的成熟，使果实提前 2～10 天上市，并可增进黄肉桃果肉的颜色。国外用于加工的桃，使用丁酰肼可以使果实的成熟度一致，果柄容易脱落，便于机械采收。在桃果实膨大初期或硬核期可分别喷洒 0.4%～0.8%和 0.1%～0.4%的丁酰肼以促进成熟。但有人认为丁酰肼具有毒性，用药喷过的果实，可能有致癌作用，所以丁酰肼一直未能获准注册。矮壮素用于果树生产，最明显的效果是增加葡萄的坐果率，用 100～500mg/kg 的矮壮素加 1mg/kg 的赤霉素在花期喷洒或蘸花穗，能提高葡萄坐果率，增加果实含糖量和减少裂果，促进果实成熟。

4. 抑制生长延缓成熟

如矮壮素、丁酰肼、青鲜素（MH）、多效唑等。巴梨采前 3 周用 0.5%～1%的矮壮素喷洒，可以增加果实的硬度，防止果实变软，有利于贮藏。西瓜喷洒矮壮素后所结果实的可溶性固形物含量高，瓜变甜，贮藏寿命延长。丁酰肼对果树生长有抑制作用，苹果采前用 0.1%～0.2%的丁酰肼喷洒，可防止苹果采前落果，使果实硬度增大，着色好，贮藏期延长，同时对减少苹果虎皮病也有积极效应。采前用多效唑喷洒梨和苹果，果实着色好，硬度大，减轻了贮藏过程中某些生理病害（如虎皮病和苦痘病等）的发生。苹果生长期间，适时喷洒 0.1%～0.2%青鲜素，可控制树冠生长，促进花芽分化，使果实着色好，硬度大，苦痘病的发生率降低。洋葱、大蒜在采前两周喷洒 0.25%的青鲜素，可明显延长采后的休眠期，浓度过低时效果不明显。

第四节
采收对蔬菜水果品质的影响

采收是蔬菜水果生产上的最后一个环节，又是蔬菜水果商品处理的最初一环。因此，对于采收工作的重要性、采收的适宜时期和采收方法等，必须引起足够的重视。蔬菜水果的采收时期、采收成熟度和采收的方法，在很大程度上影响蔬菜水果的产量、品质和商品价值，直接影响贮运效果。

蔬菜水果采收原则是适时、无损、保质、保量、减少损耗。适时就是在符合鲜食、贮运的要求时采收。无损就是避免机械损伤，保持蔬菜水果完整，以便充分发挥蔬菜水果自身的耐藏性和抗病性。

一、采收成熟度

蔬菜水果成熟度的判断要根据蔬菜水果种类和品种特性及其生长发育规律，从蔬菜水果的形态和生理指标上加以区分。生理成熟度与商业成熟度之间有着明显的区别，前者是植物体生命中的一个特定阶段，后者涉及能够转化为市场需要的特定销售期有关的采收时期。判断蔬菜水果成熟度的方法主要有以下几种：

1. 果梗脱离的难易度

果实的采收关系到苹果产量、品质及贮藏效果，应予以充分重视。采收过早，果实风味不佳，易失水萎蔫，不耐贮藏，而且过早采收的苹果，果实抗氧化水平低，α-法尼烯极易氧化，增大了生理性病害——虎皮病的发生率；同时，过早采收中断了果实正常的养分积累，因而产量偏低。据报道，红玉苹果早采 15 天，减产 16.6%。相反，采收过晚，果实呼吸发生跃变，果实果肉发绵，风味变淡，极易腐烂，同样不耐贮藏，有的品种，如元帅系品种还会出现采前落果。因此，贮藏苹果一定要适期采收。

有些种类的果实，在成熟时果柄与果枝间常产生离层，稍一振动就可脱落，此类果实离层形成时为采收的适宜时期，如不及时采收就会造成大量落果，苹果和梨就属此类。

2. 表面色泽的变化

许多果实在成熟时都显示出它们特有的颜色，在生产实践中果皮的颜色成了判断果实成熟度的重要标志之一。未成熟的果实的果皮中有大量的叶绿素，随着果实成熟度的增高，叶绿素逐渐分解，底色便呈现出来（如类胡萝卜素、花青素等的颜色）。如苹果、梨、葡萄、桃在成熟时呈现出黄色或红色；柑橘呈现橙黄色；橙子一般为全红或全黄；橘子允许稍带绿色；板栗成熟标准是栗苞呈黄色，苞口开始开裂，坚果呈棕褐色。长途运输的番茄应在由绿变白时采收，立即上市的应在半红果时采；甜椒一般在绿熟时采收；茄子在光亮有色泽时采收；黄瓜在深绿色、豌豆在亮绿色、甘蓝在淡绿色、花椰菜在花球变白时采收。

3. 主要化学物质含量的变化

蔬菜水果中的主要化学物质有淀粉、糖、酸和维生素类等。可溶性固形物含量可以作为衡量蔬菜水果品质和成熟度的标志。可溶性固形物中主要是糖分，其含量高标志着含糖量高，成熟度也高。总含糖量与总酸含量的比值称“糖酸比”，可溶性固形物含量与总酸含量的比值称为“固酸比”，它们不仅可以衡量果实的风味，也可以用来判断其成熟度。例如美国甜橙的糖酸比为 8∶1 时作为采收的最低标准；四川甜橙在采收时糖酸比为 10∶1 左右；苹果糖酸比为 30∶1 时采收，风味浓郁。又如大枣的糖分高，风味就浓。一般来说，甜玉米、豌豆、菜豆等食用幼嫩组织，在含糖量最高、含淀粉少时采收，品质最好。

酸度一般用滴定法可以很容易地从果汁样品中测出。成熟和完熟过程中酸度逐渐下降。但果实的可食性同糖酸比的关系往往比同单一的糖和酸含量的这种关系更为密切。

苹果也可以利用淀粉含量的变化来判断成熟度。果实成熟前，淀粉含量随果实的增大逐渐增加。到果实开始成熟时，淀粉逐渐转化为糖，含量降低。测定淀粉含量的方法可以用碘-碘化钾水溶液涂在果实的横切面上，使淀粉变成蓝色，根据颜色的深浅判断果实成熟度，颜色深说明产品含淀粉多，成熟度低。当淀粉含量降到一定程度时，便是该品种比较适宜的采收期。但马铃薯、芋头在淀粉含量高时采收为好。

4. 质地和硬度

果实的硬度是指果肉抗压能力的强弱。一般未成熟的果实硬度较大，达到一定成熟度后才变得柔软多汁，只有掌握适当的硬度，在最佳时间采收，产品才能够耐贮藏和运输，如番茄、辣椒、苹果、梨等要求在果实有一定硬度时采收。辽宁的国光苹果采收时，一般硬度为 8.62kgf/cm^2，烟台的青香蕉苹果采收时，一般为 12.70kgf/cm^2 左右，四川的金冠苹果采收时一般 6.80kgf/cm^2 左右。红富士苹果在快成熟时，果肉会变软，甘肃的红富士苹果采收时，硬度一般为 8.6kgf/cm^2。短期贮藏的红富士硬度应为 5.09～6.81kgf/cm^2，长期贮藏的红富士硬度应为 6.36～7.26kgf/cm^2。此外，桃、李、杏的成熟度与硬度的关系也十分密切。一般情况下，蔬菜不测硬度，而是用坚实度来表示其发育状况。有一些蔬菜的坚实度大，表示发育良好、充分成熟和达到采收的质量标准，如甘蓝的叶球和花椰菜的花球都应该在充实坚硬、致密紧实时采收，品质好，耐贮性强。但是也有一些蔬菜坚实度高表示品质下降，如莴笋、芥菜应该在叶变得坚硬以前采收，黄瓜、茄子、凉薯、豌豆、菜豆、甜玉米等都应该在幼嫩时采收。

5. 果实形态

在某些情况下，果实形态可用来确定成熟度。如香蕉未成熟时，果实的横切面呈多角形，充分成熟时，果实饱满、浑圆，横切面为圆形。

6. 生长期和成熟特征

果实的生长期也是采收的重要参数之一。不同品种的蔬菜水果由开花到成熟有一定的生长期和成熟特征，如山东济南金帅苹果生长期为 145 天，红星苹果约

147 天，国光苹果为 160 天，青香蕉苹果 156 天；四川青苹果的生长期只有 110 天。各地可以根据多年的经验得出适合当地采收的平均生长期。此外，不同的蔬菜水果在成熟过程中会表现出许多不同的特征，一些瓜果可以根据其种子的变色程度来判断成熟度，种子从尖端开始由白色逐渐变褐、变黑是瓜果充分成熟的标志之一。豆类蔬菜在种子膨大硬化以前采收，食用品质最好，但作为种用时则充分成熟时采收为好。西瓜的瓜秧卷须枯萎，冬瓜、南瓜表皮“上霜”且出现白粉蜡质，表皮组织硬化时达到成熟。还有一些产品生长在地下，可以从地上部分植株的生长情况判断其成熟度，如洋葱、芋头、马铃薯、姜等地上部分变黄、枯萎和倒伏时，为最适采收期。

总之，蔬菜、水果不同，其食用器官不同，而且有些蔬菜的食用部分是幼嫩的叶片和叶柄，采收成熟度要求很难一致，不便做出统一的标准。

二、蔬菜水果的成熟和衰老

成熟、衰老是蔬菜水果个体发育过程中的 2 个阶段。衰老是蔬菜水果生长发育的最后阶段，成熟是果实特有的生理过程，根、茎、叶、花及其变态器官不涉及成熟的问题。而果实的成熟也分为 2 个阶段：成熟和完熟。成熟是指果实已完成生长过程，开始进入成熟阶段，果实的基本特征已基本显现，可以食用时的生理状态。完熟是指成熟的果实再经过一系列生理生化变化，表现出自身固有的色、香、味和质地等特征，食用品质明显改善时的生理状态。一般来讲，完熟的果实食用品质最佳，但也有例外。如黄瓜顶花带刺时食用品质最佳，而完熟却发生在果实变黄时，基本失去食用价值。

对大多数果实而言，完熟可以发生在母体上也可在采后进行。但是，有些果实如巴梨、鳄梨等在树上不能完熟，只有离开母体后经过一段时间或经过催熟后方可完熟，这类果实的完熟称之为后熟。

衰老是蔬菜水果生长发育的最后阶段，在此时期开始发生一系列不可逆的变化，最终导致细胞的崩溃和整个个体死亡的过程。与衰老不同，老化是指发育过程中发生的不包括死亡在内的结构、机能等衰退的过程。

成熟衰老期间的蔬菜水果进行着一系列的物质、结构和生理生化的变化，研究这些变化是做好蔬菜水果贮运工作的基础。

1. 物质的变化

（1）物质的合成与降解　在成熟期间，果实进行着活跃的物质合成和降解。未熟的果实着色很差，香味很少。当进入成熟阶段时，才大量地合成色素和芳香物质，显现出自身特有的色泽与风味，外观品质和风味明显改善。在花青素合成的同时，叶绿素含量不断下降，果实底色由绿色转成黄色。此外，茎、叶菜衰老时也会发生叶绿素分解，逐渐黄化萎蔫。

蔬菜水果成熟期的另一个特征是贮藏性物质的水解。淀粉水解为糖，果实甜度增加，食用品质改善。原果胶降解成果胶和果胶酸，蔬菜水果质地软化。有机酸含量下降，果实变得酸甜可口。当进入衰老阶段后，物质的合成逐渐减弱，水解过程不断加强。贮藏性大分子的降解，使得组织中各类物质的复/简比值下降，蔬菜水果的品质与耐贮性也随之下降。水解作用的加强本身就是细胞衰老的一种症状。

（2）物质的转移和再分配　成熟衰老过程中，蔬菜水果中的化学成分会在组织和器官间重新分配，由食用器官向种子、生长点部位转移。幼嫩的黄瓜粗细均匀，脆嫩可口，但如不及时采收或存放过久，黄瓜的梗端养分、水分就会向花端转移，内部种子开始发育硬化，花端逐渐膨大，而梗端则逐渐干瘪萎缩，最后形成大肚瓜。此外萝卜、胡萝卜的糠心、发芽抽薹；蒜薹株蒜的发育膨大，薹条干缩；红橘果肉枯水粒化、果皮发泡等都是物质重新分配和转移的结果。

2.组织结构的变化

（1）表皮组织　幼嫩的蔬菜水果表皮组织不发达，进入成熟阶段后表皮细胞外的角质层、蜡质层不断加厚，成熟外表皮组织变得致密完整，抵抗机械伤、病虫害的能力加强。而气孔、皮孔则由于角质、蜡质等沉积而逐渐被堵塞，生理活性下降。

（2）间隙系统　未熟的蔬菜水果细胞间彼此紧密排列，细胞间隙系统不发达，但进入成熟阶段后细胞间果胶物质和纤维素逐渐溶解，细胞彼此分离，间隙系统增大，对高 CO_2 和低 O_2 的耐受性增加。到过熟阶段时，细胞结构开始崩溃，降解产物增多，细胞间充满降解产物，间隙系统堵塞，组织内部无氧呼吸比重增加。绿熟的番茄贮藏时，适宜低 O_2 浓度为2%～3%；进入红熟阶段后，细胞间隙系统的比例增加，番茄可忍耐1%左右低 O_2；但在过熟阶段，O_2 在12%～13%时就会发生无氧呼吸。

（3）细胞结构　蔬菜水果衰老时，细胞的膜结构和特性将发生改变。细胞膜的脂双层结构开始变得不稳定，膜的结构发生异常，逐渐由液晶态转向凝胶态，透性和微黏度增加，流动性下降，膜的选择透性和功能受损。衰老细胞中细胞膜上的磷脂大量降解，蛋白质含量下降，自由基、过氧化脂质增加，生理代谢紊乱失调。

3.成熟期间的生理变化

（1）呼吸变化　一般来说，刚受精的果实，细胞分裂非常旺盛，呼吸强度最大；进入膨大期后呼吸强度快速下降，逐渐趋于平缓；当进入成熟阶段后，非跃变型果实呼吸保持平稳或缓慢下降，而跃变型果实则会急剧增强，出现呼吸跃变。跃变是果实发育的临界点，标志着由成熟到衰老的转折，蔬菜水果贮运工作应尽可能延迟呼吸跃变的到来。大白菜等一些叶菜在衰老过程中也有呼吸上升。

（2）乙烯合成　乙烯对蔬菜水果的成熟衰老起着重要的调节作用。跃变型果实在成熟阶段生产大量乙烯，加速自身的成熟衰老过程。非跃变型果实乙烯生成量极少，不足以诱发其成熟衰老过程，但外源乙烯能明显促进它们的成熟衰老过程。

（3）色、香、味估测法　每一品种在达到适宜采收期时，都会表现出其固有的色彩、香味和口感，通过望、闻、捏、尝可粗略估测苹果的适宜采收期。如供长期贮藏的金冠苹果，在果实底色呈绿色，香味浓郁，食用口感松脆多汁，酸甜适中时采收最好。

（4）种仁颜色　苹果种仁颜色呈黄褐色时，表示采收期已经来临。在条件许可的情况下，也可通过监测碘化钾-淀粉染色指数、果实呼吸强度、糖酸比、乙烯释放量等来掌握。

三、蔬菜水果的采收方法

蔬菜水果采收除了掌握适当的成熟度外，还要注意采收方法。蔬菜水果采收方法有人工采收和机械采收两大类。蔬菜水果采收要由有熟练技术的采收工人进行精细的操作，采用适宜的采果容器，尽可能避免机械损伤。

采收最好在晴天早晨露水干后开始，如炎热的夏天，因中午气温和果温高，田间热不易散发，会促使果实衰老及腐烂，叶菜类还会迅速失水而萎蔫，因此不宜采收。另外，阴雨天、露水未干、浓雾天也不宜采收。雨露天果皮太脆，果面水分多，容易受病菌侵染。柑橘如在雨后立即采收，表皮细胞容易开裂，引起油斑病。蔬菜水果采收后应立即放阴凉处，不能立即包装。

采收人员要剪平指甲，最好戴手套，在采收过程中做到轻拿轻放、轻装轻卸，以免损伤蔬菜水果。采收后的蔬菜水果不要日晒和雨淋，还应避免采收前灌水。

采果顺序应先下后上、先外后内逐渐进行，即采收时先从树冠下部和外部开始，然后再采内膛和树冠上部的果实。否则，常会因上下树或搬动梯子而碰伤果实，降低其品质和等级。

在采收前，必须将所需的人力、果箱、果袋、果剪及运输工具等事先准备充足。

第五节
贮藏对蔬菜水果品质的影响

一、不同种类果蔬的贮藏特性

原产于温带、生长期长、在冷凉季节成熟的果蔬，如苹果梨、大白菜、甘蓝、萝卜、胡萝卜大多耐贮藏；原产于（亚）热带、生长期短、在高温季节成熟的果蔬，如香蕉、菠萝、荔枝，及黄瓜、茄子、菜豆、豌豆不耐贮藏；果皮和果肉质地硬的水果其耐贮性强于软质或浆质；叶菜新陈代谢和呼吸作用旺盛，易于失水，耐贮性差；块茎、球茎、鳞茎、根茎类蔬菜在休眠期，生理生化过程和生物消耗都降到最低限度，较耐贮藏。

1. 不同品种的贮藏特性

不同栽培品种的耐贮性、抗病性有很大差别。贮运性的强弱是晚熟品种＞中熟品种＞早熟品种；许多生理指标与品种间的贮运性差异密切相关，如复/简比值、呼吸特性、氧化酶的活性、休眠期等。品种间、组织结构和理化特性的差异也与贮运特性密切相关。晚熟品种氧化系统强，呼吸强度大，底物容易彻底氧化缺氧，呼吸比重小，消耗的底物相对比早熟品种少。

2. 不同成熟度的贮藏

果蔬的耐贮性在不同的发育时期有明显的差异。从幼小到长成，耐贮性和抗病性强，达到一定的成熟度后，开始进入衰老阶段时，耐贮性和抗病性减弱。跃变型果实的贮藏性与成熟度关系极为密切，因此对采收期的要求严格，如香蕉、菠萝、荔枝、黄瓜、菜豆应在成熟前采收。非跃变型果实的贮藏对成熟度的要求相对不严格，如柑橘、葡萄、冬瓜、南瓜等果实，可在完熟期采收，此时在生理上尚未进入明显的衰老阶段，在较高成熟度时，糖分积累多，保护组织发达，有利于贮藏。

3. 田间生长发育状况与贮藏特性

树龄、树势、营养状况、植株负载、结果部位等因素也对果实的耐贮性、抗病性有明显影响。不同树龄和树势的果树，在产量和品质上有明显的差异，对果实的耐贮性也有一定的影响。幼龄树和老龄树结的果耐贮性＜盛果期的树结的果；树势旺盛的果实，常呈现粗皮大果的形态，果汁的质量差，而以树势中等的植株上结的果实，品质和贮藏性均较好，也不易发生生理病害。

（1）果实大小　不同大小的果实，耐贮性也存在较大差别：大果耐贮性＜中等果实；大苹果的苦痘病、虎皮病、冷害＞中等果；大萝卜容易糠心；细胞数多的果蔬，由于每单位蛋白质的呼吸量大，同时为了保持高水平的蛋白，需要消耗大量的能量，所以耐贮性差；从物理特性看，大果实受损伤的机会也较多。在柑橘类果实中，大果皮厚、汁少，不耐藏。一般认为中等和中等偏大的果实较耐贮。

（2）植株负载量　指单株果树的产果量。负载量适中，采后的果实质量好、耐贮藏。

（3）结果部位　着生在树冠向阳面的苹果着色面＞背阴面，在贮藏中不易萎蔫。研究表明，向阳面的果实中钾和干物质含量高，氮和钙的含量低，贮藏性较好；向阳面的果发生苦痘病、斑点病的机会>内膛果。着生在内膛的苹果，干物质、总酸、还原糖、总糖含量低，总氮含量高，在贮藏库中的腐烂率较高。植株下部和顶部的番茄不如中部的果实耐贮藏；西瓜蔓基和顶部结的瓜风味和耐贮性不如中部的。

二、生态因素

生态环境和地理条件如温度、光照、降雨、土壤、经纬度、海拔高度等都会影响果蔬的生长发育、质量和耐贮性。因此，同一品种，在不同的地理环境下或不同年份生产的产品，在贮藏特性上会有差别。在光照充足的年份生长的果品，颜色发育好，固形物含量高，较耐贮藏；而阴雨连绵的年份生长的果实，重量轻、皮薄、固形物含量低、着色不良且易感染病害；过分干旱，果蔬的生长发育受阻，品质差，不耐贮藏。久旱后遇骤雨或连阴雨、雨量过大的年份生产的果蔬均不耐贮藏。因此，用于贮藏的果蔬要适当控制水量；温室栽培果蔬耐贮性<露地果蔬；反季节栽培的果蔬，由于不适环境的影响，贮藏性下降。

1. 土壤

在土质疏松、酸碱适中（中性稍偏酸）、施肥合理、温度适当的土壤中生长的果蔬品质好、耐贮藏；高纬度地区产的果蔬耐贮性>低纬度地区。

2. 施肥

施用氮肥过多，生长过旺，水分多，含糖量低，组织柔嫩，成熟延迟，着色差，削弱耐贮性与抗病性；在保证氮肥施足的基础上，增施磷、钾肥可提高果蔬的含糖量，施足促进果实成熟。锰、硼、钙等微量元素可提高含糖量和维生素的含量，防止各种由微量元素缺乏造成的生理病害，如苹果的苦痘病和果心褐变等。

3. 灌溉

水分供应不足或过多，均对产品的贮藏性不利。灌水过多，特别是收获前施肥灌水，会延长果实蔬菜的生育期，使干物质含量下降，果实着色差，蔬菜植株脆嫩，显著降低产品的耐贮性与抗病性。因此，用于贮藏的果蔬，需根据不同的种类品种，在采收前几天停止灌溉。这是调节果蔬耐贮性的有效措施。

三、贮藏环境

1. 湿度

湿度因素表现为湿度对产品水分蒸发的影响，湿度对微生物的影响。随着果蔬与空气的温差增大，水气压力差升高，果蔬的水分蒸腾加强。因此，入贮初期降温时水分蒸发最快，水分损失最严重。所以入贮前预冷非常重要。高湿贮藏可以减轻很多蔬菜水果陷斑的发生。接近100%的相对湿度，可以抑制蔬菜水果失水，减轻由冷害而引起的表面凹陷，使冷害症状减轻。如黄瓜、甜椒等在相对湿度（RH）为100%时，表面凹陷斑明显减少。高湿并不能减轻低温对细胞的伤害，只是降低了产品水分的蒸散，减轻了组织的脱水和延缓了陷斑的发生。低湿条件下，皮下细胞间隙和细胞内水分蒸发加快，促进表面陷斑的发生。

2. 温度

蔬菜水果都有各自可忍受的最高温度，超过最高温度，产品会出现热伤，细胞内的细胞器变形，细胞壁失去弹性，细胞迅速死亡，严重时蛋白质凝固，常表现为产生凹陷或不凹陷的不规则形褐斑，内部全部或局部变褐、软化、淌水，也会被许多微生物侵入危害，发生严重腐烂。特别是一些多汁的水果对强烈的阳光特别敏感，极易发生日灼斑，影响贮运。

（1）温度对贮藏寿命的影响　温度决定呼吸代谢的速度，从而影响贮藏寿命、品质和抗病性；影响乙烯代谢和呼吸跃变；影响果蔬的蒸腾失水；大部分果蔬在15～25℃乙烯的产生量及效应最大。因此，采收后快速降低果蔬的温度，可抑制乙烯的生成，进而抑制果蔬成熟与衰老。在一定范围随着温度升高，各种代谢加快，对贮藏产生不利影响。

（2）温度与微生物的活动　环境温度是影响病原微生物生长和繁殖的主要条件。在一定范围内，高温使微生物的生命活动和破坏能力明显增强。如细菌在37℃，真菌在28℃时，即使温度变动很小（±1℃），对微生物的生长、繁殖也有明显的影响。

（3）温度与贮藏病害　贮藏温度既作用于果蔬，也作用于微生物，贮运过程中产品是否发病腐烂，是产品本身的抗病性与微生物的活动能力共同作用的结果。一般而言，在病原微生物活动的最佳温度范围内，侵染性病害的发病率较高。但在可能诱发冷害从而降低抗病性，同时又足以使微生物活动的温度范围内，侵染性病害的发病率可能会更高。大部分原产（亚）热带的果蔬适宜的贮藏温度＞5℃，由于温度较高不能抑制微生物的活动，较难贮藏；大部分温带的果蔬适宜的贮藏温度≈0℃，能有效抑制微生物的活动，较耐贮藏；马铃薯在3～5℃下贮藏寿命最长，＜3℃会使淀粉水解为糖，糖的积累会刺激呼吸作用。

3. 贮藏气体危害

对黄瓜、茄子、香蕉、甜椒等的研究发现，冷害条件下蔬菜水果的呼吸代谢失调，丙酮酸、草酰乙酸、α-酮戊二酸含量增加。此外，脯氨酸、丙氨酸、多胺类物质的含量也会增加，它们的累积既是冷害的一种结果，同时也是植物抵抗逆境的一种机制。

（1）低氧危害　低氧危害的主要症状主要表现为：表皮组织局部失水凹陷、坏死，表皮或果肉组织变褐、软化，正常成熟过程受阻，产生酒精味和异味。

一般蔬菜水果气调贮藏要求O_2浓度不低于3%～5%，热带、亚热带水果不低于5%～9%。CO_2浓度不应超过2%～5%，否则，会造成CO_2中毒。低氧迫使果实或蔬菜进行无氧呼吸，产生毒物如乙醛等，使蔬菜水果组织变褐变坏。不同蔬菜水果的低氧临界浓度差异较大，如菠菜为1%，石刁柏为2.5%，豌豆和胡萝卜则为4%。温度升高会增加蔬菜水果对低氧的敏感性，因为温度升高，呼吸加强，组织对氧需求量增加，低氧的临界浓度会略有升高。

（2）高二氧化碳危害　高CO_2危害的主要症状与低氧危害类似，主要表现为：表皮或内部组织变褐、塌陷、脱水萎蔫甚至出现空腔。

各种蔬菜水果对CO_2的忍耐力差异很大。鸭梨、结球莴苣对CO_2非常敏感，1%的浓度就足以使它们受害；柑橘、菜豆也很敏感，少量CO_2累积，就会诱发柑橘出现水肿，菜豆发生锈斑；绿菜花、洋葱、蒜薹则能耐受10%左右的高CO_2。贮藏温度和产品本身的生理状态也影响产品对CO_2的敏感性。贮藏温度升高，呼吸加强，会导致组织内部CO_2累积，增加蔬菜水果对外部CO_2的敏感性。此外，幼嫩的或处在衰老阶段的蔬菜水果，组织内外气体交换能力下降，容易造成组织内部CO_2积累，组织受害。

（3）二氧化硫危害　SO_2常用于贮藏库消毒或将其充满包装箱内的填纸板以防腐，但处理不当，浓度过高，或消毒后通风不彻底，容易引起蔬菜水果中毒。环境干燥时SO_2可通过产品的气孔进入细胞，干扰细胞质与叶绿素的生理作用。如环境潮湿，则形成亚硫酸，进一步氧化为硫酸，使果实灼伤，产生褐斑。葡萄贮藏时，防腐剂SO_2处理浓度偏高时，可使果粒漂白，严重时呈水渍状。

（4）乙烯危害　蔬菜水果自身在成熟过程中会产生乙烯，即内部乙烯。当冷敏感产品贮藏于临界温度以下时，乙烯合成发生改变。低温下乙烯形成酶系统（EFEs）活性很低，使得氨基环丙烷羧酸（ACC）积累而乙烯产量很低；果实从低温转入室温时，ACC合成酶活性和ACC含量都很快上升，EFEs活性和乙烯合成则取决于产品受冷害的程度。由于EFE系统存在于细胞膜上，其活性依赖于膜结构，冷害不十分严重时，转入室温后EFE活性也大幅度上升，乙烯产量增加，果实正常成熟；冷害严重，细胞膜受到永久伤害时，EFE活性不能恢复，乙烯产量很低，无法后熟达到所要求的食用品质。但外源乙烯又是常用的水果催熟剂，外源乙烯使用不当，或贮藏库环境控制不善，会使产品过早衰变，症状通常是果皮变暗变褐。蔬菜水果释放的乙烯会对产品形成伤害，首先乙烯会加速蔬菜水果的成熟和衰老，还会使莴苣叶片等出现褐斑。

（5）氨气危害　冷库内NH_3泄漏时，苹果和葡萄红色减退；蒜薹出现不规则的浅褐色凹陷斑；番茄不能正常变红而且组织破裂。

四、贮藏病害及病因

园艺产品贮藏病害也称贮运病害，一般是指在贮运过程中发病、传播、蔓延的病害，包括田间已被侵染，但尚无明显症状，在贮运期间发病或继续危害的病害。有些蔬菜水果上的重要病害，在田间危害很大，但在贮运过程中基本不再传播、扩展危害，严格说来，这些病害不在贮运病害之列，如柑橘溃疡病、芒果疮痂病、白菜白斑病等。

蔬菜水果贮运病害与作物的田间病害一样，可分为两大类：一类是非生物因素造成的非传染性病害（即生理病害），另一类为寄生物侵染引起的传染性病害。

1. 冷害和冻害

蔬菜水果都有一个能忍受低温的临界温度，在此温度以下就会发生低温伤害，即冷害。冷害表现内部组织崩解败坏，出现褐斑、黑心或烂心，外部色泽变暗，水浸状，稍下陷；或者果实不能成熟，成熟度差，香味减少，风味变劣。若温度低于冰点，进一步成为冻害，组织呈半透明，甚至结冰。

（1）冷害　一些原产于热带或亚热带的蔬菜水果，在它们的系统发育和生长过程中，长期处于高温、高湿的环境条件下，对低温的忍耐力下降，即使在冰点以上的低温条件下，也会发生生理失调。这种冰点以上的低温对蔬菜水果造成的伤害，就称之为冷害。

蔬菜水果冷害的外部症状主要表现为：表面水浸凹陷、表皮或内部组织褐变和正常的生理过程受阻等。

在冷害温度下，原生质膜由液晶态变为凝胶态，膜的透性增大，细胞汁液由细胞内流入细胞间隙。有许多蔬菜水果如黄瓜、西瓜等，皮薄柔软，透过表皮即可看到水浸状的斑块；而其他一些产品则会由于细胞间隙水分的大量蒸散，皮下细胞脱水干缩，发生凹陷，严重时出现成片的凹陷斑块。高湿可以减轻陷斑的发生。

褐变是冷害的另一症状。蔬菜水果表皮和内部组织呈现棕色、褐色或黑色斑点或条纹。褐变的发生主要是由于冷害条件下，蔬菜水果组织完整性受损，氧化酶活性升高，酚类物质含量增加，酶与底物的接触机会增加，氧化反应增强。这些褐变有的在低温下即可发生，有些则在转入室温后才会表现。

受冷害的组织往往由于代谢紊乱，一些正常生理过程受阻。番茄、桃、香蕉等遭受冷害后，不能正常着色，变软，产生香味很少或不能产生香味，甚至有异味，正常成熟过程受抑。同时，冷害还会削弱组织的耐贮性和抗病性，加速腐烂变质。

蔬菜水果形态结构、生理代谢差异较大，冷害的表现也各不相同，表 3-3 中列出常见蔬菜水果的冷害症状。

表 3-3　常见蔬菜水果的冷害症状

产品	适宜贮温/℃	产品冷害症状
苹果	2.2～3.3	内部褐变，褐心，表面烫伤

续表

产品	适宜贮温/℃	产品冷害症状
桃	0～2	果皮出现水浸状，果心褐变，果肉味淡
香蕉	12～13	表皮有黑色条纹，不能正常后熟，中央胎座硬化
鳄梨	5～12	凹陷斑，果肉和维管束变黑
柠檬	10～12	表面凹陷，有红褐色斑
芒果	5～12	表面无光泽，有褐斑甚至变黑，不能正常成熟
荔枝	0～1	果皮黯淡，色泽变褐，果肉出现水浸状
龙眼	2	内果皮出现水浸状或烫伤斑点，外果皮色变暗
菠萝	6～10	果皮褐变，果肉水渍状，有异味
凤梨	6.1	皮色黯淡，褐变，冠芽萎蔫，果肉水浸状，风味差
红毛丹	7.2	外果皮和软刺褐变
莱姆	5～7	表皮凹陷，褐斑
葡萄柚	10	表面凹陷，烫伤状，褐变
蜜瓜	7.2～10	凹陷，表皮腐烂
西瓜	4.5	表皮凹陷，有异味
南瓜	10	瓜肉软化，腐烂
黄瓜	13	果皮有水渍状斑点，凹陷
绿熟番茄	10～12	褐斑，不能正常成熟，果色不佳
番茄	7.2～10	成熟时颜色不正常，水浸状斑点，变软，腐烂
茄子	7～9	表皮呈烫伤状，种子变黑
食荚菜豆	7	表皮凹陷，有赤褐色斑点
蚕豆	7.2	凹陷，有赤褐色斑点
柿子椒	7	果皮凹陷，种子变黑，萼上有斑
木瓜	7.2	凹陷，不能正常成熟
番木瓜	7	果皮凹陷，果肉水渍状
马铃薯	0	产生不愉快的甜味，煮时色变暗
甘薯	13	表面凹陷，异味，煮熟发硬
白薯	12.8	凹陷，腐烂，内部褪色

（2）冻害　冰点以下低温对蔬菜水果造成的伤害，叫做冻害。大多数蔬菜水果如桃、香蕉、番茄、黄瓜等一旦冻结，组织结构就会受损，难以恢复正常状态。苹果、柿子和芹菜能忍耐－2.5℃左右的低温，可以进行微冻贮藏。菠菜、大葱的抗冻性最强，可以忍耐－9℃、－7℃的低温，缓慢解冻后仍能恢复正常状

态。蔬菜水果遭受冻害后的最初症状通常是水渍状，继而受冻组织变得透明、半透明，食之有异味，有些还发生色素降解，变成灰白色或组织褐变。

2.传染性病害

蔬菜水果在贮藏期的损失是十分惊人的，在世界范围内新鲜蔬菜水果贮运过程中约有25%的产品因腐烂变质而不能利用。据不完全统计，我国蔬菜水果采后每年损失占总产量的20%左右。蔬菜水果等园艺产品贮藏期的腐烂，多由病害造成，并且不只局限于贮藏期和运输期间，而是包括了收获、分级、包装、运输、贮藏、进入市场销售等许多环节所发生的病害，因此，贮藏期病害也称为采后病害。

（1）真菌　鞭毛菌亚门中主要是腐霉、疫霉和霜疫霉，引起瓜类和菜豆荚腐病，柑橘类、瓜类和茄果类疫病，荔枝霜疫病，等。接合菌亚门中主要是根霉、毛霉、笄霉，引起桃、菠萝蜜和草莓软腐病，葡萄和苹果毛霉病，西葫芦笄霉病，等。匍枝根霉是蔬菜水果病害的著名病原真菌，可危害许多种蔬菜水果，常使患病瓜果腐烂淌水。子囊菌亚门中主要是小丛壳、长喙壳、囊孢壳、间座壳、核盘菌和链核盘菌，引起许多蔬菜水果的炭疽病、焦腐病、褐色蒂腐病、菌核病、褐腐病、黑腐病等等。担子菌亚门中没有蔬菜水果贮运期间重要的病原真菌。半知菌亚门中危害蔬菜水果产品的真菌最多：地霉，主要是白地霉，引起柑橘、荔枝、番茄等酸腐病；灰葡萄孢，危害许多蔬菜，引起灰霉病；木霉，引起水果腐烂，往往在贮藏后期出现；丛梗孢，造成仁果类、核果类果树褐腐病，病部变褐软腐；青霉，引起柑橘和苹果青、绿霉病，是贮运期中世界性的大病；曲霉，危害不如青霉严重，在水果上病斑常呈圆形；红粉菌，也可引起瓜果腐烂，但寄生性较弱，多为第二次寄生；镰刀菌，是常见的瓜果腐烂病原之一，造成果斑，心腐，或果端腐烂；链格孢，可使柑橘、苹果心腐，梨、白兰瓜及番茄等发生黑斑；拟茎点霉，危害柑橘、芒果、番石榴、鸡蛋果等水果，多先自蒂部发生，常称“（褐色）蒂腐病”；小穴壳，危害苹果、梨、芒果，引起轮纹病；球二孢，引起许多亚热带水果如柑橘、香蕉、芒果等等的焦腐病，还可危害西瓜；炭疽菌，引起各种蔬菜水果的炭疽病。

（2）细菌　最重要的是欧氏杆菌中的一种即胡萝卜欧氏菌，使大白菜、辣椒、胡萝卜等蔬菜发生软腐，有时还可危害水果；边缘假单胞杆菌，引起芹菜、莴苣、甘蓝腐败；枯草芽孢杆菌在30～40℃下引起番茄软腐；多黏芽孢杆菌在37℃左右引起马铃薯、洋葱、黄瓜腐烂；一些低温的梭状芽孢杆菌可使马铃薯腐烂。

3.病原菌的侵染特点

病原菌的来源、侵染过程及侵染循环是植物传染性病害的一个重要方面，蔬菜水果贮运病害中，既有一般蔬菜水果病害的共同之处，也有其本身的特点。

（1）菌源　蔬菜水果贮运期间的病害，其菌源主要是：运输期间无症状，但已被侵染的蔬菜水果产品；产品上污染的带菌土壤或病原菌；进入贮藏库的已发病的蔬菜水果产品；广泛分布在贮藏库及工具上的某些腐生菌或弱寄生菌。

（2）侵染过程　侵染过程即“病程”，一般分接触期、侵入期、潜育期及发病期四期。接触期是指从病原物与寄主接触开始，至其完成侵入前的准备；侵入期指病原菌从开始侵入到与寄主建立寄生关系；潜育期指从病原菌与寄主建立寄生关系到呈现症状；发病期指随着症状的发展，病原真菌在受害部位形成子实体，病原细菌则形成菌脓，它们是再侵染的菌源。

4. 病害循环

病害循环指病害从前一生长季节开始发病到下一生长季节再度发病的全部过程。病原菌的越冬越夏、初侵染与再侵染、传播途径是病害循环的 3 个主要环节。

（1）越冬越夏　病原菌的越冬越夏，很重要的是越冬或越夏的场所，也是菌源所在。但贮运病害，菌源与越冬越夏场所并不完全等同。大多数菌源来自田间已被侵染的蔬菜水果贮运病害，其越冬越夏场所与果园、菜地里发病的病害相似。少数菌源来自贮藏库本身的蔬菜水果贮运病害，贮藏库、库内的箩筐、盛器、工具都是很好的越冬越夏场所。

（2）初侵染与再侵染　病原菌在植物开始生长后引起的最早的侵染，称“初侵染”。寄主发病后在寄主上产生孢子或其他繁殖体，经传播又引起侵染，称“再侵染”，又称“重复侵染”。蔬菜水果贮运病害中不少也有再侵染，不过它的再侵染是从产品到产品。再侵染最频繁的常是那些菌源来自贮藏库本身的贮运病害，这类病害往往病原的产孢最大、容易成熟、侵染过程短、适应环境范围广。

（3）传播途径　产品贮运期间的生活环境区域小，且较稳定，其病害传播最重要的途径是：

① 接触传播。大量的产品在堆积、装箱、运输、加工过程中互相接触，把病原菌自病产品传播到健康产品上。

② 震动传播。产品在堆放、搬动、装卸、运输过程中不断受到震动，由震动造成的局部小气流使患病产品上的病菌孢子大量飞散，到处传播。

③ 昆虫传播。产品在堆贮、纸箱、箩筐中，常因一些昆虫爬行，把患病产品上的病菌孢子沾带到健康产品上。

④ 水滴传播。产品在塑料薄膜袋内贮装，袋的内壁常产生许多水珠；产品装在箩筐内运输时，产品表面亦可产生许多水珠，水滴多时则下流，将病产品上的病菌孢子传播到健康产品上。

⑤ 土壤传播。产品采收不净，特别是蔬菜的块茎、块根产品，表面局部附着病土，使病菌孢子传播到健康产品上。

第六节
蔬菜贮藏病害

一、大白菜贮藏病害

1. 大白菜细菌软腐病

本病是世界性病害，不但田间危害严重，贮藏期间可造成更大损失，有时甚至全窖的菜腐烂。本病除危害大白菜等十字花科作物外，还危害马铃薯、番茄、黄瓜、莴苣等多种蔬菜。

发生症状 主要受害部位是叶柄和菜心。发病从伤口处开始，初期病部呈浸润半透明状，后期病部扩大，发展为明显的水渍状，表皮下陷，上有污白色细菌溢脓。病部组织除维管束外全部软腐，并具恶臭。

主要原因 大白菜贮藏期腐烂的主要菌源，是大白菜体内潜伏的软腐细菌。细菌通过入窖时造成的伤口侵入。贮藏期间的冷害冻伤，也是病原细菌侵入的重要门户。

2. 大白菜烧心病

发生症状 此病田间发生，贮藏期间病情加重。患病大白菜，外观无异常，内部自心部向外多层叶片发褐发苦，故名“烧心”。

主要原因 病因国外已确认为缺钙。我国调查认为，除秋季旱情外，与土壤pH、过量追施铵态氮、水质碱性等有关。这些因素造成土壤溶液浓度过大，严重阻碍根系对钙的吸收。

3. 大白菜脱帮

发生症状 大白菜冬季贮藏两三个月后，叶球外部的叶片会逐渐脱落，叶色变黄，若被微生物侵害会进一步腐烂。

主要原因 贮库（窖）温度变化大、湿度低或通风不良时，更会引起大量外层叶片“脱帮”。采收前3～5天，以25～50mg/kg的2,4-D钠盐水溶液喷施大白菜，以外部叶片几乎全湿为准，可防止“脱帮”发生。

二、花椰菜和青花菜贮藏病害

花椰菜和青花菜（西蓝花）黑斑病，主要在贮藏期间危害花球，使产品品质低劣，降低商品价值。

发生症状 在花球上初为水渍状小黄点，后扩大并长出黑色霉状物，即病原菌的子实体。严重时一个花球上有数十个黑斑。感病组织腐烂，但腐烂速度较慢。贮藏期间有时病斑被灰葡萄孢第二次寄生而混生灰霉状物，加速腐烂进程。

主要原因 贮藏中花球的感染，主要是田间采收时，叶上的病菌沾染到花球上引起。侵染适温为25～30℃，高湿度虽然可减少花椰菜与青花菜丧失水分，但黑斑病发生明显增多。因此装入薄膜袋密封后，危害加重。

三、萝卜贮藏病害

萝卜黑腐病是甘蓝、花椰菜、萝卜、芜菁的常见病害，贮藏期中以萝卜受害较严重。

发生症状 成株叶片被害，多由叶缘和虫伤处开始，呈现“V”形黄褐色病斑，叶脉变黑坏死，横切叶柄，维管束变黑，并可伸展到茎和肉质根。病块根的外部症状不明显，内部自心部发褐，逐渐向四周扩展，严重时，病组织变黑干腐。

主要原因 本病为维管束病害。病菌通常从幼苗子叶叶缘的气孔、成株叶缘的水孔或虫咬的伤口侵入，也可从受伤的根部入侵。病斑表面的病菌借风雨传播。进入种荚后，潜伏在种皮内外，通常播种带病种子，发病早而严重。贮藏期间一般不继续传播。病萝卜绝大多数是田间病害轻而混入贮藏库，逐渐发病而腐烂。

四、冬瓜贮藏病害

冬瓜是南北方栽培较广的瓜类之一，冬瓜疫病是冬瓜贮藏期间的主要病害。

发生症状 贮运中的病瓜为田间已感染而尚未发病的瓜。病斑出现后，初呈水浸状，圆形，暗绿色，稍凹陷，很快扩展，病部皱褶软腐，表面长白色稀疏的霉层。严重时大半个，甚至整个瓜都腐烂掉，瓜面满布白霉。

主要原因 主要由鞭毛菌亚门卵菌纲疫霉属的瓜疫霉引起。以菌丝体、卵孢子及厚垣孢子随病残组织遗留在土壤中越冬，次年孢子囊在水中萌发产生游动孢子，通过雨水、灌溉水传播到寄主上。贮藏期间的菌源来自田间堆贮的冬瓜。若贮运中湿度大，可不断接触传播，扩大蔓延。

除危害冬瓜外还危害黄瓜、节瓜、白瓜、西瓜等。

五、番茄贮藏病害

1. 番茄酸腐病

酸腐病是导致番茄腐烂的一种发生较普遍的病害。在运输及销售中常危害番茄，造成一定损失。

发生症状 在绿番茄上，常从果蒂边首先发病。病斑暗淡，油渍状，后污白色。病果后期暗白色，水渍状，散发出酸味，并在表皮破裂处产生白色厚粉状的病原菌。成熟或正成熟的果实上，受侵染的组织变软，果皮常爆裂，其上长白色厚粉状的菌丝体和节孢子。腐烂发展迅速，细菌性软腐病往往跟在酸腐病后发生，更加速果实腐败，增加酸臭味。

主要原因 由白地霉引起，贮运期间的初侵染源多来自田间黏附带菌土粒的果实。通常在果蒂、果皮裂开处、虫伤处发病，冷害也是发病的前提。

2. 番茄链格孢菌病

贮藏期间，番茄果实上由链格孢菌引起的病害有3种：早疫病、钉斑病、假黑斑病。

发生症状 早疫病：熟果上病斑褐色，淡褐色，近圆形至不规则形，有时略具同心轮纹，常从有“V”形病痕的果蒂处发生，腐烂虽深入果肉，果肉变黑，但通常不严重腐败；钉斑病：熟果上病斑暗褐色，小，近圆形，稍下陷，边缘清晰，分散或整个合并，坏死部分深及种子；假黑斑病：多是番茄受炭疽病、脐腐病、日灼或生理裂果后被病原菌第二次寄生，使病部变褐，并扩大、凹陷，加快腐烂，在各类病斑上继而产生大量黑霉状物（病原菌）。

主要原因 均由半知菌亚门丝孢纲链格孢属的早疫病菌、钉斑病菌、假黑斑亩茸引起。早疫病菌和钉斑病菌致病性较强，主要在寄主残体和种子上越冬，贮运期间发生的病菌是由田间带入的。假黑斑病菌近于腐生，无所不在，田间主要靠风雨传播，贮运期间亦可进行一定的接触传播。早疫病在温度21～26℃时病部腐烂较快，但在低温下贮藏较长时间，甚至在2℃时病菌也能缓慢生长，并逐渐引起病果腐烂。钉斑病在24～26℃时发生较多。伤害、冷害能够明显增加贮运期间链格孢菌病的发病率。

六、甜椒贮藏病害

1. 甜椒灰霉病

甜椒贮运期病害最常见的是灰霉病。

发生症状 果实上病斑水渍状，褐色，不规则形，大小不一。如发生在受冷害后的果上，病斑灰白色。病斑上生灰色霉状物，即病原菌的子实体，发展极快，被害果实迅速腐烂。

主要原因 由半知菌亚门葡萄孢属灰葡萄孢引起。病菌广泛存在于箩筐内、工具上，甚至贮藏场所的墙上。一旦病果混进健果贮运，病害发展极快，只要果实有损伤，如在采收运输过程中擦伤、压伤、冷害、冻害等，病菌便迅速侵入，特别是冷害、冻害果被感染，可整箱整筐烂掉。病菌在2～31℃之间均可生长发育，最适宜的温度为23℃。相对湿度在95%以上时发病最重，所以高湿下贮运，会加重此病发生。

2. 甜椒细菌软腐病

细菌性软腐是甜椒贮运期间常见病害，严重时会造成较大损失。

发生症状 病斑常先发生于果梗附近，稍凹陷，暗绿色，水渍状，很快软化，扩展成大型水渍斑，颜色变淡，2～3 天全果腐烂成一层皮，内部充满水液，无法拣起。

主要原因 由欧氏杆菌属胡萝卜软腐细菌引起。贮运中，细菌主要由果柄的剪口、裂口，或由昆虫爬动、取食造成的伤口进入果实。一旦侵入，迅速造成烂果。氮肥过多、果实含水量高、发生冷害等都可使本病加重。雨天采收，或采收后以水洗果均能使发病增多。

七、茄子贮藏病害

茄子贮藏病害茄疫病包括晚疫病与绵疫病。田间发病，贮运中继续危害，目前尚无理想的防治办法。

发生症状 疫病主要危害果实。病部初呈水浸状圆斑，稍凹陷，迅速扩展至整个茄果，果肉变黑腐烂，病斑往往扩展到果实的一半果实就落地。病部在天气较干燥时，生出稀疏的白霉状物（病原菌的子实体）；天气潮湿时，生出茂密的白色绵状物（病原菌的菌丝体和孢子囊）。通常，绵疫病危害将成熟的果实，晚疫病则幼果至熟果均可危害。

主要原因 由鞭毛菌亚门卵菌纲内两种疫霉即绵疫病菌和晚疫病菌引起，绵疫病菌由疫霉属烟草疫霉寄生变种，晚疫病菌由致疫疫霉引起。病菌主要在土壤中的病残体上越冬，靠雨水、灌溉水传播，侵入无需伤口。贮运中继续接触传病，并不断蔓延。贮运期间，温度高，湿度大，或库温与果温相差大，造成茄果“发汗”，使孢子囊有足够的水分萌发、侵染，容易造成严重烂果。

八、马铃薯贮藏病害

1. 马铃薯干腐病

本病是马铃薯贮藏期间最普遍的传染性病害。通常马铃薯贮藏 1 个多月便会出现干腐。

发生症状 被害块茎上病斑褐色，起初较小，缓慢扩展、凹陷并皱缩，有时病部出现同心轮纹，病斑下薯肉坏死，发褐发黑，严重者出现裂缝或空洞，裂缝间或空洞内都可长出病原菌白色或粉红色的菌丝体和分生孢子，病斑外部还可形成白色绒团状的分生孢子座。此时若窖内湿度大，马铃薯极易被软腐细菌从干腐的病斑处侵入，迅速腐烂、淌水，甚至整个块茎烂掉。

主要原因 由半知菌亚门丝孢纲内多种镰刀菌引起，其中最常见的是腐皮镰孢。病菌主要在土壤内或病薯上，可通过虫伤或机械伤侵入块茎，马铃薯收获后，病菌主要来自混进窖库的病薯、污染病土的健全块茎及箩筐工具，经接触、昆虫等传播，不断扩大危害，一般到翌年早春播种期达到发病高峰。在相对湿度较高的情况下，15～20℃时干腐发展最快，0℃时仍可缓慢发展，通常70%相对湿度使病害减轻。

2. 马铃薯细菌软腐病

为贮藏期间重要的细菌病害。

发生症状 如病菌自块茎皮孔侵入，可形成褐色、稍凹陷、水浸状的圆斑；如自伤口侵入，病斑往往为不规则形。病薯的病健界限较分明，腐烂组织可用水完全洗掉，往往扩展极快，后期发出恶臭，淌出黏液。

主要原因 由欧氏杆菌属胡萝卜软腐欧氏杆菌引起。软腐细菌主要在土壤内越冬，从伤口侵入。同一窖库内贮藏大白菜与马铃薯，病菜亦是马铃薯软腐的菌源。块茎未充分成熟、有伤、有其他病害、缺氧、温度较高均有利于软腐细菌侵染。采后水洗的马铃薯入窖库后容易腐烂。25～30℃下，块茎腐败最快，低于10℃，腐败逐渐受阻。

3. 马铃薯冻害和冷害

发生症状 马铃薯采收后，堆放在场院或入窖入库遭受冻害、冷害，块茎外部出现褐黑色的斑块，薯肉逐渐变成灰白色、灰褐色直至褐黑色。如局部受冻，与健康组织界线分明。以后薯肉软化，水烂，继而特别易被各种软腐细菌、镰刀菌侵害。受冷害的马铃薯往往外部无明显症状，内部薯肉发灰。这类块茎煮食时有甜味，颜色由灰转暗。冷害程度较重的可使韧皮层局部或全部变色，横剖块茎，切面有一圈或半圈韧皮部呈黑褐色；严重的四周或中央的薯肉变褐，如发生在中央，则易与生理性的黑心病混淆。

主要原因 在北方较常见。通常低于－1.7℃，马铃薯便受冻害。

4. 马铃薯黑心病

发生症状 黑心病是马铃薯货运中的常见病。被害薯块中央薯肉变黑，甚至变为蓝黑色，变色部分形状不规则，与健全部分界线分明。虽然变色组织常发硬，但如置于室温下，便将变软。

主要原因 通常由马铃薯堆贮后，呼吸所需的O_2不足或CO_2中毒引起。

九、胡萝卜贮藏病害

1. 胡萝卜菌核病

菌核病是贮运期一种严重病害，尤以窖藏胡萝卜发病重。

发生症状 贮藏的患病肉质根软腐，外部缠有大量白色絮状菌丝体和鼠粪状的初白色后黑色的颗粒（病原菌的菌核）。

主要原因 由子囊菌亚门核盘菌属核盘菌引起。贮藏期间的烂根主要来自田间采收时附在健康块根上的带菌土粒、连在肉质根上的病茎叶，或者因感染轻微而混入窖库的肉质根。病菌在潮湿情况下，菌丝体生长旺盛，直接不断蔓延危害，故贮藏期间接触传病是本病造成严重烂窖的主要途径。高温常使病害迅速蔓延。贮藏期间肉质根冻伤、擦伤是病害在窖库中大暴发的诱因。

2. 胡萝卜黑腐病

黑腐病是贮运期间较普遍的病害，但腐烂速度远比菌核病和（细菌）软腐病慢。

发生症状　主要危害肉质根，形成不规则或近圆形、稍凹陷的黑斑，上生黑色霉状物（病原菌的菌丝体和子实体）。腐烂深入内部 5mm 左右，烂肉发黑，但一般不烂及中心部位。病组织稍坚硬，但如果湿度大，也会呈现软腐。

主要原因　为半知菌亚门丝孢纲链格孢属的根生链格孢，此菌还危害芹菜、欧芹、莳萝、欧洲防风等伞形科植物。病菌在土壤内、患病肉质根或病残茎叶上越冬。危害地下肉质根时，有无伤口均可侵入，但通常发展较慢，堆贮入窖后，逐渐发展为严重黑腐。病根上大量产生的分生孢子和菌丝体都可继续接触传病。24～26℃最适于发病。贮运期间湿度大，腐烂严重。

十、大蒜贮藏病害

1. 大蒜青霉病

青霉病是大蒜贮运中颇常见的病害，越来越受到重视。

发生症状　被害蒜头外部出现淡黄色的病斑，在潮湿情况下，很快长出青蓝色的霉状物，即病原菌的子实体。贮存时间久，霉状物增厚，呈粉块状。严重时，病菌侵入蒜瓣内部，组织发黄、松软、干腐。通常蒜头上一至数个蒜瓣干腐。

主要原因　由半知菌亚门丝孢纲青霉属的产黄青霉引起。病菌广泛存在于土壤内、空气中，由各种伤口迅速进入蒜瓣组织。外部产生子实体后，贮运中继续接触传播。冷害与蒜蛆危害是青霉病发生的重要诱因。

2. 大蒜曲霉病

由黑曲霉引起的烂蒜在我国大蒜贮运中发生较多，值得注意。

发生症状　被害蒜头外观正常，无色泽变暗或腐烂迹象，但剥开蒜瓣，蒜皮内部充满黑粉，极似黑粉病的症状，最终整个蒜头干腐。

主要原因　曲霉，为半知菌亚门丝孢纲曲霉属黑曲霉真菌。病菌在土壤中、空气内、工具上及各种腐烂的植物残体上广泛存在，可能随采收由蒜头顶部剪口或擦伤处侵入，贮运期间再侵染不明显。高湿度下病菌分生孢子才能萌发，完全侵入。蒜头剪头过早、留梗过低的发生较多。而且贮运期越长，患病蒜头越多。白皮蒜比褐皮蒜、紫皮蒜易感病。

十一、蒜薹贮藏病害

1. 蒜薹灰霉病

蒜薹是大蒜的花茎，冷藏中以灰霉病发生较多。

发生症状　蒜薹上初呈黄色水浸状、椭圆形至不规则形的病斑，上生灰霉状子实体，逐渐上下扩展，最终软化腐烂，以致蒜薹烂梢、烂基、断条。若用薄膜袋包装，打开包装袋有强烈的霉味。

主要原因　由半知菌亚门丝孢纲中葡萄孢属真菌引起，我国已报道有两种：灰葡萄孢和葱鳞葡萄孢。贮藏期间蒜薹上灰霉病菌有部分可能来自田间，部分可能在贮库中本来就存在。一旦侵入，病菌在蒜薹上迅速产孢，不断再侵染，以致造成较大损失。薄膜袋内湿度大，发病明显增加。贮温过低，使蒜薹遭冷害，或者贮温不适当地波动，以致薄膜袋内壁水汽过多，湿度大，发病较多。

2. 蒜薹高温致病

发生症状　蒜薹体内营养由薹梗向薹苞转移，以致薹苞膨大，结出小蒜，薹梗纤维化，空心发糠，品质迅速下降。

主要原因　蒜薹贮温过高，呼吸强度大。蒜薹的贮藏温度为－1～0℃较为适宜，最好低温结合气调贮藏。

3. 蒜薹 CO_2 毒害

发生症状　薄膜袋包装蒜薹，薹梗出现黄色斑点，逐渐下陷，连接，组织坏死，水渍状腐烂，最终蒜薹断条。有时薹苞坏死，发出酒精味，伴有恶臭。严重者，整袋蒜薹烂掉，已成为蒜薹贮藏中的重要病害。

主要原因　薄膜包装袋内后期 CO_2 含量过高，蒜薹往往发生中毒。蒜薹宜气调贮藏，应定时通风换气，一般 CO_2 不宜超过5%，后期一旦 CO_2 超过13%蒜薹就会中毒。

第七节 水果贮藏病害

一、苹果贮藏病害

1. 苹果虎皮病（果皮褐变、褐烫、晕皮）

发生症状　虎皮病发病初期果皮颜色变淡呈褐色，表面平或略有起伏，或呈不规则的凹陷斑。多发生在不着色的阴面，严重时扩及阳面着色的部分，且病斑连片呈褐色或暗褐色、烫伤状。病变只发生在靠近果皮的6～7层细胞，一般对果肉无大影响。发病严重时，病部果皮可成片撕下，皮下数层细胞变褐色。病果肉绵，略带酒味。

主要原因 这是苹果贮藏后期发生的最严重的生理病害之一。多数品种易患此病，但发病程度不同。尤以小国光易患此病。虎皮病的发病程度，既与品种特性相关，又与栽培技术、采收期早晚及贮藏环境有关。品种以国光发病最重；氮肥施用过量，树体荫蔽，着色差的果实发病重；采收过早，贮藏后期温度过高发病重；库内气流不畅或堆码死角发病重。

2. 苹果苦痘病（苦陷病）

发生症状 苦痘病多发生在靠近萼洼的部分，靠近果肩处则较少发生，属于皮下斑点病害。一般表现皮下果肉先发生病变，尔后果皮出现以皮孔为中心的圆形斑焦，斑点在绿色和黄色品种上呈浓绿色，在红色品种上则呈暗红色，病斑向内凹陷。剖开果实可以看到皮下果肉变褐，坏死干缩，呈海绵或蜂窝状，深达果肉 2～3mm，有苦味。

主要原因 苹果的苦痘病是一种缺钙生理病害。品种不同，果个大小不同，负载量不同以及施肥技术上的差异，都影响着苹果苦痘病的发病程度。例如，胶东半岛苹果品种苦痘病发病程度的顺序是：大国光、甜苹果、国光、祝光、青香蕉、红香蕉、迎秋、秋金星、金冠、优花皮、白粉皮、旭、秋花皮等。

3. 苹果皮孔陷斑病

发生症状 苹果皮孔陷斑病的表现与苦痘病有相似之处，不同的是，此病在果皮上形成褐色下陷斑点，由皮孔向外扩张，呈不规则形，直径 3～5mm。且病部只限于果皮，削皮即可除去。此病可与苦痘病同时发生。

主要原因 与苦痘病一样是由缺钙引起的生理病害。

4. 红玉斑点病

发生症状 红玉斑点病，因红玉苹果最易发生此病而得名。其他品种如大卫王、可口香、花嫁、瑞光、君袖等有时也发生此病。斑点病的主要症状是，果面形成直径在 1～9 mm 之间大小不等的圆形病斑，微微凹陷，边缘清晰，呈褐色或暗褐色或黑色。病斑只限于皮下，并不深入果肉。

主要原因 红玉苹果在成熟期间即开始发生此病，贮藏期间大量发生，尤其是贮藏初期，着色好的发病重，反之，则轻。红玉斑点病的发生主要是由缺钙和氮、磷比例失调造成的。另外，采收过晚，没有预冷直接入库和预贮温度过高，都有可能引发红玉斑点病。

5. 苹果衰老褐变病

发生症状 苹果衰老褐变病是由果实过熟老化引起的果心果肉褐变。症状表现有两种，一种是果肉粉绵病，其特点是果肉变软，内部变成干而易碎的粉质，后期颜色变褐，果皮及部分果肉破裂，贮藏时间过长易发生此病。元帅、国光、旭、花嫁、黄魁、玉霰、冰糖等品种易感此病。另一种是果肉褐变病（内部溃败），发病从维管束或靠近果皮处开始，果肉变为黄褐色，病斑界线不明显。大珊瑚、君袖、红玉、大锦、元帅等品种易发生此病。果实阳面和近萼洼处发病较重。同一品种大果比中、小型果实发病重。

主要原因

(1) 低温伤害　有些苹果品种在 0～1℃时发生低温伤害，果心周围变褐，如旭、秋金星等。

(2) 贮藏伤害　贮藏过程中，苹果、梨果皮酚类物质含量降低，褐变程度加深。果皮失水及膜脂过氧化作用导致组织膜透性增大及区域化分布被破坏是褐变反应的主要原因。

(3) 二氧化碳和缺氧伤害　二氧化碳中毒和缺氧伤害褐变，主要由贮藏环境中二氧化碳浓度过高、氧气不足，果实缺氧呼吸使乙醇和乙醛累积所致。

6. 苹果轮纹病

发生症状　轮纹病又称粗皮病、轮纹褐腐病，多于成熟和贮藏期发生。果实受害初以果点为中心出现浅褐色的圆形斑，后病斑变褐扩大，呈深浅相间的同心轮纹状，其外缘有明显的淡色水渍圈，界线不清晰。病斑扩展引起果实腐烂。烂果有酸腐气味，有时渗出褐色黏液。条件适宜时，7 天左右可使全果腐烂。果实得病，果形不变，并有酒糟味散出，这是轮纹病与炭疽病的重要区别之处。同心轮纹病病果的表皮下面散生黑色粒点，腐烂失水后形成黑色浆果。

主要原因　轮纹病是苹果枝干和果实重要病害之一，常与干腐病、炭疽病等混合发生，为果品生产的重大威胁，有蔓延加重趋势。轮纹病由枝干轮纹病菌引起，该菌与干腐病菌同属 1 个种，但它是专化型。病果上的小黑点是病菌的子座，1 个子座含 1 个分生孢子器或子囊腔室。分生孢子无色，单胞，长椭圆形。

7. 苹果炭疽病

发生症状　苹果炭疽病是中国各苹果产区普遍发生的一种主要为害果实的病害。炭疽病又名苦腐病或晚腐病。炭疽病的发病特征是：初期果面上出现淡褐色小圆斑，病斑迅速扩大，呈褐色或深褐色，表面下陷，果肉腐烂呈漏斗形，可烂至果心，具苦味，与好果肉界线明显。当病斑扩大至直径 1～2cm 时，表面形成小粒点，后变黑色，即病菌的分生孢子盘，成同心轮纹状排列。如遇降雨或天气潮湿则溢出绯红色黏液（分生孢子团）。病果上病斑数目不等，少则几个，多则几十个，甚至有上百个，但多数不扩展而成为小干斑。少数病斑能够由 1 个病斑扩大到全果。

主要原因　是由小丛壳属侵染所引起的、发生在苹果上的一种病害。主要以菌丝在僵果、果苔、病枯枝等部位越冬。苹果炭疽病在世界上所有气候温暖湿润、适宜种植苹果的国家和地区都有发生。以夏季高温多雨地区发病较重，发病后果实腐烂，对苹果品质和产量均有很大影响。炭疽病的防治措施与轮纹病基本相似。

8. 苹果青霉病

发生症状 主要危害近成熟及成熟期的果实，也是苹果运输和贮藏期的一种重要病害。其发病特点是在腐烂果面长出一层青绿色霉层。发病初期果面呈黄白色，病斑下陷呈圆形，并由果皮向果肉深层腐烂，腐烂果肉呈漏斗状。在潮湿空气中病斑表面初为白色菌丝，以后变成青绿色粉状孢子，孢子易随气流飞散侵染其他果实。青霉菌孢子从伤口侵入果肉，分解果胶物质，从而使果肉呈软腐状态。腐烂果有特殊的霉味，高湿条件下病斑扩展很快，10 天左右果实全果腐烂。

主要原因 苹果青霉病又称水烂病，是由扩展青霉、意大利青霉、青霉、冰岛青霉、圆弧青霉、壳青霉等多种青霉真菌侵染所引起的、发生在苹果上的病害。苹果青霉病分布于中国甘肃（全省各地）、青海、陕西、宁夏、新疆、山西、河南、河北、辽宁、安徽、山东等地苹果产区。在果品贮藏前期和后期，窖温度升高，病害就会迅速蔓延。冬季低温，扩展慢。破伤果多时发病重。贮藏期间，应控制库内温度，保持在 1～2℃ 范围内。果窖、旧果筐和果箱等，使用前应进行药剂灭菌处理。

二、梨贮藏病害

1. 梨黑心病

发生症状 梨黑心病一般于贮藏前期发病，先在果心的心室壁和果柄的维管束连接处形成芝麻粒大小的浅褐色病斑，然后向心室里扩展，使整个果心变为黑褐色，并往外扩展，使果肉发生界线不清的褐变，果肉组织发糠，风味变劣。一般果实外观无明显变化，如用手捏果面则有轻度软的感觉。该病发生严重时，果皮色泽发暗，果肉大片变褐，不堪食用。

主要原因 梨黑心病是一种生理性病害，病因比较复杂，主要发生在鸭梨和雪花梨上。据报道，梨黑心病与果实的氮钙比有关，随着钙含量的降低和氮钙比加大，梨黑心病也愈加严重。此外，果实成熟过度，或采收期晚，或果实未经预冷而直接进入 0℃ 冷库而造成急剧降温以及预贮期温度过高，或贮藏期低氧、高二氧化碳等条件，均可加重发病。

梨黑心病有早期黑心和晚期黑心两种，前者在入库 30～50 天后发病，初步认为是梨果入库后温度急剧下降所致的一种冷害，后者一般发生在土窑洞贮藏条件下或冷库长期贮藏的后期，认为是果实自然衰老所致。生长后期大量施用氮肥及贮藏环境中二氧化碳含量过高均可加重该病的发生。

2. 梨黑皮病

发生症状 梨果在贮藏期，果皮表面产生不规则的褐色至黑褐色斑块，严重时可连成大片，蔓延到整个果面。而皮下果肉仍保持正常、不变褐，基本不影响食用，仅影响果实的外观品质和商品价值。

主要原因 梨果贮藏前期，大量产生法尼烯并积累在果皮部位，到贮藏中后期氧化成共轭三烯，伤害果皮细胞，造成黑皮病，共轭三烯越多，黑皮病越重。果实采后堆放在露天地，温度过高，易发生黑皮病；采后梨果发汗结露，也会加重发病。入库后，控制二氧化碳含量，调整码垛形式，加大通风道宽度，并加大通风量，维持适宜贮藏温湿度，也可减轻此病发生。

3. 梨褐腐病

发生症状 褐腐病是果实生长后期和贮运期间主要果实病害之一，我国南北方苹果及梨产区均有发生，造成巨大经济损失。果面症状：初期不凹陷，病斑由灰白色至灰褐色的成球状霉团组成，后期表面有特异的蓝黑色斑块，一般无汁液溢出，果肉疏松，海绵状，略有弹性。果肉味道有特殊香味。

主要原因 果生链核盘菌，该病原菌属于子囊菌亚门盘菌纲链核盘菌属。无性态为半知菌亚门丝孢纲丛梗孢属仁果褐腐丛梗孢。病菌主要通过各种伤口侵入，也可经过皮孔入侵果实，贮运期间可接触传播或昆虫传播。病害扩展期长短受温度控制，最适发病温度为 25℃。不同品种抗病程度不同。在果实贮运中，靠接触传播。在高温、高湿及挤压条件下，易产生大量伤口，病害常蔓延。

4. 梨炭疽病

发生症状 果面症状：病斑较小、凹陷；病斑由黑色小点一圈圈排列而成；溢出物为粉红色黏液；果实横切面病部呈漏斗状向果心扩展，病健交界明显，易分离；果肉味道苦。

主要原因 贮藏早期应迅速采取各种方法降低贮库或果窖的贮藏温度，在 1～2℃低温下贮藏可有效降低上述 3 种病害的发生。贮藏期间要定期翻库检查，发现病果及时处理。

5. 梨轮纹病

发生症状 果面症状：果皮不凹陷，果形不变；病斑由颜色深浅相间的同心轮纹组成（有时不产生轮纹）；溢出物为浅褐色黏液；横切面病健难分离；果肉有酸腐味。

主要原因 病菌主要以菌丝体、分生孢子器和子囊壳在病树受害部位越冬，春季气温 15℃、相对湿度 80%以上及遇雨时，病菌大量散发孢子。病菌经皮孔或伤口侵入，花前仅侵染枝干，花后枝干、果实均可受害，谢花后直至采收，只要遇雨，皆可侵染果实，以幼果期、雨季侵染率最高。

6. 梨黑斑病

发生症状 果面上生有大小不等的黑色或褐色的斑点，斑点有同心轮纹。病斑进一步发展后组织腐烂，产生白色菌丝和近于黑色的孢子。

主要原因 梨黑斑病菌以分生孢子和菌丝体在被害枝梢、病叶、病果和落于地面的病残体上越冬，第二年春季产生分生孢子后借风雨传播，从气孔、皮孔或直接侵入寄主组织引起初侵染。初侵染发病后病菌可在田间引起再侵染。一般 4 月下旬开始发病，嫩叶极易受害。6～7 月如遇多雨，更易流行。地势低洼、偏施化肥或肥料不足，修剪不合理，树势衰弱以及梨网蝽、蚜虫危害等不利因素均可加重该病的流行为害。

7. 梨霉心病

发生症状 在梨的心室壁上形成褐色、黑褐色小病斑，随后果心变成黑褐色，病部长出灰色或白色菌丝。心室病菌继续往外扩展，果实由里向外腐烂，达到果面后，则造成湿腐状烂果。

主要原因 梨霉心病是由多种弱寄生真菌复合侵染的结果。其中常见病菌有交链孢霉、镰刀菌、粉红单端孢等。这些病菌在梨园中普遍存在，花期和生长期分别从柱头和萼筒侵入，采收前后果实陆续发病。

8. 梨青霉病

发生症状 该病主要在梨果贮藏期引起梨果腐烂。初期病斑为圆形，浅褐色至红褐色，软腐下陷，当条件适宜时发病 10 余天即全果腐烂，腐烂果有特殊霉味。天气潮湿时，病斑上出现小瘤状霉块，呈轮状排列，初白色后变绿色，上覆粉状物即分生孢子。

主要原因 梨青霉病是由青霉菌所致的病害。病菌在自然界广泛存在，经梨果伤口侵入。果实衰老及贮藏温度高时，发病较重。

9. 梨红心病

发生症状 果实多在贮藏后期发病，初期果心变红褐色，稍后果心附近果肉亦开始变色。变色部位先从果肩部开始，逐渐向胴部及果顶部的皮下果肉蔓延，后期果肉大部变为红褐色。病部皮色暗淡，果肉呈水渍状，初期果味淡而不酸，后期逐渐变质，失去原有风味。最后整个果实腐烂，失去商品价值。

主要原因 梨红心病是果实过度衰老所致。树势衰弱、土壤瘠薄、采收过晚、入库不及时、果实呼吸强度升高等均可加重该病发生。

10. 梨果冷害

发生症状 果肉组织失水坏死，呈水渍状腐败。同时诱发青霉菌、交链孢菌等病菌侵染果实，加快果实腐烂。

主要原因 该病主要发生在贮藏中后期。梨在贮藏期可耐 0℃低温，当温度在 0℃以下时，梨果组织内水分就会逐渐结冰，细胞液浓度升高，原生质发生凝固，从而导致果肉坏死、褐变。初期果实表面正常，果肉组织变褐、失水、坏死，导致果肉发糠；后期随病情加重，内部果肉变褐范围扩大，发糠程度加重，果实表面逐渐出现不明显的淡褐色晕斑。冷害病果易受一些弱寄生菌侵染，导致果实腐烂。梨果入库后急剧降温，很容易引起果实冷害。

11. 梨果柄基腐病

发生症状　从果柄基部开始腐烂发病。发病症状分 3 种类型：水烂型，开始在果柄基部产生淡褐色、水渍状溃烂斑，很快使全果腐烂；褐腐型，从果柄基部开始产生褐色溃烂病斑，往果面扩展腐烂，烂果速度较水烂型慢；黑腐型，果柄基部开始产生黑色腐烂病斑，往果面扩展，烂果速度较褐腐型慢。以上 3 种类型通常混合发生。

主要原因　梨果柄基腐病主要由一些真菌复合侵染所致。该病发生后，一些腐生性较强的霉菌进一步腐生，促使果实腐烂。采收及采后摇动梨果实果柄造成内伤是诱发致病的主要原因。贮藏期果柄失水干枯往往会加重发病。

12. 梨二氧化碳中毒症

发生症状　梨果心室变褐至褐黑色，形成腐烂病斑，使心室壁溃烂，后整个心室壁变褐腐烂，最终导致果肉腐烂。有的果肉组织坏死，呈蜂窝状褐变，果实变轻，弹敲时有空闷声。

主要原因　梨果二氧化碳中毒症多发生在梨果贮藏中后期，梨果采后含水较多，呼吸强度过大，贮藏环境中二氧化碳浓度过高时，梨果组织中就会产生大量乙醇、琥珀酸、乙醛等，造成果实出现中毒症状。

三、柑橘贮藏病害

1. 柑橘酸腐病

发生症状　柑橘酸腐病只危害果实。果实受侵后，出现水渍状斑点，病斑扩展至直径 2cm 左右时便稍下陷，病部产生较致密的菌丝层，白色，有时皱褶呈轮纹状，后表现白霉状，果实腐败，流水，并发出酸味。

主要原因　由半知菌亚门丝孢纲的白地霉引起。病菌广泛分布于土壤内，通过结果部位低的果实与土壤接触，或雨水飞溅孢子、风吹起土粒接触下层果实而传播。病菌起初常聚果蒂萼片下，条件适宜时，侵入受伤果实，特别是伤口深达内果皮的最易发病。贮藏期间，继续接触、震动传播。病菌需要相对较高的温度，15℃以上才引起腐烂，10℃以下腐烂发展很慢。通常，未成熟果实具有抗性，成熟或过熟的果实则易感病。

2. 柑橘黑腐

发生症状　黑腐病是一种较严重的贮藏病害。宽皮橘类及甜橙、柚、柠檬均可发生。本病主要危害宽皮橘类，在果实上症状变化很大，可分 4 种类型。

（1）蒂腐型　果蒂部呈圆形、褐色、软腐病斑，大小不一，通常直径 1cm，轻则仅蒂部软腐，重则果实中心轴部位腐烂长霉。

（2）褐斑型　发生于除蒂部外的其他部位，病斑褐色至暗褐色，软腐，大小不一，不规则形，上生墨绿色霉状物。

（3）干疤型　发生于果皮，包括蒂部的任何部位，病斑褐色，圆形，直径1.5cm以下，革质，干腐状，手指压而不破，病斑上极少见霉状物，多发生于失水较多的果实。

（4）心腐型　果实外表无任何症状，而果实内部，特别是中心轴空隙处长有污白色至墨绿色绒毛状霉。

主要原因　病原真菌为半知菌亚门丝孢纲链格孢属的柑橘链格孢。对于柑橙类，病菌以蒂部入侵为主，对于温州蜜柑，则主要在果实生长期从果皮上伤口侵入。从蒂部、脐部入侵时，潜伏期长，需到贮藏后期方可出现蒂腐型或心腐型症状；从果皮伤口入侵时，潜伏期较短，从贮藏中期开始就可出现褐斑型症状。当果实经过一段时间贮藏，生理功能衰退，抗病性减弱时才大量发病，通常贮藏三四周后才陆续"黑心"。果蒂脱落越多，病果越多。果实越近成熟，贮库时出现黑腐的时间越早。贮库温度过低，果实受冷害，发病较多。

3. 柑橘褐色蒂腐病

发生症状　柑橘间座壳在田间危害枝干称"树脂病"，危害叶片和果实称"沙皮病"，在贮藏期危害果实称"褐色蒂腐病""穿心烂"。通常，田间危害轻重直接影响贮运期间烂果的多寡。褐色蒂腐以甜橙类发生最多，主要出现于贮藏后期，多自蒂部开始发病，病斑圆形、褐色、革质、指压不破。病果内部腐烂较果皮速度快，致使病部边缘后期呈波纹状，色泽转深。剖视病果，可见白色菌丝体沿果实中轴扩至内果皮，当病斑扩大至果皮的（1/3）～（1/2）时，果心已全部腐烂。病部表面有时有白色菌丝体一并散生黑色小粒（病原菌的分生孢子器），有时病菌侵染果实造成沙皮症状。

病部可分布在果面任何部位，呈许多黄褐色或黑褐色、硬胶质的小疤点，散生或密集，成片时形成疤块，影响美观，降低商品价值。

主要原因　病原为子囊菌亚门核菌纲间座壳属柑橘间座壳，通常在果实上发现的均为其无性态，即半知菌亚门拟茎点霉属柑橘茎点霉。贮运期间的病果，来自田间已被病菌入侵的果实。此菌亦有被抑侵染的特性，侵入蒂部和内果皮后，潜伏到果实成熟才发病。贮运期间，病果接触传染的机会很少，除非运输期过长或箩筐内湿度过大。果蒂干枯脱落处、蒂部伤口及采收时果柄剪口是褐色蒂腐病的主要入侵处。高温高湿有利发病。

4. 柑橘焦腐病

发生症状　焦腐病又称"黑色蒂腐病"，主要危害贮运期柑橘，成熟的果实采收后2～4周较易发病。初在果蒂周围出现水渍状、柔软病斑，后迅速扩展，病部果皮暗紫褐色，缺乏光泽，指压果皮易破裂撕下。蒂部腐烂后，病菌很快进入果心，并穿过果心引起顶部出现同样的腐烂症状。被害囊瓣与健瓣之间常界线分明。烂果常溢出棕色黏液，剖开烂果，可见果心和果肉变成黑色，味苦。后期病部密生许多小黑粒，即病原菌的分生孢子器。

主要原因 该菌为半知菌亚门腔孢纲蒂腐色二孢。病菌以菌丝体和分生孢子器在病枯枝及其他病残组织上越冬。分生孢子由雨水飞溅到果实上，由伤口，特别是果蒂剪口，或自然脱落的果蒂离层区侵入，一旦侵入，发展很快。故贮运期间的病果来自田间，但贮运过程中并不继续接触传播。果蒂脱落、果皮受伤的果实容易被害。脱绿时，乙烯用量过大会加速腐烂。温度 28～30℃，果实腐烂迅速。果实逐渐成熟过程中多雨，发病亦较多。

5. 柑橘水肿病

发生症状 病果初期外观与健果无明显差异，但果皮无光泽，手捏有软绵感，后颜色变淡，全果饱胀，犹如开水烫过，果肉有酒味，不堪食用。多发生于宽皮柑橘类，甜橙较少发生。

主要原因 贮藏期间温度过低，或二氧化碳浓度过高，容易出现此病，一般病发于通风不良的仓库和以薄膜袋密封包装的包装袋内，损失严重。

6. 柑橘枯水病

发生症状 病果外观完好，果皮并不减重，但内部大量失水，囊瓣变厚变硬，汁胞粒化，营养物质减少，以致果肉干缩，皮肉分离，轻者尚可食用，重者失去食用价值。

主要原因 宽皮柑橘类发生较多，病因尚无定论，有人认为贮藏过程中，果皮细胞分裂并生长，从而使营养物质被消耗，是枯水病发生的根本原因。

7. 柑橘青霉病

发生症状 发病初期果皮软化，皮色略淡，病部呈黄褐色水渍状小斑，扩大后为圆形或椭圆形大斑，表面有白色圆形霉斑，后在白霉中部长出青绿色粉状霉，病斑外围有一圈白色丝环，与健部界线明显，并有霉味。柑橘贮藏前期发生严重。橘园发病一般始于果蒂及临近处，贮藏期发病部位无一定规律。

主要原因 青霉病的病原遍布全球，一般腐生在各种有机物上，产生大量分生孢子随气流传播，经伤口侵入柑橘果实。在贮运期间，也可通过病健果接触而感染。果实腐烂产生大量二氧化碳，与空气中的水反应产生稀碳酸而腐蚀果皮，并使果面呈酸性环境，促进病菌加速侵染，更导致大量烂果。

8. 柑橘绿霉病

发生症状 柑橘绿霉病属真菌侵染性病害，病菌借气流和接触传播，从伤口或果蒂侵入。发病初期果皮软化，呈黄褐色水渍状小斑，扩大后为边缘不整齐的大斑，表面有白色霉斑，后在白霉中长出灰绿色粉状霉；病斑外围的白色丝环较宽，略带黏性，有皱纹，与健部界线不明显，并有芳香味。柑橘贮藏后期发生严重，为贮藏期的首要病害，果实上病部先发软，呈水渍状，2～3 天后产生白霉状物（病原菌的菌丝体），后中央出现绿色粉状霉层（病原菌的子实体），嗅之有闷人的芳香味，很快全果腐烂，果肉发苦，不堪食用。

主要原因 病原菌可以在各种有机物质上营腐生生活，并产生大量的分生孢子扩散在空气中通过气流传播，萌发后的孢子必须通过果皮的伤口才能侵入危害，引起果实腐烂。

9. 柑橘炭疽病

发生症状 属真菌侵染性病害。病菌由接触传播、从果蒂或伤口侵入。柑橘贮藏中受害症状有果腐型和干斑型两种类型。果腐型常发生在潮湿条件下，多从果蒂部或近果蒂部开始，病斑茶褐色、略下陷，果皮腐烂较果肉快。扩展后可使全果腐烂，生有白色菌和朱红色小液点。干斑型发生在较干燥的条件下，病斑黄褐色、革质、略下陷、边缘明显，病斑中部散生黑色小粒点。

主要原因 果腐型常发生在潮湿条件下，多从果蒂部或近果蒂部开始，病部一般仅限于果皮。柑橘贮藏后期发生较多。

四、荔枝贮藏病害

1. 荔枝霜疫霉病

发生症状 荔枝幼果、成熟果、果柄、结果枝均可为害。成熟果受害时，多自果蒂开始发生褐色、不规则形、无明显边缘的病斑，潮湿时长出白色霉层，即病原菌的孢囊梗和孢子囊。病斑扩展极快，常全果变褐，果肉发酸，烂成肉浆，流出褐水。幼果受害很快脱落，病部亦生白霉。

主要原因 荔枝霜疫霉病是荔枝果实上最重要的病害。结果期如遇阴雨连绵，会造成大量落果、烂果，损失可达30%～80%，贮运中继续危害。

2. 荔枝果皮褐变病

发生症状 荔枝采后1天左右果皮便可变暗，失去鲜艳的红色，商品价值大大降低。

主要原因 荔枝果皮这种生理变褐，主要是由于在有损伤或干燥（失水）情况下，果皮内形成暗色的多酚类物质。

五、菠萝贮藏病害

发生症状 黑腐病（又称软腐病、黑心病等）是常见的菠萝贮藏病害，田间也可发生。未成熟或成熟的果实均可受害。感染先出现于果柄切口端，靠切口的果面初产生暗色水渍状软斑，后扩大并互相联结，发展至整个果面，呈暗褐色、无明显边缘的大斑块，内部组织变软，水渍状部分与健康组织有明显的分界，果轴及其周围发黑，向上扩展，组织逐渐崩解，有特殊的芳香味。后期病果大量渗出液体。

主要原因 黑腐病病原菌为半知菌亚门丝孢纲根串珠霉属的异根串珠霉。病菌以菌丝体或厚壁孢子在土壤或病组织中越冬，并借雨水溅射及昆虫传播，遇适当寄主时萌发侵入伤口危害。在贮运期间，则通过接触传染而蔓延至健果上。收获时，果柄的切口是病菌入侵的主要途径。冬菠萝遭低温霜冻，运输途中鲜果被压伤或抛伤，采收后堆积、受日灼等均增加发病机会。温度 23～29℃，果实黑腐发展最快。较甜的品种比较酸的品种发病重。

六、芒果贮藏病害

1. 芒果炭疽病

发生症状 炭疽病是芒果贮运期间最主要的病害，田间与贮运期间均可发生，果实受害，侵染多始于花期。幼果皮易感病，果核尚未形成前被侵染，小黑斑扩展迅速，使幼果部分或全部皱缩变黑而脱落。果核已形成的幼果感染后，病斑通常只针头大，基本不发展，等到近成熟时再迅速发展。但若天气潮湿，小斑也会很快扩大并产生分生孢子。在果实接近成熟时，病斑黑色，形状不一，稍凹陷，常互相汇合，病斑下果肉坏死不深，通常腐烂限于表皮。潮湿条件下病部产生橙红色黏质粒，含大量病原菌的分生孢子。贮运期间，随着果实成熟度加大，病害发展极为迅速，病斑增大，果肉坏死部分纵横扩展，很快全果变黑烂掉。

主要原因 有性态为子囊菌亚门核菌纲小丛壳属的围小丛壳，无性态为半知亚门腔孢纲炭疽菌属的胶孢炭疽菌。在芒果果实上产生的一般都是无性态。

贮运期间的菌源主要是田间的病果。本病的发生、流行要求高湿与高温（24～32℃）。在华南，发病关键因素是湿度。不同品种抗病性有差异，在我国，秋芒品种感病强，吕宋品种感病弱。

2. 芒果褐色蒂腐病

发生症状 病害开始多发生于近果蒂周围，病斑褐色，水浸状，不规则形，与健部无明显界线，扩展迅速，蒂部呈暗褐色，最终蔓延及整个果实，果实发褐、软腐、内部果皮容易分离。病部表面生许多小黑点，即病原菌的分生孢子器。

主要原因 蒂腐病的病原有多种真菌。病原菌幼果期侵入果实后便潜伏在果实的深层组织或核组织内，到芒果采收后，在贮藏、运输期间发病，造成烂果，带来严重损失。发病的最适温度为 25～30℃。

3. 芒果细菌黑斑病

本病又称“细菌角斑病”。广东、广西发生普遍，造成早期落叶，果实上病斑累累。贮运中继续接触传病。

发生症状 果实受害，起初在果面出现针头大、水浸状、暗绿色的小点，后发展为黑褐色、圆形或稍不规则形斑块，中央常裂开，有胶液流出。大量细菌如果随水滴流淌，可在果面上出现成条、微黏的条状污斑。病果最终腐败。

主要原因 本病由黄单胞杆菌属细菌引起。病原菌在病残组织及被害的枝条上越冬，结果后借风雨溅到果上发病。贮运中，若湿度大，可继续传病。

4. 芒果曲霉病

发生症状　果实上病斑呈不规则形，初淡褐色，后暗褐色，较大，无明显的边缘。变色果皮下的果肉发褐，很快软化，最终腐烂淌水。潮湿条件下，病部长出大量点状黑霉，即病原菌的子实体。

主要原因　主要由半知菌亚门丝孢纲中的黑曲霉引起。病原菌广泛分布在土壤、空气及某些腐烂物上，侵入寄主后在潮湿条件下产生大量分生孢子，通过接触、各种震动、昆虫活动散布到其他果实上，不断再侵染而迅速使整箱整筐果实腐烂。冷害是发病的主要诱因，芒果在贮运中遭受冷害后，极易发生本病。贮运过程中的各种震动是其扩大危害的重要条件。

七、桃、李、杏贮藏病害

1. 桃、李、杏褐腐病

发生症状　被害果实病部初呈褐色圆斑，后迅速扩大，数日内便使全果变褐软腐，长出灰白色、灰色或黄褐色，大大小小的绒状颗粒，为病原菌的子实体，贮运期中造成严重烂果。

主要原因　已知有3种致病菌，均属子囊菌亚门盘菌纲链核盘菌属的真菌，常见的是其无性态，为半知菌亚门丝孢纲丛梗孢属真菌。病菌分生孢子经皮孔、虫伤侵入果实引起果腐。装进贮运的箩筐或纸盒内的病果，环境适宜时长出大量分生孢子又继续在贮运中接触传播，造成严重损失。贮运期间高温高湿有利病害发展。果园病果多，往往贮运中褐腐病也严重。伤口是烂果多的重要原因之一。成熟后多汁、皮薄、味甜的品种较易感病，而果皮较硬的品种抗病性较强。

2. 桃、李、杏软腐病

发生症状　软腐病是采后病害，危害颇大，尤以桃易感染。危害成熟果实。病斑初淡褐色，不规则形，水渍状，后迅速扩展，全果变褐软腐，表面长出大量白色至灰色的绵毛状物，其上密生点点黑霉，即病原菌的子实体。烂果常有酸味，后期淌水。

主要原因　病原菌为接合菌亚门根霉属中的匍枝根霉。病菌广泛生存于空气中、土壤内，或附在各种工具上，通过伤口侵入成熟果实。病果表面长出的孢子囊和孢囊孢子经各种震动和昆虫活动散布，或者直接接触传病，绵毛状的菌丝体亦可伸展蔓延并危害邻近健果。果皮擦伤或摩破是最重要的诱因，其次是湿度，高湿使病害迅速发展。

八、葡萄贮藏病害

1. 葡萄灰霉病

发生症状　葡萄灰霉病是采收期及贮运期的常见病害，是目前限制葡萄远距离长期贩运的一个重要原因。主要危害果实，造成果腐。病果初期呈水渍状凹陷小斑，后迅速扩及全果而腐烂，同时在病果上长出浓密的灰色霉状物。果梗受害后则变黑，病斑形状不定，后期表面常生黑色块状菌核。

主要原因 致病菌为半知菌亚门丝孢纲葡萄孢属灰葡萄孢。分生孢子广泛存在于用具上、果库及空气中，靠气流进行传播，通过伤口侵入葡萄。贮运期间继续接触传播。采收期气候凉爽多雨或高湿，易使病害大发生。

2. 葡萄毛霉病

发生症状 毛霉病是贮运期常见病害。主要危害成熟期果实。病斑水浸状，近圆形或不规则形。病组织软化，表面生白色或灰白色绵毛，其上有点点灰黑色或暗灰色的霉，即病原菌的孢囊梗和孢子囊。病斑可迅速扩展到全果，引起果实腐烂。病果破裂后流出汁液，并将孢子带至同一果穗中其他果粒上，继续侵染危害，最后使整个果穗腐烂。

主要原因 由接合菌亚门接合菌纲中多种毛霉菌引起。贮运期发生，初侵染源广泛。病菌接触有伤果实后，在适宜条件下，迅速侵入发病，并继续接触、震动或经由昆虫传病。果实成熟期遇暴雨，伤口增加，往往使贮运期中病情加剧。

3. 葡萄根霉腐烂病

发生症状 根霉腐烂病多发生在潮湿温暖的环境中，是葡萄贮藏期一种主要的病害。受侵染的果实开始变软，没有弹性，继而果肉组织被破坏，果汁从果实中流出来。在常温常湿条件下，病害发展到中后期，在烂果表面长出粗的白色菌丝体和细小的黑色点状物。

主要原因 与贮运温度和机械损伤等有关。在冷库中，菌丝体生长受抑制，孢子囊呈致密的灰色或黑色团，紧紧附着在果实表面。因此，控制贮运环境温度（3℃以下）和气体成分（O_2 5%，CO_2 5%以下），最大限度减少果实机械伤，是防治该病的关键技术措施。

4. 葡萄枝孢霉腐烂病

发生症状 受侵染的葡萄果实，果皮下具有分界明显的黑色腐烂病斑，扩散很慢，侵入较浅，相对较坚硬、较干。受害组织坚固地与果皮连在一起。

主要原因 虽然黑色病斑可在冷藏中缓慢发展，但在果实置于室温时，病果上的病症通常不明显。枝孢霉腐烂病主要发生于冷藏时间较长的果实，也可在正常贮藏温度下发生，其侵染和发病的温度范围为 4～30℃。

5. 葡萄青霉病

发生症状 葡萄果实受害后，组织稍带褐色，逐渐变软腐烂，果梗和果实表面常长出一层相当厚的霉层。霉层开始出现时呈白色，较稀薄，当其大量形成时，霉层变为青绿色，较厚实。果实染病后，感病组织覆盖青绿色霉层。果粒染病后，其组织有霉味，并蔓延至深层果肉组织。受害果实均有霉败的气味。

主要原因 葡萄在采收前有时会感染此病，但青霉病主要侵染贮藏和运输中的果实。采收后要迅速预冷，低温贮藏及尽量减少机械伤有助于控制此病。另外，在贮藏或运输前及贮藏和运输期间用重亚硫酸盐处理，可将危害控制在较小范围。

6. 葡萄裂果

发生症状 因品种不同，裂果症状也有所不同。有的从果蒂部向下，呈纵向裂开；有的从果顶部裂开，发生在柱头痕迹部位。浆果产生裂果后，有的会有汁液外流，很快被各种霉菌侵染，引起整个果粒和果穗腐烂变质。

主要原因 葡萄在贮藏过程中湿度太大。

7. 葡萄冻害

发生症状 受冻害的葡萄外观不良，果实萎蔫，严重者呈褐色，果肉软腐，并有汁液渗出。

主要原因 不同葡萄品种含糖量不同，其冰点也不同，含糖量小的品种较容易达到冰点，遭受冻害。

8. 葡萄 SO_2 药物伤害

发生症状 中毒葡萄粒上产生许多黄白色凹陷的小斑，与健康组织的界线清晰，通常发生于蒂部，严重时一穗上大多数果粒局部成片褪色，甚至整粒果实呈黄白色，最终被害果实失水皱缩，但穗茎则能较长时期保持绿色。果粒有伤，则 SO_2 很容易进入，当药物浓度超过一定标准时，果实会产生漂白现象，红色品种变成浅红色，白色品种变成灰色，然后变成褐色。果实伤口和果蒂部位首先表现症状，然后蔓延到整个果粒，严重时整个果穗包括穗梗均被漂白。受伤害的葡萄出库后遇到高温即变成褐色。

主要原因 SO_2 是常用的库房消毒剂，库房内 SO_2 浓度不可高于 1%。SO_2 使用不当极易使葡萄中毒，中毒葡萄有很浓的硫味，失去商品价值。

9. 葡萄氨害

发生症状 红色葡萄变成蓝色，绿色葡萄会变成浅蓝色，同时还会使葡萄果梗变成深蓝色或黑色。长期接触高浓度的氨将会杀死组织细胞，使葡萄不能恢复正常外观而逐渐变成褐色。

主要原因 冷库的制冷系统是一个封闭的系统，常用氨作为制冷剂，如管道出现封闭不严等问题，泄漏出来的氨会对葡萄造成伤害。

九、草莓贮藏病害

1. 草莓灰霉病

发生症状 草莓贮运期以灰霉病最为严重，发病有时造成很大损失。果实被侵染组织呈褐色，中心稍坚实，表面的果肉则发软腐烂。各个部位的被害处都可长出灰色霉状物，即病原菌的子实体。通常幼果发病极少。

主要原因 由半知菌亚门丝孢纲葡萄孢属灰葡萄孢引起。病菌侵入果实后能潜伏到果实成熟，在环境条件适宜时发病。通常，低温高湿有利于灰霉病发生。蔓生型铺地过大的品种容易严重被害。

2. 草莓软腐病

发生症状 软腐病也是草莓贮运中的重要病害。主要危害成熟浆果，病果变褐软腐，淌水，表面密生灰白色绵毛，上有点点黑霉，即病原菌的孢子囊，果实堆放，往往严重发病。

主要原因 病原菌为接合菌亚门接合菌纲中的匍枝根霉。病菌广泛存在于土壤内、空气中及各种残体上。自伤口侵入，经风雨、气流扩散，贮藏期间继续接触，震动传病。相对湿度过高（95%以上）或过低（60%）都不易腐烂。

十、西瓜贮藏病害

发生症状 炭疽病是西瓜田间和贮运中的主要病害，发生普遍，随着西瓜贮运的发展，防治该病变得十分重要。瓜果被害后，病斑初为暗绿色、水渍状小斑点，后呈圆形或近圆形，暗褐色，凹陷处常裂开，潮湿时，病斑上产生橙红色黏质小粒（病原菌分生孢子盘上大量聚集的分生孢子）。通常果肉坏死不深，贮存较久又温度较高，也能局部腐烂。若瓜上病斑累累，可互相合并，果肉成片坏死，全瓜很快腐烂。

主要原因 致病菌属瓜类炭疽菌，属半知菌亚门腔孢纲。收获时，田间病斑上的分生孢子经人为搬运、昆虫活动或风吹雨溅传播到健瓜上，在堆聚和贮运途中继续侵染危害。湿度大是诱发本病的重要因素。在适温下，相对湿度87%～95%时，扩展期只有3天。温度的影响不如湿度大，在10～30℃范围内都可发病，以24℃最适宜。西瓜对炭疽病的抗病性随成熟度升高而降低，故堆聚、贮运中发病加剧。

十一、白兰瓜与哈密瓜贮藏病害

1. 白兰瓜与哈密瓜黑斑病

发生症状 黑斑病是白兰瓜、哈密瓜贮藏后期的病害。被害瓜果形成褐色、稍凹陷的圆斑，病斑直径2～16mm，外有淡褐色晕环，有时内具轮纹，逐渐扩大变黑，甚至变成不规则形。病斑上生的黑褐色至黑色的霉状物，为病原菌的子实体。病斑下果肉坏死，呈黑色，海绵状，与健肉易分离。

主要原因 由半知菌亚门丝孢纲链格孢属链格孢、甘蓝生链格孢及瓜链格孢引起。前二者通常只侵害有伤或贮藏后期逐渐衰变的瓜果。瓜链格孢对叶片危害重。三种病菌都经风雨传播，在瓜果成熟，抗病性逐渐降低时才能侵入。田间瓜地连作或前作为甘蓝或花椰菜的、土壤黏重的、生长过分茂密的瓜田发病较多。

此等瓜地的瓜采收贮藏发病较多。冷害、机械伤是病害的重要诱因。贮期长，果柄干缩，果柄处的果肉下陷，易被病菌侵入。薄膜袋密封包装，湿度高往往发病多。

2. 白兰瓜与哈密瓜软腐病

发生症状 白兰瓜与哈密瓜极易发生软腐病，采收入库 2～3 天便可发生。扩展极为迅速，造成很大损失。只危害贮运中的白兰瓜或哈密瓜。病果多自伤口发病，有或无明显的圆斑。果面有时还会龟裂，逐渐水浸状发软，伤口或裂口处常长出浓密或稀疏、白色至灰色的绵毛状物，上有点点黑霉，即病原菌的子实体。最终病部淌水，迅速腐烂。

主要原因 由接合菌亚门内多种根霉引起，最主要的是匍枝根霉。病菌广泛分布在空气中、土壤内及各种残体上，由伤口侵入。贮运中主要靠接触、震动、昆虫传播再侵染，机械损伤、冷害造成的伤口是病害的重要诱因。未成熟的果实不易被害。贮温在 16～20℃时，危害严重。薄膜袋包装的，湿度大，往往造成严重软腐。

3. 白兰瓜与哈密瓜镰刀菌果腐病

发生症状 镰刀菌果腐病在葫芦科的各种瓜果内，最易感病的是甜瓜类，在甜瓜类中以白兰瓜、哈密瓜最易被害。多先在果柄处发生，病斑圆形，稍凹陷，淡褐色，直径 10～30mm，后期周围常呈水浸状，病部可稍开裂，裂口处长出病原菌白色绒状的子实体和菌丝体，后往往呈粉红色，有时产生橙红色的黏质小粒（病原菌的分生孢子座）。病果肉呈海绵状，甜味变淡，不久转为紫红色，果肉发苦，不堪食用，但扩展速度较慢。

主要原因 由半知菌亚门中多种镰刀菌引起，其中以半裸镰刀菌、串珠镰刀菌，尖刀镰孢菌和茄病镰刀菌较常见。镰刀菌广泛分布于土壤内、空气中，大量分生孢子附在果面上，由伤口入侵，发病后进行再侵染。影响发病的主要因素及防治方法参考软腐病。

十二、香蕉贮藏病害

1. 香蕉冻害

发生症状 冻害严重时，果皮暗绿色，升温后，受冻部位迅速呈暗褐色，水浸状。受冻的香蕉常伴随发生酸腐病，以致病蕉发酸，腐烂流水，病部长出一层白霉状物，主要是酸腐病菌的节孢子。

主要原因 香蕉对低温极为敏感，冻害的临界温度为 11～13℃。若夜间最低气温 11～12℃持续 2～3 天，蕉果即可受轻微冻害。

2. 香蕉裂果病

发生症状 病蕉凸面的果皮沿心室的交界线纵裂，露出果肉。

主要原因 通常发生于久旱逢雨的蕉园，果皮开裂后易遭根霉侵染而腐烂。

3.香蕉 CO_2 中毒

发生症状 病蕉果皮青绿如常，但内部果肉已软腐，略带酒味，后期果皮变成暗褐色，不能正常催熟。可进一步被镰刀菌侵染，造成严重的冠腐，加速果实软腐，大量流水，以致烂成一堆。

主要原因 香蕉果实一般在长到七至九成饱满度时采收，刚采收的香蕉很硬，果皮绿色，呼吸强度很低。香蕉是典型的呼吸跃变型果实，呼吸跃变是其重要的采后生理转折点。随着呼吸跃变的到来和果实的成熟衰老，抗病性下降。果实一旦完熟，果实在田间已潜伏侵染的病原菌，就会表现为害症状，造成严重腐烂。当果实一旦启动呼吸跃变，果实就会成熟变软，继而整个果实迅速衰老，难以继续贮藏和运输。密封包装中的二氧化碳对香蕉的影响更大。

4.香蕉炭疽病

发生症状 香蕉炭疽病主要为害未成熟或已成熟的果实，也可为害花、叶、主轴及蕉身。病菌可通过伤口侵入直接表现症状，也可侵染未损伤的绿色果实而潜伏为害。采后香蕉变黄症状明显，初生黑色或黑褐色圆形小斑点，后迅速扩大并相连成片，2～3天全果变黑并腐烂，病斑上产生大量橙红色黏状粒点，即病菌分生孢子盘和分生孢子。有的香蕉染病后，果表散生褐色至黑红色小斑点，不扩大，却向果肉深处扩展致腐烂，发出芳香气味。果梗和果轴受害，症状相似。

香蕉炭疽病的病斑可分为急性扩展型和慢性扩展型，急性扩展型病斑水渍状，暗绿色，边缘不明显。慢性扩展型病斑圆形或不规则，边缘明显、深褐色，中央淡褐色。

主要原因 蕉园内镰刀菌分布很广，采收时，附在健康的青蕉梳上，一旦青蕉以薄膜袋密封包装，袋内湿度增加，病菌便从各种伤口侵入，发展并继续接触传病。各种机械伤是病菌侵入的前提，高温高湿使病情迅速发展。青蕉若密封在薄膜袋内，因果实的呼吸作用，袋内二氧化碳浓度日益增高，甚至出现青蕉中毒现象，有利于镰刀菌的侵染危害。炭疽病是香蕉产区的常见病，此病始于蕉园，但以贮运期为害最重，故为香蕉贮运过程中的首要病害。

第四章
蔬菜水果感官检验概述

第一节　蔬菜水果产品感官检验室的结构
第二节　感官检验人员的选拔、培训与管理
第三节　蔬菜水果产品感官检验及质量控制

蔬菜水果感官检验是蔬菜水果产品生产、品质控制、监督管理的重要方面，是产品质量检验的基础，是评价其产品质量的重要依据之一。在产品标准中设置感官等级要求，可促进蔬菜水果产品的栽培管理技术的改进，推动蔬菜水果生产向良性化发展。通过分级，剔除受伤、病虫害和残次产品，不仅可以减少贮运中的损失，还可以减轻一些病虫害的侵染传播。感官分级检验是蔬菜水果商品化的必需环节，是提高蔬菜水果商品质量及经济效益的重要措施。

第一节 蔬菜水果产品感官检验室的结构

蔬菜水果产品感官检验应在专用的感官检验室中进行。感官检验室的设计原则是保证感官检验过程在已知和最小干扰的可控条件下进行，以减少生理因素和心理因素对评价员判断的影响。典型的蔬菜水果产品感官检验室结构一般包括：供个人或小组进行感官评价工作的检验区、样品准备区、办公室、更衣室和盥洗室、供给品贮藏室、样品贮藏室、评价员休息室。

一、感官检验区

感官检验区应紧邻样品准备区，以便于提供样品。但两个区域应隔开，以减少气味和噪声等干扰。不允许参加感官检验的评价员，在进入或离开检验区时穿过样品准备区。

1. 温度和湿度

感官检验区的温度和湿度对感官检验人员的味觉等感官检验过程有一定影响，当处于不适当的温度、湿度环境中时，感官感觉能力的充分发挥会受到抑制。当温度和湿度条件进一步劣化时，感官检验评价人员会出现生理反应，对感官鉴评结果影响较大。感官检验区的温度应可控。如果相对湿度会影响样品的评价，检验区的相对湿度也应加以控制。除非样品检验评价有特殊条件要求，检验区的温度和相对湿度都应尽量使评价员感到舒适。在感官检验试验区内应有空气调节装置，使试验区内温度保持在21℃左右，湿度保持在65％左右。

2. 空气

感官检验实验室的环境空气应避免有气味，在建立感官检验室时，避免使用有气味的材料，材料应易于清洁，不吸附、不散发气味；避免使用织物等易于吸附气味且难以清理的材料。检验区内的设施和装置也应不吸附或散发气味，避免干扰感官检验样品气味的检验评价。检验室应安装换气系统。在感官检验工作结束后，即刻对检验区域进行清洁，如需使用清洁剂，清洁剂不应在检验区内残留气味。

有些蔬菜水果本身带有挥发性气味，感官鉴评人员在工作时也会呼出一些气体。因此，检验区换气系统应有足够的换气速度。为保证试验区内的空气始终清新，换气速度以半分钟左右置换一次室内空气为宜。

3. 噪声

感官检验期间应控制噪声。宜使用降噪地板、隔音窗等设施，以减少因人员行走、移动物体或实验室外部等产生的噪声影响。

4. 装饰颜色

为避免检验环境对被检样品颜色的影响，装饰评价小间时宜使用乳白色或中性浅灰色涂料，地板和椅子可适当使用暗色。

评价小间内部应涂成无光泽的、亮度因数为15%左右的中性灰色（如孟塞尔色卡N4至N5）。当被检样品为浅色和近似白色时，评价小间内部的亮度因数可为30%或者更高（如孟塞尔色卡N6），以降低待测样品颜色与评价小间之间的亮度差。

5. 照明

感官评价检验区房间可使用普通照明光源，评价小间应使用均匀、无影、可调控的照明设施。如：色温为6500K的灯能提供良好的、中性的照明，类似于“北方的日光”；色温为5000～5500K的灯具有较高的显色指数，能模仿“中午的日光”。进行产品颜色评价时，为避免造成对样品不必要的、非检验变量的颜色或视觉差异，可选择使用的照明设施包括：调光器、彩色光源、滤光器、黑光灯、单色光源（如钠光灯）。

在消费者检验中，通常选用日常使用产品时类似的照明。检验中所需照明的类型应根据具体检验的类型而定。

6. 评价小隔间

感官检验由评价员采用讨论方式进行评价的情况较少，通常要求评价员独立进行评价。当需要评价员独立评价时，每位参加评价检验的评价员应使用独立评价小间，以避免在评价过程中的相互干扰和交流。

（1）数量　根据检验区实际空间的大小和通常的检验类型确定评价小间的数量，并保证检验区内有足够的活动空间和提供样品的空间。

（2）设置　如限于固定评价小间设施不方便移动的情况，也可使用临时的、可移动的评价小间。若评价小间是沿着检验区和准备区的隔墙设立的，则宜在评价小间的墙上开一窗口以传递样品。窗口应装有静音的滑动门或上下翻转门等，窗口的设计应便于样品的传递并保证评价员看不到样品准备和样品编号的过程。为方便使用，应在准备区沿着评价小间外壁安装工作台。需要时应在合适的位置安装电器插座，以供特定检验条件下需要的电器设备使用。若评价员使用计算机输入数据，要合理配置计算机，使评价员集中精力于感官评价工作。屏幕高度应适合观看，屏幕设置应使眩光最小，一般不设置屏幕保护。在令人感觉舒适的位置，安置键盘和其他输入设备，且不影响感官检验的操作。

评价小间内应设有信号系统，以使评价员准备就绪时通知检验主持人，或通过开关打开准备区一侧的指示灯，或者在送样窗口下移动卡片，样品按照特定的时间间隔提供给评价小组时例外。评价小间可标有数字或符号，以便评价员对号入座。

(3) 布局和大小　评价小间内的工作台应足够大以容纳以下物品：样品、器皿、漱口杯、水池（若必要）、清洗剂、问答表、笔或计算机输入设备。同时工作台也应有足够的空间，能方便评价员填写问答表或操作计算机输入结果。工作台至少应满足长 0.9m，宽 0.6m。若评价小间内需增加其他设备，工作台尺寸应相应加大。工作台要高度合适，以使评价员可舒适地进行样品评价工作。

评价小间侧面隔板的高度至少应超过工作台表面 0.3m，以部分隔开评价员，使其专心评价。隔板也可从地面一直延伸至天花板，从而使评价员完全隔开，但同时要保证空气流通和清洁。也可采用固定于墙上的隔板围住就座检验的评价员。

评价小间内应设舒适的座位，高度与工作台表面相协调，供评价员就座。若座位不能调整或移动，座位与工作台间的距离至少为 0.35m。可移动的座位应尽可能安静地移动。

评价小间内可配备水池，但要在卫生和气味得以控制的条件下才能使用。若评价过程中需要用水，水的质量和温度应是可控的。抽水型水池可处理废水，但也会产生噪声。

如果有条件，应至少设计一个高度和宽度适合坐轮椅的残疾评价员使用的专用评价小间。

7. 集体工作区

感官分析实验室常设有一个集体工作区，用于评价员之间以及与检验主持人之间的讨论，也用于评价初始阶段的培训，以及其他需要讨论的情况下使用。

集体工作区应足够宽大，能摆放桌子及配置足够数量的椅子，供参加检验的所有评价员同时使用。桌子应较宽大以能放置以下物品：供每位评价员使用的盛放答题卡和样品的托盘或其他用具；其他物品，如用到的参比样品、钢笔、铅笔和水杯等；必要时可配备计算机。

桌子中心可配置活动的部分，有助于传递样品。也可配置可拆卸的隔板，以供需要评价员相互隔开进行独立评价时使用。最好配备图表或较大的写字板以记录讨论的要点。

二、准备区

准备样品的区域要紧邻检验区，避免评价员进入检验区前穿过样品准备区时受到影响而造成检验结果产生偏差。准备区内应保证空气流通，以利于排除样品准备时的气味及来自外部的异味。地板、墙壁、天花板和其他设施所用材料应易于维护、无味、无吸附性。准备区建立时，水、电、气装置的放置空间要有一定余地，以备需要时进行位置的调整。

1. 设施

准备区需配备的设施取决于要准备的产品类型，通常主要有：工作台；洗涤用水池和其他供应洗涤用水的设施；必要设备，包括用于样品的贮存、样品的准备和准备过程中可控的电器设备，以及用于提供样品的用具（如：容器、器皿、器具等）；收集废物的容器。设备应合理摆放，需校准的设备应于检验前校准。

2. 贮藏设施容器、餐具

应配备贮藏设施；用于盛放样品的容器、餐具，应采用不会给样品带来任何气味或滋味的材料制成，以避免玷污样品。

三、办公室

办公室是感官评价中从事文案工作的场所，主要进行检验方案的设计、问答表的设计、问答表的处理、数据的统计分析、检验报告的撰写等工作，需要时也能用于与客户讨论检验方案和检验结论。位置应靠近检验区并与之有效隔离。

根据办公室内需进行的具体工作，配置相应的设施，如办公桌或工作台、档案柜、书架、椅子、电话、用于数据统计分析的计算器和计算机等。

四、辅助区

若有条件，可在检验区附近建立存放清洁和卫生用具的区域、更衣室和盥洗室等，但应以不影响感官评价为原则。最好设置专用的蔬菜水果供给品贮藏室、样品贮藏室、评价员休息室。

第二节 感官检验人员的选拔、培训与管理

感官检验有三类评价员：评价员、优选评价员和专家。评价员可以是尚未完全满足判断准则的准评价员和已经参与过感官评价的初级评价员；优选评价员是经过选拔并受过培训的评价员；专家是已在评价小组的工作中表现出突出的敏锐

性并拥有良好长期记忆的专家评价员，或者是能够运用特定领域专业知识的专业性专家评价员。感官评价人员的选拔应参考以下条件要求：管理模式；个人的工作时间安排；个人的动机：个人的感官敏感度；个人的鉴别区分、表达和记忆能力。

对于个人感官敏感度和个人的鉴别区分、表达和记忆能力，可以采用以下几个测试对感官评价员进行选拔：视觉测试（颜色、外观）；嗅觉辨别测试（香气检验）；味觉辨别测试（酸、甜、苦、咸、涩和金属味）；口感质地辨别测试（酥、脆、黏、颗粒感）；触觉辨别测试；鉴别区分、描述、表达和记忆能力测试。

为了客观、准确地描述产品的感官性状，在培训过程中，感官评价员还必须达到以下 3 个基本要求：理解和正确定性运用感官描述词汇；理解和正确定量运用感官描述词汇；正确使用不同的标度尺进行检验。

感官属性描述词汇的建立主要通过以下两个途径：一是参考现有的文献科技资料；二是建立自己专有的产品描述词汇。通过感官评价专业技术人员和感官评价团队的紧密合作，反复推敲、筛选，并运用统计学方法进行分析论证，争取用最少量的、客观准确的描述词汇，最大限度地描述产品的感官属性。通常，一种产品的感官属性描述词汇大约从十几个到二十几个不等。在培训过程中，感官评价专业技术人员要定时对感官评价员的品评能力进行分阶段测试和评估，并根据测试结果，及时发现问题，准确、有效地提高他们的品评能力，使评价员保持在一个稳定、高效的品评状态。可以从以下 3 个方面来考查评价员的感官品评能力：辨别能力（对不同的产品、不同的感官描述词汇，有不同的辨别能力）；重复能力（对相同的产品、相同的感官描述词汇，有同等的评价能力）；准确能力（整个感官评价团队具有相同、正确的评价能力）。

一、感官检验人员的招募

评价小组工作时应该有不少于 10 名优选评价员。需要招募人数至少是最后实际组成评价小组人数的 2～3 倍。如：为了组成 10 个人的评价小组，需要招募 40 人，挑选 20 人。

1. 知识和才能

候选人应能说明和表达出第一感知，这需要具备一定的生理和才智方面的能力，同时具备思想集中和保持不受外界影响的能力。如果只要求候选评价员评价一种类型的产品，掌握该产品各方面的知识利于评价，那么就有可能从对这种产品表现出感官评价才能的候选人中选拔出专家评价员。

2. 健康状况

候选评价员应健康状况良好，没有影响他们感官的功能缺失、过敏或疾病，并且未服用损害感官能力进而影响感官判定可靠性的药物。了解感官评价员是否有戴假牙是很有必要的，因为假牙能影响评价员对某些质地、味道等特性的感官评价。感冒或其他暂时状态（例如，怀孕）不应成为淘汰候选评价员的理由。

3. 表达能力

在考虑选拔描述性检验员时，候选人表达和描述感觉的能力特别重要。这种能力可在面试以及随后的筛选检验中考察。

4. 可用性

候选评价员应能参加培训和持续的感官评价工作，那些经常出差或工作繁重的人不宜从事感官分析工作。

5. 个性特点

候选评价员应在感官分析工作中表现出兴趣和积极性，能长时间集中精力工作，能准时出席评价会，并在工作中表现诚实可靠。

6. 其他因素

招募时需要记录的其他信息有姓名、年龄、性别、国籍、教育背景、现任职务和感官分析经验。抽烟习惯等资料也要记录，但不能以此作为淘汰候选评价员的理由。

二、测试方法和供试材料的选择

应根据候选评价员将来所承担的评定任务的类型和性质来选择测试方法和供试材料。

1. 筛选检验的类型

下列检验方法均具有使候选评价员熟悉感官分析方法和材料的双重功能，通常分为三种类型：

① 考察候选评价员感官能力的检验方法；

② 考察候选评价员感官灵敏度的检验方法；

③ 考察候选评价员描述和表达感受的潜能的检验方法。

应在候选评价员熟悉并有了初步经验后，再开展用于挑选优选评价员的测试，筛选检验应在评价产品所要求的环境下进行，检验考核后再进行面试。选择评价员应综合考虑其将要承担的任务类别、面试表现及其潜力，而不仅是当前的表现。获得较高测试成功率的候选评价员理应比其他人更有优势，但那些在重复工作中不断取得进步的候选评价员在培训中可能表现很好。

2. 色彩分辨

色彩分辨不正常的候选评价员不宜做颜色判断和配比工作。色彩分辨能力的评定可由有资质的验光师来做；在缺少相关人员和设备时，可以借助有效的检验方法。

3. 味觉和嗅觉

需测定候选评价员对产品中低浓度物质的敏感性来检测其味觉缺失、嗅觉缺失或灵敏性的不足。

制备明显高于阈值水平的有味道和（或）气味的物质样品（表 4-3）。每个样品都编上不同的三位数随机编码。每种类型的样品提供一个给候选评价员，让其熟悉这些样品。

相同的样品标上不同的编码后，提供给候选评价员，要求他们再与原来的样品一一匹配，并描述他们的感觉。

提供的新样品数量是原样品的两倍。样品的浓度不能高至产生很强的遗留作用，从而影响以后的检验。品尝不同样品时应用无味无嗅的水来漱口。

表 4-1 给出了可用物质的实例。一般来说，如果候选评价员对这些物质和浓度的正确匹配率低于 80%，则不能作为优选评价员。评价员最好能对样品产生的感觉作出正确描述，但这是次要的。

表 4-1　匹配检验的物质和浓度实例

味觉或气味		物质	室温下水溶液浓度 /（g/L）	室温下乙醇溶液浓度 /（g/L）
味觉	甜	蔗糖	16	
	酸	酒石酸或柠檬酸	1	
	苦	咖啡因	0.5	
	咸	氯化钠	5	
	涩	鞣酸	1	
		槲皮素	0.5	
		硫酸铝钾（明矾）	0.5	
气味	金属	水合硫酸亚铁（$FeSO_4 \cdot 7H_2O$）	0.01	
	鲜柠檬	柠檬醛（$C_{10}H_{16}O$）		1×10^{-3}
	香子兰	香草醛（$C_8H_8O_3$）		1×10^{-3}
	百里香	百里酚（$C_{10}H_{14}O$）		5×10^{-4}
	花卉、山谷百合、葡萄	乙酸苄脂（$C_9H_9ClO_2$）		1×10^{-3}

注：1. 原液用乙醇配制，配制后用水稀释，且乙醇含量（体积分数）不超过 2%。

2. 此物质不易溶于水。

3. 为避免由于氧化作用而出现黄色显色作用，需要用中性或弱酸性水配制新溶液。如果出现黄色显色作用，将溶液在密闭不透明容器内或在暗光或有色光下保存。

三、敏锐度和辨别能力

1. 刺激物识别测试

这些测试通过三点检验进行。

每次测试一种被检材料。向每位候选评价员提供两份被检材料样品和一份水或其他中性介质的样品，或者一份被检材料样品和两份水或其他中性介质样品。被检材料的浓度应在阈值水平之上。被检材料的浓度和中性介质（如果使用），由组织者根据候选评价员参加的评定类型来选择。最佳候选评价员应能够100%正确识别。若经过几次重复检验，候选评价员还不能识别出差异，则表明其不适于这种检验工作。刺激物识别测试可用的物质实例见表4-2。

表4-2　可用于刺激物识别测试的物质实例

物质	室温下水中浓度
咖啡因	0.27g/L
柠檬酸	0.60g/L
氯化钠	2g/L
蔗糖	12g/L
顺-3-己烯-1-醇	0.4mL/L

2. 刺激物强度水平之间辨别测试

这些测试基于上述的排序检验。测试中刺激物用于形成味道、气味（仅用非常小浓度进行测试）、质地（通过口和手来判断）和色彩。在每次检验中，将4个具有不同特性强度的样品以随机顺序提供给候选评价员，要求他们以强度递增的顺序将样品排序。应以相同的顺序向所有候选评价员提供样品，以保证候选评价员排序结果的可比性，避免由提供顺序不同而造成的影响。此项测试的良好结果仅能说明候选评价员在所试物质特定强度下的辨别能力。可用的产品实例见表4-3。对于规定的浓度，候选评价员如果将顺序排错一个以上，则认为其不适合作为该类分析的优选评价员。

表4-3　可用于辨别测试的产品实例

测试	产品	室温下水溶液浓度
味觉辨别	柠檬酸	0.1g/L；0.15g/L；0.22g/L；0.34g/L
气味辨别	乙酸异戊酯	5mg/kg；10mg/kg；20mg/kg；40mg/kg
质地辨别	适合有关产业（例如奶油干酪、果泥、明胶）	

续表

测试	产品	室温下水溶液浓度
颜色辨别	布（颜色标度等也可以使用其他有等级特征的适宜产品）	同一种颜色强度的排序，例如由深红至浅红

3. 描述能力测试

旨在检验候选评价员描述感官感觉的能力。应提供两种测试，一种是气味刺激，另一种是质地刺激。本测试应通过评价和面试综合实施。

（1）气味描述测试　向候选评价员提供5～10种不同的嗅觉刺激样品，这些刺激样品最好与最终评价的产品相关。样品系列应包括比较容易识别的和一些不太常见的样品。刺激强度应在识别阈值以上，但是不要显著高出其在实际产品中的可能水平。样品准备有几种方法，本质上分为直接法和鼻后法。直接法是使用包含气味的瓶子、嗅条或胶丸。鼻后法是从气体介质中评价气味，例如通过放置在口腔中的嗅条或含在嘴中的水溶液评价气味。最常用的方法仍然是通过瓶子评价气味，具体操作为：将样品吸收在无气味的石蜡或棉绒中，再置于深色无气味的50～100mL旋盖细口玻璃瓶内，使之有足够的样品材料可挥发在瓶子上部。组织者应在将样品提供给评价员之前检查其强度。也可将样品吸收在嗅条上。每次提供一个样品，要求候选评价员描述或记录其感受。初次评价后，组织者可以组织候选评价员对样品的感官特性进行讨论，以便引出更多的评论以充分显露候选评价员描述刺激的能力。

根据下列标准对候选人表现分类：

① 3分，能正确识别或作出确切描述；

② 2分，能大体描述；

③ 1分，讨论之后能识别或作出合适描述；

④ 0分，描述不出的。

应根据所使用的不同材料规定出合格操作水平。气味描述测试的候选评价员其得分至少应达到满分的65%，否则不宜做此类检验。可用的嗅觉物质实例见表4-4。两种典型的气味分类法见表4-5。

表4-4　气味描述测试用嗅觉物质实例

物质	通常与该气味相联的物品名称
苯甲醛	苦杏仁、樱桃等
辛烯-3-醇	蘑菇等
苯-2-乙酸乙酯	花卉等
烯丙基硫醚	大蒜等

续表

物质	通常与该气味相联的物品名称
薄荷醇	薄荷等
丁子香酚	丁香等
茴香脑	茴香等
香草醛	香子兰等
紫罗酮	紫罗兰、悬钩子等
乙酸	醋等
乙酸异戊酯	水果、酸水果糖、香蕉、梨等
二甲基噻吩	烤洋葱等

注：可以使用食物产品、调味品、提取液、浸剂或有气味的化学物质。所选物质应适应当地情况，并且应无其他有气味物质。

表 4-5　两种典型的气味分类法

索额底梅克氏分析法		舒茨氏分类法	
气味类别	实例	气味类别	实例
芳香味	樟脑柠檬	芳香味	水杨酸甲酯
香脂味	香草	羊脂味	乙硫醇
刺激辣味	洋葱	醚味	1-丙醇
羊脂味	奶酪	甜味	香草
恶臭味	粪便	油腻味	丁酸
腐臭味	某些茄属植物气味	焦煳味	愈疮木酚、庚醇
醚味	水果味醋酸	金属味	己醇
焦煳味	苯酚	辛辣味	苯甲醛

(2) 质地描述测试　随机提供给候选人一系列样品，要求描述其质地特征。固体样品应加工成大小一致的块状，液体样品则应用不透明的容器盛放。根据表现按下列标准对候选评价员分类：

① 3 分，能正确识别或作出确切描述；

② 2 分，能大体描述；

③ 1 分，经讨论后能识别或作出合适描述；

④ 0 分，描述不出的。

应根据所使用的不同材料规定出合格操作水平。质地描述测试的候选评价员其得分至少应达到满分的 65%，否则不适合做此类检验。可以应用的产品实例见表 4-6。

表 4-6　质地描述测试用产品实例

产品	通常与该产品相联的质地
橙子	多汁、汁胞粒等
红富士苹果	脆
梨	砂粒结晶质地、硬而粗糙
砂糖	透明、粗糙
药用蜀葵调料	黏、有韧性
栗子泥	面糊状
洋葱	脆
芹菜	纤维质
生胡萝卜	易碎、硬
西洋梨	香甜

四、培训

向评价员提供感官分析程序的基本知识，提高他们觉察、识别和描述感官刺激的能力。培训评价员掌握感官评价的专门知识，并让他们能熟练应用于特定产品的感官评价。

1. 人数与培训要求

培训的人数应是评定小组最后实际需要人数的 1.5～2 倍。为了保证候选评价员逐步掌握感官分析的正确方法，应在本章推荐的适宜环境中进行培训。同时应对候选评价员进行所承担检测产品的相关基本知识培训，例如传授他们产品生产过程知识或组织去工厂参观。除了偏爱检验之外，应要求候选评价员在任何时候都要客观评价，不应掺杂个人喜好和厌恶情绪。同时，应对结果进行讨论并给予候选评价员再次评价样品的机会。当存在不同意见的时候，应查看他们的答案。

2. 气味要求

感官检验过程中，不得将任何气味带入检测房间。候选评价员在评价之前和评价过程中禁止使用有香味的化妆品，且至少在评价前 60min 避免接触香烟及其他强烈味道或气味。手上不应留有洗涤剂的残留气味。

3. 评价步骤与注意事项

除非被告知关注特定属性，候选评价员通常应按下列次序检验特性：

① 色泽和外观；

② 气味；

③ 质地；

④ 风味（包括气味和味道）；

⑤ 余味。

需要注意的是，评价气味时，评价员闻气味的时间不要太长，次数不宜太多，以免嗅觉混乱和疲劳。对固体和液体样品，应预先告知评价员样品的大小（口腔检测）、样品在口内停留的大致时间、咀嚼的次数以及是否吞咽。另外应告知如何适当漱口以及两次评价之间的时间间隔。最终达成一致意见的所有步骤都应明确表述，以保证感官评价员评价产品的方法一致。样品之间的评价间隔时间要充足，以保证感觉的恢复，但要避免间隔时间过长失去辨别能力。

4. 味道和气味的测试和识别培训

匹配、识别、成对比较、三点和二-三点检验应被用来展示高、低浓度的味道，并且培训候选评价员去正确识别和描述它们。应采用同样的方法提高评价员对各种气味刺激物的敏感性。用于培训和测试的样品应具有其固有的特性、类型和质量，并且具有市场代表性。提供的样品数量和所处温度一般要与交易或使用时相符。应注意确保评价员不会因为测试过量的样品而出现感官疲劳。

表 4-7 给出了可用于该培训阶段的物质。如果可能，刺激物应与最终要评定的物质相关。

表 4-7　测试和识别培训用物质举例

序号	测试和识别培训用物质
1	表 4-1 中物质
2	表 4-3 中产品
3	糖精（100mg/L）
4	硫酸奎宁（0.20g/L）
5	葡萄柚汁
6	苹果汁
7	野李汁
8	冷茶汁
9	蔗糖（10g/L、5g/L、1g/L、0.1g/L）
10	己烯醇（15mg/L）
11	乙醇苄酯（10mg/L）
12	第 4～7 项加不同浓度蔗糖（参照第 9 项）
13	酒石酸（0.3g/L）加己烯醇（30mg/L）；酒石酸（0.7g/L）加己烯醇（15mg/L）
14	黄色橙味饮料；橙黄色橘味饮料；黄色柠檬味饮料
15	依次加咖啡因（0.8g/L）、酒石酸（0.4g/L）和蔗糖（5g/L）
16	依次加咖啡因（0.8g/L）、蔗糖（5g/L）、咖啡因（1.6g/L）和蔗糖（1.5g/L）

5. 标度使用的培训

按样品某一特性的强度，用单一气味、单一味道和单一质地的刺激物的初始等级系列，给评价员介绍等级、分类、间距和比例标度的概念。使用各种评估过程给样品赋予有意义的量值。表 4-8 给出了培训阶段可用的物质实例。如果可能，刺激物应与最终要评价的产品相关。

表 4-8 标度的使用培训时可用的材料实例

序号	标度的使用培训时可用的材料
1	表 4-3 中产品和表 4-6 中第 9 项产品
2	咖啡因 0.15g/L、0.22g/L、0.34g/L、0.51g/L
3	酒石酸 0.05g/L、0.15g/L、0.4g/L、0.7g/L
	乙酸己酯 0.5mg/L、5mg/L、20mg/L、50mg/L
4	干乳酪：成熟的硬干酪，如 cheddar（切达干酪）或 gruyere（格鲁耶尔干酪），成熟的软干酪，如 camembert（卡门培尔干酪）
5	果胶凝胶
6	柠檬汁和稀释的柠檬汁 10mL/L、50mL/L

6. 描述词使用的培训

通过提供一系列简单样品给评价组并要求开发描述其感官特性的术语，特别是那些能将样品区别开的术语，向评价小组成员介绍剖面的概念。将适宜的术语用于每个样品，然后对其强度打分。

7. 评价小组成员的选择

选择一些最适合做某一特定方法评价的成员作为候选人，再从这些人员中筛选部分评价员组成特定方法评价小组。通过评价员的得分变异分析选择评价员的方法。

① 安排评价员对随机提供的 6 种不同样品（每种 3 个）进行评价，必要时可以组织一次以上的讨论会。将结果记录于表中，见表 4-9 和表 4-12。表 4-10 和表 4-13 所示的评价数据用方差分析方法分析，来检验各位评价员的评价结果。评价结果中，评价员结果的标准偏差大者，表明评价员对同一样品的评价结果与其他评价员不一致，对样品间差异不能辨别的评价员表明其辨别能力差，这些评价员应考虑淘汰。如果大多数评价员在上述一项或两项的评价中表现都差，可能是因为样品之间的差异不足以形成有效的辨别。

② 表 4-9 和表 4-12 所示的综合数据也应用方差分析方法分析。同时应测定评价员间、样品间以及评价员与样品交互作用的差异显著性。

③ 评价员间差异显著表明存在偏好，如，一个或多个评价员给的分始终比

其他人高或低。样品间差异显著，表明作为一个组的评价员区别样品是成功的。评价员与样品交互作用差异显著，表明两个或多个评价员在两个或多个样品之间有不一致的感觉。某些情况下，评价员与样品交互作用甚至可能反映出样品的排序不一致。

④ 方差分析适合于打分，但不适合于某些类型的评级。如果用于评级，要格外慎重。

评价员的打分结果见表 4-9。在表 4-9 中，Y_{ijk} 表示第 j 评价员在样品 i 的第 k 次重复样品，一共有 p 个样品、q 个评价员和 r 次重复。$p=6$ 和 $r=3$。在这种情况下，第 j 评价员的差异分析见表 4-9。

表 4-9　评价员评价结果

样品	评价员								平均分
	1		2		j		q		
	总分	平均分	总分	平均分	总分	平均分	总分	平均分	
1									
2									
i					Y_{ijl} Y_{ijk} Y_{ijr}	$\bar{Y}_{ij.}$			$\bar{Y}_{i..}$
p									
平均分					$\bar{Y}_{.j.}$				$\bar{Y}_{...}$

表 4-10　变异分析（数据不合并）

变异来源	自由度（d_f）	平方和（SS）	均方（MS）	F
样品间	$d_f=p-1$	$SS_1=r\sum_{i=1}^{p}(\bar{Y}_{ij.}-\bar{Y}_{.j.})^2$	$MS_1=SS_1/d_f$	
残差	$d_f=p(r-1)$	$SS_2=\sum_{i=1}^{P}\sum_{k=1}^{r}(Y_{ijk}-\bar{Y}_{ij.})^2$	$MS_2=SS_2/d_f$	$F=MS_1/MS_2$
总和	$d_f=pr-1$	$SS_3=\sum_{i=1}^{p}\sum_{k=1}^{r}(\bar{Y}_{ijk}-\bar{Y}_{,j.})^2$		

表 4-9 中，评价员 j 对样品 i 的评价结果平均数，见式（4-1）：

$$\bar{Y}_{ij.}=\frac{\sum_{k=1}^{r}Y_{ijk}}{r} \tag{4-1}$$

第 j 评价员的评价结果平均数，见式（4-2）：

$$\bar{Y}_{.j.}=\frac{\sum_{i=1}^{p}\sum_{k=1}^{r}Y_{ijk}}{pr} \tag{4-2}$$

残差标准差计算方法，见式（4-3）：

$$\sqrt{MS_2} \tag{4-3}$$

式中，MS_2 为残差的均方。

合并后的数据变异分析如表 4-11 所示。

表 4-11　变异分析（数据合并）

变异来源	自由度（d_f）	平方和（SS）	均方（MS）
样品间	$d_{f4}=p-1$	$SS_4=qr\sum_{i=1}^{q}(\bar{Y}_{i..}-\bar{Y}_{...})^2$	$MS_4=SS_4/d_{f4}$
评价员间	$d_{f5}=q-1$	$SS_5=pr\sum_{i=1}^{q}(\bar{Y}_{.j.}-\bar{Y}_{...})^2$	$MS_5=SS_5/d_{f5}$
交互作用	$d_{f6}=(p-1)(q-1)$	$SS_6=r\sum_{i=1}^{p}\sum_{j=1}^{q}(\bar{Y}_{ij.}-\bar{Y}_{...})^2-SS_4-SS_5$	$MS_6=SS_6/d_{f6}$
残差	$d_{f7}=pq(r-1)$	$SS_7=\sum_{i=1}^{p}\sum_{j=1}^{q}\sum_{k=1}^{r}(Y_{ijk}-\bar{Y}_{ij.})^2$	$MS_7=SS_7/d_{f7}$
总和	$d_{f8}=pqr-1$	$SS_8=\sum_{i=1}^{p}\sum_{j=1}^{q}\sum_{k=1}^{r}(Y_{ijk}-\bar{Y}_{...})^2$	$MS_8=SS_8/d_{f8}$

表 4-9 中，所有评价员对样品 i 的评价结果平均数，见式（4-4）：

$$\bar{Y}_{i..}=\frac{\sum_{j=1}^{q}\sum_{k=1}^{r}Y_{ijk}}{qr} \tag{4-4}$$

评价员 j 对所有样品的评价结果平均数，见式（4-5）：

$$\bar{Y}_{.j.}=\frac{\sum_{i=1}^{p}\sum_{k=1}^{r}Y_{ijk}}{pr} \tag{4-5}$$

评价员 j 评价样品 i 的评价结果平均数，见式（4-6）：

$$\bar{Y}_{ij.}=\frac{\sum_{k=1}^{r}Y_{ijk}}{r} \tag{4-6}$$

所有评价员对全部样品的评价结果平均数，见式（4-7）：

$$\bar{Y}_{...}=\frac{\sum_{i=1}^{p}\sum_{j=1}^{q}\sum_{k=1}^{r}Y_{ijk}}{pqr} \tag{4-7}$$

评价员和样品间的交互作用的显著性由 MS_6/MS_7 的比值确定，对应的数值为表 4-14 中的 F 值，自由度分别为 d_{f_6} 和 d_{f_7}。

如果交互作用在 $a=0.05$ 的水平上不显著，评价员间的变异显著性由 MS_5/MS_7 决定，对应的数值为表 4-14 中的 F 值，自由度分别为 d_{f_5} 和 d_{f_7}。

五、应用实例

1. 应用实例一

利用 10 分制评分体系评价富士苹果不同产地的 6 个样品，每批各取 3 个样，分别让评价员评分，结果见表 4-12。

表 4-12 评价员的评价分数

样品	评价员								平均分
	1		2		3		4		
	总分	平均分	总分	平均分	总分	平均分	总分	平均分	
1	8	8.3	5	7.3	6	6.0	9	8.3	7.50
	8		8		7		8		
	9		9		5		8		
2	6	7.0	6	5.7	5	5.3	7	6.7	6.17
	8		7		4		7		
	7		4		7		6		
3	4	4.7	5	3.3	4	4.0	5	5.0	4.25
	5		2		3		5		
	5		3		5		5		
4	6	5.7	6	5.3	4	3.3	6	5.3	4.92
	6		4		2		5		
	5		6		4		5		
5	4	4.0	3	3.0	4	4.3	4	4.3	3.92
	5		2		4		5		
	3		4		5		4		
6	5	5.7	4	4.3	5	5.0	7	6.3	5.33
	6		2		4		5		
	6		7		6		7		
平均分	5.89		4.83		4.67		6.00		5.35

变异分析见表 4-13。

表 4-13　变异分析（数据不合并）

变异来源	自由度（d_f）	评价员							
		1		2		3		4	
		MS	*F*	*MS*	*F*	*MS*	*F*	*MS*	*F*
样品间 残差	5 12	7.42 0.56	13.36[a]	7.83 2.94	2.66[b]	2.80 1.17	2.4[b]	6.13 0.44	13.80[a]
	残差标准差	0.75		1.71		1.08		0.67	

注：a 表示在 $P=0.001$ 水平上显著。b 表示在 $P=0.05$ 水平上不显著。

总体变异分析见表 4-14。

表 4-14　变异分析（数据合并）

变异来源	自由度（d_f）	平方和（*SS*）	均方（*MS*）	*F*
评价员间	3	26.04	8.68	6.79[a]
样品间	5	104.90	20.98	16.42[a]
交互作用	15	16.04	1.07	0.84[b]
残差	48	61.33	1.28	
总和	71	208.31		

注：a 表示在 $P=0.001$ 水平上显著。b 表示在 $P=0.05$ 水平上不显著。

可以得出：评价员 1 和评价员 4 具有较低的残差标准差、样品间变异显著，他们是合适的人选。评价员 2 具有很高的残差标准差而样品间的变异不显著，不是合适的人选。同样，评价员 3 的样品间的变异不显著，也不是合适的人选。

评价员间变异显著，可见评价员 2 和 3 的打分比评价员 1 和 4 的打分低，另一方面，评价员与样品的交互作用不显著，不能推测出评价员对样品的分级具有分歧。

2. 应用实例二

向某个评价员提供砂糖、食盐、酒石酸、硫酸奎宁、谷氨酸钠五种味道的稀释溶液分别为 400mg/mL，130mg/mL，50mg/mL，6.4mg/mL，5.0mg/mL 和两杯蒸馏水，共七杯试样，要求评价员选择出与甜、咸、酸、苦、鲜味相应的试样。结果如下：甜——食盐、咸——砂糖、酸——酒石酸、苦——硫酸奎宁、鲜——蒸馏水，即 $\bar{S}_0=2$，而查“附表 17　配偶法检验表（$a=5\%$）”中 $m=$

5，(m＋2）栏的临界值为 $3>\bar{S}_0=2$，说明该评价员在5％显著性水平无判断味道的能力。

六、专家评价员的选拔

专家评价员应具备感官分析的能力，对感官检验感兴趣，学习了感官方法学和了解一种或多种产品的感官特性。专家评价员应具备中等水平以上的感官记忆能力。培训评价员感官方面的实验大多在于培养其短期的感官记忆，而培训专家评价员则应培养其长期的感官记忆，因为当前评价中记录的特征可能需要参考前期的评价经验。专家评价员应具备与其他专家的沟通能力和对产品的描述能力（包括评价结果的重复性、正确度、辨别力）。

七、评价员和评价小组的重复性和再现性

应定期地检查评价员的能力有效性和表现。检查的目的在于检验每位评价员的能力，确定其是否能得到可靠的、重复性和再现性好的结果。多数情况下该检查可以随检验工作同时进行。评价员和评价小组的重复性和再现性见表4-15。

表4-15　评价员和评价小组的重复性和再现性

属性	定义	确定方法（方差分析）
重复性	衡量在相同条件下对相同样品评价结果的一致性。 相同条件指： ① 相同的评价员（评价小组）； ② 相同的时间（同次评价）； ③ 相同的环境	评价员： ① 在同次评价中评价员之间对重复样品评价分数的标准偏差； ② 评价员评价分数的单向方差分析的标准误差
		评价小组： ① 在同次评价中评价小组对重复样品平均分数值的单向方差分析标准偏差； ② 评价小组评价平均分数值单向方差分析的标准误差
再现性	衡量在不同条件下对相同样品评价结果的一致性。 对于评价员，不同条件包括： ① 相同的评价员； ② 不同的时间（不同次评价）； ③ 不同的环境。 对于评价小组，不同条件包括： ① 相同的评价小组； ② 不同的时间（不同次评价）； ③ 不同的环境	评价员： 评价组内的标准偏差和组内方差分析的标准偏差的联合
		评价小组： 评价组内的标准偏差和组内方差分析的标准偏差的联合

续表

属性	定义	确定方法（方差分析）
评价小组（评价方法）之间或评价员之间评价结果的再现性	评价小组间： 衡量在不同条件下对相同样品评价结果的一致性。不同条件包括： ① 不同的评价小组； ② 不同的时间（不同次评价）； ③ 不同的环境。	不同评价间标准偏差和评价小组间标准偏差的一致性
	在不同评价中评价小组内结果的一致性：在同一评价小组中不同评价员对相同样品的评价结果的一致性	在同次评价中评价员评价分数双向方差分析的标准偏差

第三节 蔬菜水果产品感官检验及质量控制

蔬菜水果产品感官检验是在感官检验人员进行蔬菜水果产品感官检验的基础上，结合理化分析、心理学、生理学、统计学知识建立的一门试验评价性学科。该学科不仅实用性强、灵敏度高、结果可靠，而且解决了一般理化分析所不能解决的复杂生理感受问题。感官检验在发达国家已普遍采用，是从事蔬菜水果生产、营销管理、新品种培育、品质检验等人员以及广大消费者所需要掌握的知识。蔬菜水果产品感官检验在新品种培育及栽培技术研究、运输、贮藏、销售、质量检验等环节都得到了广泛应用。

蔬菜水果在生长发育过程中，由于受各种因素的影响，其大小、形状、色泽、成熟度、病虫伤害、机械损伤等状况差异很大，即使同一植株上的果实，其商品性状也不可能完全一样。因此，在果园和菜园内采收的蔬菜水果必然大小混杂、良莠不齐。对于这些蔬菜水果只有按照一定的标准进行分等分级，使其商品标准化，或者同品性状大体趋于一致，这样才有利于产品的收购、包装、运输、贮藏及销售。

通常蔬菜水果产品感官检验包括两个方面的内容：一是以人的感官测定物品的特性；二是以物品的特性来获知人的感官特性或感受。每次感官检验实验均由不同类别的感官评价小组承担，实验的最终结论是评价小组中评价员各自分析结果的综合。所以，在蔬菜水果产品感官检验实验中，并不看重个人的结论如何，而是注重评价小组的综合结论。

一、蔬菜水果感官检验

蔬菜水果产品的感官检验，是根据人的感觉器官对蔬菜水果的各种质量特征的“感觉”，如味觉、嗅觉、视觉、听觉等，用语言、文字、符号或数据进行记录，再运用概率统计原理进行统计分析，从而得出结论，对蔬菜水果的色、香、味、形、质地、口感等各项指标作出评价的方法。现代感官检验包括两个方面的内容：

一是分析型感官检验，指把人的感觉器官作为一种测量分析仪器来测定物品的质量特性或鉴别物品之间差异的感官分析方法。影响因素包括评价基准的标准化、实验条件的规范化、评价员的选择和培训等。

二是偏爱型感官评价，指以产品作为测量工具来测定人的感官特性。影响因素包括每个人的生活环境、生活习惯、审美观点、年龄、性格等多方面。

1. 感官检验的基本方法

感官检验的基本方法有视觉检验法、嗅觉检验法、味觉检验法和触觉检验法。

（1）视觉检验法　这是判断蔬菜水果感官质量的一个重要感官手段。蔬菜水果的外观形态和色泽对评价蔬菜水果的新鲜程度、蔬菜水果是否有不良改变以及蔬菜水果的成熟度等都有着重要意义。

视觉检验应在白昼的散射光线下进行，以免灯光昏暗产生错觉。检验时应注意整体外观、大小、形态、块形的完整程度，表面有无光泽、颜色深浅色调等。

（2）嗅觉检验法　嗅觉是指蔬菜水果中含有挥发性物质的微粒子浮游于空气中，经鼻孔刺激嗅觉神经所引起的感觉。人的嗅觉比较复杂，亦很敏感。同样的气味，因个人的嗅觉反应不同，故感受喜爱与厌恶的程度也不同。同时嗅觉易受周围环境影响，如温度、湿度、气压等对嗅觉的敏感度都有一定的影响。人的嗅觉适应性特别强，即对一种气味较长时间的刺激很容易顺应。

蔬菜水果的气味是一些具有挥发性的物质形成的，进行嗅觉检验时常需微微加热，但最好在15～25℃的常温下进行，因为蔬菜水果中的挥发性气味物质常随温度的升降而增减。在检验蔬菜水果的异味时，可将果菜的汁液滴在清洁的手掌上摩擦，以增加气味的挥发。

（3）味觉检验法　感官检验中的味觉对辨别蔬菜水果品质的优劣是非常重要的一环。在感官检验果菜质量时，常将滋味分为甜、酸、咸、苦、辣、涩、浓、淡、碱味及不正常味等。味觉神经在舌面上的分布不均匀，舌的两侧边缘是普通酸味的敏感区，舌根对苦味较为敏感，舌尖对甜味和咸味较敏感，但这些都不是绝对的，在感官评价蔬菜水果的品质时，应通过舌的全面品尝方可决定。

味觉与温度有关，一般在10～45℃范围内较适宜，尤其30℃时最敏锐。随温度的降低，各种味觉都会减弱，犹以苦味最为明显，而温度升高又会发生同样的减弱。在进行滋味检验时，最好使蔬菜水果处在20～45℃之间，以免温度的变化增强或减轻对味觉器官的刺激。在对几种不同口味的蔬菜水果进行感官评价时，中间必须休息，每检验一种蔬菜水果之后，必须用温水漱口。

（4）触觉检验法　凭借触觉来鉴别蔬菜水果的脆、松、软、硬、弹性（稠度），以评价蔬菜水果品质的优劣，也是常用的鉴别检验方法之一。在感官检测蔬菜水果的硬度时要求温度在15～20℃之间。

表4-16总结了各种常用方法的样品数目、统计处理方式和适用的目的。

表4-16　感官评价适用方法

方法	样品数目/个	数据处理	适用目的	备注
成对比较检验法	2	二项式分布	差异识别或嗜好调查	猜对率1/2
二-三点检验法	3（2个样品相同，1个样品不同）	二项式分布	差异识别	猜对率1/3
三点检验法	3（2个样品相同，1个样品不同）	二项式分布	差异识别、识别能力或嗜好调查	猜对率1/3
五中取二检验法	5		差异识别	较精确
“A”-“非A”检验法	两类	χ^2检验	差异识别	
选择检验法	1～18	χ^2检验	嗜好调查	
排序检验法	2～6	排序分析、方差分析	差异识别或嗜好调查	
配偶检验法	两组		差异识别或识别能力	
分类检验法	1～18	χ^2检验	差异程度	
评分检验法	1～18	t检验	差异程度或嗜好程度	
成对比较检验法	1～18	方差分析	差异程度	精度高，但样品多时太复杂
特性评析检验法	1～18	χ^2检验	差异程度或嗜好程度	
描述检验法	1～5	图示法	品质研究	
定量描述检验法	1～5	图示法、方差分析、回归分析	品质研究	

表4-17列举了各种检验法所需各类评价员的最低数目。

表 4-17　选择不同的检验方法所需评价员人数

方法	所需评价员人数		
	专家型	或优选评价员	或初级评价员
成对比较检验法	7 名以上	20 名以上	30 名以上
三点检验法	6 名以上	15 名以上	25 名以上
二-三点检验法			20 名以上
五中取二检验法		10 名以上	
“A”-“非 A”检验法		20 名以上	30 名以上
排序检验法	2 名以上	5 名以上	10 名以上
分类检验法	3 名以上	3 名以上	
评估检验法	1 名以上	5 名以上	20 名以上
评分检验法	1 名以上	5 名以上	20 名以上
分等检验法	按所使用的具体分等方法而定	按所使用的具体分等方法而定	
简单描述检验法	5 名以上	5 名以上	
定量描述与感官剖面检验法	5 名以上	5 名以上	

2. 感官检验的活动

感官检验是通过评价员的视觉、嗅觉、味觉、听觉和触觉而引起反应的一种科学方法。常包括四种活动：组织、测量、分析和结论。

（1）组织　包括评价员的组成、检验程序的建立、检验方法的设计和检验时的外部环境的保障。其目的在于保证感官检验实验在一定的控制条件下制备和处理样品，在规定的程序下进行检验，从而使各种偏好和外部因素对结果的影响降到最低。每次感官检验实验均由不同类别的感官检验小组承担，实验的最终结论是评价小组中评价员各自分析结果的综合。所以，在感官检验实验中，参与感官检验的人员，因自身的敏感性差异，感官检验会出现敏感性不一致的问题。当意见发生分歧时，采用少数服从多数的方法评定评价结果。感官检验并不看重个人的结论如何，而是注重评价小组的综合结论。人的感觉状态常受到生理（如疾病、生理周期）、环境等因素的影响；专家对评判对象的标准与普通消费者的看法常有较大差异；不同方面的专家也会遇到感情倾向和利益冲突等问题的干扰。

（2）测量　根据评价员通过视觉、嗅觉、味觉、听觉和触觉的行为反应采集数据，在产品性质和人的感知之间建立一种联系，从而表达产品的定性、定量关系。

(3) 分析　采用统计学的方法对来自评价员的数据进行分析统计，它是感官检验过程的重要部分，可借助计算机和优良软件完成。

(4) 结论　在基于数据、检验和实验结果的基础上进行合理判断，包括所采用的方法、实验的局限性和可靠性。

在感官评价工作过程中，应综合考虑感官检验样品的特性，感官评价员的人身安全等因素，在检验样品的形态、气味、色泽和滋味时，建议感官评价员先使用视觉、嗅觉，再使用触觉、味觉评价样品（顺序如：形态、气味、色泽、滋味）。如样品形态已经不合格时，不再进一步对气味、色泽和滋味进行描述，可直接判定该样品感官检验不合格。

二、感官质量控制

感官质量控制应满足的基本要求，以及实施感官质量控制的一般程序，包括感官质量控制要素的描述、感官质量控制标样的建立、感官评价小组的组建、感官评价方法的选用和质量控制图的运用等。

感官质量控制的基本要求如下。

1. 多角度分析

应基于对产品感官质量的影响因素分析、生产者自身技术水平评价、控制成本与经济效益核算、消费者接受性测试与市场反馈等多方面评估来建立与实施食品感官质量控制体系。

2. 全过程控制

应涵盖产品制造的各个环节，如生产环境（小气候、土壤状态）、施肥用药、生产管理技术、采摘时机、包装、仓储、物流等所有影响产品感官质量变化的过程。

3. 消费者接受

应基于产品的感官质量特征及消费者的接受性，建立用于质量控制的关键感官特性及其可变化的上下限，更好地体现以满足消费者需求和偏爱为市场导向的产品质量控制，增强产品市场竞争力。

4. 文件记录可控

各环节的感官质量要求和检验记录等应完备详细，易于理解沟通，能明确说明产品质量状态。

5. 感官-仪器相关

若有可能，应分析感官评价与仪器分析之间的相关性，在确认两者的相关性后，建立仪器辅助的感官评价方法或者采用仪器进行快速和大量排查。

6. 系统间协调

应将产品感官质量控制纳入企业全面质量管理之中，使质量控制体系系统、全面并整体运行良好。

实施感官质量控制，首先要确定控制标准，应从感官质量控制要素描述和质控标样建立两方面确定。其次，要进行质量数据采集，包括感官评价小组组建、感官评价方法选用、感官评价结果分析和解释等。最后对质量数据进行统计过程控制。

第五章
蔬菜水果感官检验方法

第一节　差别检验
第二节　标度和类别检验
第三节　描述性分析检验
第四节　情感检验

蔬菜水果感官检验是建立在人的感官感觉基础上的统计分析法。随着科学技术的发展和进步，这种集客观生理学、心理学、食品学和统计学为一体的新学科日益成熟和完善，蔬菜水果感官检验方法的应用也越来越广泛。目前常用于蔬菜水果感官检验领域中的方法有数十种之多，按应用目的可分为嗜好型和分析型，按方法的性质又可分为差别检验、标度和类别检验以及分析或描述性检验。

第一节
差别检验

差别检验是对比较的蔬菜水果产品的总体感官差异或特定感官性质差异进行评价和分析，特别适用于容易混淆的刺激、产品或者产品的感官性质的分析。差别检验方法可应用于蔬菜水果品种差异、产品栽培技术优化、采收时间确定、品种退化鉴别、质量控制、贮藏条件研究、货架寿命、优良品种选育等方面的感官评价。差别检验不对蔬菜水果产品的感官性质进行限制，没有方向性，主要有三点检验、二-三点检验、五中取二检验、“A”-“非 A”检验、简单差别检验、相似性检验、对照差异检验、选择试验检验、配偶试验检验等方法。

一、三点检验

三点检验用于确定两个蔬菜水果样品间是否有可觉察的差别，可能涉及一个或多个感官性质的差异，但三点检验不能表明有差异的蔬菜水果产品在哪些感官性质上有差异，也不能评价差异的程度。

1. 应用领域和范围

当蔬菜水果的品种、栽培技术条件、土地环境或贮藏条件等发生变化，确定产品感官特征（外观、气味、滋味等）是否发生变化时，三点检验是一个有效的方法。三点检验可能发生在新品种研究、栽培技术、土壤环境、施肥影响、收获时间、贮藏环境条件等过程中。三点检验也可以用于对评价员的选择。

对于刺激强的产品，可能产生适应或滞留效应，则应限制三点检验的使用。

2. 方法

进行三点检验时，每次给每位评价员同时呈送 3 个需评价的样品，其中 2 个是相同的，并且告知评价员 3 个样品中 2 个相同，另外一个不同。评价员按照呈送的样品次序进行评价，要求评价员选出三者中不同的那一个样品。三点检验是一种必选检验方法。

3. 评价员

一般来说，三点检验要求评价员在 20～40 名之间。当产品之间的差别非常大，很容易被发现时，12 个评价员即可满足要求。

4. 样品准备与呈送

所检样品必须具有该产品的代表性质，应采用相同的方法进行各检验样品的准备。可以采用 3 个数字的随机数字进行样品的编码。

蔬菜水果三点检验中，对于比较的两个蔬菜水果样品 A 和 B，每组的 3 个样品有 6 种可能的排列次序：

AAB BBA ABA BAB BAA ABB

在进行评价时，要使得每个蔬菜水果样品，在每个位置上被安排的次数相同。所以，总的样品组数和评价员数量应该是 6 的倍数。如果样品数量或评价员的数量不能实现 6 的倍数，也至少应该做到 2 个“A”、1 个“B”的样品组和 2 个“B”、1 个“A”的样品组的数量一致。每个评价员得到哪组样品也要随机安排。按照上述要求将样品编码，按照评价员的数量，将每个评价员得到的样品组先随机安排，做成工作表，见表 5-1，在实际样品评价时按照工作表呈送样品，要求评价员按照给出的样品次序进行评价。三点检验的评价单可以是表 5-2 的形式。

表 5-1 西瓜三点差别检验样品准备表

日期：______ 编号：______ 评价员号：______				
样品类型：				
检验类型：三点检验				
产品	含有 2 个 A 的号码使用情况			含有 2 个 B 的号码使用情况
A：西瓜样品Ⅰ	293 594			331
B：西瓜样品Ⅱ	862			726 622
评价员号	样品编码及顺序			实际样品安排
1	293	594	862	AAB
2	331	726	622	ABB
3	726	622	331	BBA
4	862	594	293	BAA
5	293	862	594	ABA
6	726	331	622	BAB
7	293	594	862	AAB
8	331	726	622	ABB
9	726	622	331	BBA
10	862	594	293	BAA
11	293	862	594	ABA

续表

评价员号	样品编码及顺序			实际样品安排
12	726	331	622	BAB
13	293	594	862	AAB
14	331	726	622	ABB
15	726	622	331	BBA
16	862	594	293	BAA
17	293	862	594	ABA
18	726	331	622	BAB

表 5-2　三点检验评价单

三点检验

姓名：________　　日期：________

试验说明：

在你面前有 3 个带有编号的样品，其中有两个是一样的，而另一个和其他两个不同。请从左向右依次品尝 3 个样品，然后在与其他两个样品不同的那一个样品的编号上划圈。你可以多次品尝，但不能没有答案。谢谢！

293　　594　　862

5. 结果整理与分析

将选择正确的评价员人数（x）统计出来，然后进行统计分析，比较两个产品间是否有显著性的差异。

对于三点检验，当样品间没有可觉察的差异时，评价员在进行选择时只能猜，因此作出正确选择的概率是 1/3；而当评价员能够感觉到样品间的差异时，作出正确判断的概率将大于 1/3，从而有统计假设：

无效假设 H_0：$P=1/3$；

备择假设 H_1：$P>1/3$。

根据统计假设，这是一个单尾检验。统计假设检验方法可以是二项检验或正态检验，具体的统计假设检验方法参见本节“传统差别检验的方法及数据分析”。

也可以根据试验的结果直接查“附表 7　三点检验正确响应临界值表”，并进行推断得到结论。在附表 7 中，根据试验确定的显著性水平 a（一般为 0.05 或 0.01），评定组评价员的数量 n，可以查到相应的临界值 $x_{a,n}$，如果试验得到的正确选择的人数 $x \geq x_{a,n}$，则表明：比较的两个样品间有显著性差异；如果 $x < x_{a,n}$，则结果表明：比较的两个样品间没有显著的差异。

【例 5-1】在某一生产区域选择栽培技术规程种植适合的西瓜品种，生产者希望知道两种栽培技术方式生产的产品是否存在差异。

试验目的是检验两种产品之间的差异，显著性水平 a 值设为 0.05（50%），18 个评价员参加检验；因为每个评价员所需的样品是 3 个，所以共准备 54 份样品，产品 A 和产品 B 各 27 份，按表 5-1 安排试验。采用 3 个数字的随机数字进行样品编码，随机数字可参见“附表 1　三位随机数字表”，也可以通过计算机获得。

样品准备程序：

① 两种产品各准备 27 份，分两组（A 和 B）放置，不要混淆。

② 按照上表的编号，每个号码各准备 9 个。两种产品分别编号，即产品 A 中标有 293、594、862 号码的样品个数分别为 9 份，产品 B 中标有 331、726、622 的样品个数也分别为 9 份。

③ 将编码的样品按照表 5-1 每组 3 个样品进行组合，每组一份评价单。

④ 将评价员编号，然后随机各评价员评定的样品组合，将相应的评价员号码和样品号码写在评价单上，呈送给评价员进行评定。

试验结果及统计分析：评价员评定完成后，收回 18 份评价单，将评定结果与样品准备工作表核对，统计正确选择的人数。在本试验中，共有 $x=16$ 人正确选择。根据附表 7，在 $a=0.05$，$n=18$ 时，对应的临界值 $x_{a,n}$ 为 10，$x>x_{a,n}$，所以这两种产品之间是存在差异的。

结论：这两种栽培方法生产的产品间存在显著差异。

二、二-三点检验

二-三点检验法用于确定两个蔬菜水果样品间是否有可觉察的差异，这种差异可能涉及一个或多个感官性质，但蔬菜水果二-三点检验同样不能表明产品间在哪些感官性质上有差异，也不能评价差异的程度。

1. 应用领域和范围

当试验目的是确定两种样品之间是否存在感官上的不同时，常常应用这种方法。特别是比较的两个样品中有一个是标准样品或对照样品时，本方法更合适。

二-三点检验从统计学讲，其检验效率不如三点检验，因为它是从两个样品中选出一个，猜中的概率更大。但这种方法比较简单，容易理解，是一个有效的方法。

二-三点检验可以应用于当栽培技术条件、施肥、土地环境或贮藏条件等发生变化，确定产品感官特征（外观、气味、滋味等）是否发生变化时，或者在无法确定某些具体性质的差异时，确定两种产品之间是否存在总体差异。这些情形可能发生在新品种研究、产品质量评价、质量控制等过程中。二-三点检验也可以用于对评价员的选择。

2. 方法

在评价过程中，每个评价员得到 3 个样品，其中一个标明是“对照品种样”，评价员先评定“对照品种样”，然后再评价另外两个编码样品，要求评价员从这两个编码样品中选出与对照样品相同的那一个。

二-三点检验评价单的一般形式见表5-3。

表5-3　二-三点检验评价单

二-三点检验
姓名：________　日期：________
评价说明： 在你面前有3个样品，其中一个标明“对照”，另外两个标有编号。从左向右依次品尝样品，先是对照样，然后是两个编号的样品。品尝之后，请在与对照相同的那个样品的编号上划圈。你可以多次品尝，但必须要选择一个。谢谢。 对照　321　689

3. 评价员

一般来说，参加评定的评价员至少要15人，如果人数在30～40或者更多，试验效果会更好。

4. 样品准备与呈送

蔬菜水果二-三点检验的对照样有两种给出方式：固定对照模型和平衡对照模型。

（1）固定对照模型　如果评价员对待评样品其中之一熟悉，或者有确定的标准样，此时可以使用固定对照模型。在固定对照模型中，整个试验中都是以评价员熟悉的正常生产的产品或标准品种样作为对照样。所以，样品可能的排列方式为：

$$R_A \quad A \quad B$$
$$R_A \quad B \quad A$$

采用3个数字的随机数字进行样品编码。上述两种样品排列方式在试验中应该次数相等，总的评定次数应该是2的倍数。各评价员得到的样品次序应该随机，从左到右按照呈送的顺序评价样品。

（2）平衡对照模型　当评价员对两个样品都不熟悉时，使用平衡对照模型。

在平衡对照模型试验中，待评的两个样品（A和B）都可以作为对照样。样品可能的排列方式为：

$$R_A A \quad B \quad R_B \quad B \quad A$$
$$R_A B \quad A \quad R_B \quad A \quad B$$

蔬菜水果样品A和B作为对照样的次数应该相等，总的评定次数应该是4的倍数。各评价员得到的样品次序应该随机，从左到右按照呈送的顺序评价样品。

5. 结果整理与分析

将选择正确的评价员人数（x）统计出来，然后进行统计分析，比较两个产品间是否有显著性差异。

对蔬菜水果样品进行二-三点检验，当蔬菜水果样品间没有可觉察的差异时，评价员在进行选择时只能猜，此时正确选择的概率是 1/2，而当评价员能够感觉到样品间的差异时，作出正确判断的概率将大于 1/2，从而有统计假设：

无效假设 H_0：$P=1/2$；

备择假设 H_1：$P>1/2$。

根据统计假设，这是一个单尾检验。统计假设检验方法可以是二项检验或正态检验。

也可以通过试验的结果直接查“附表 8　二-三点检验及方向性成对比较检验正确响应临界值表（单尾测验）”进行推断得到结论。在附表 8 中，根据试验确定的显著性水平 a（一般为 0.05 或 0.01），评定组评价员的数量 n，可以查到相应的临界值 $x_{a,n}$，如果试验得到的正确选择的人数 $x \geqslant x_{a,n}$，表明比较的两个样品间有显著性差异；如果 $x<x_{a,n}$，表明比较的两个样品间没有显著性差异。

【例 5-2】苹果储藏研究人员希望知道使用某种添加剂后，使用添加剂后的产品是否与没有使用添加剂的产品之间存有差异。选择 25 个评价员，采用固定对照样品的二-三点检验。评价结果是有 20 个评价员的选择正确。试分析两种样品间是否有感官差异？显著性水平为 0.05。

本例中，评价员数量 $n=25$，正确选择人数为 $x=20$，查附表 8，相应的临界值为 $x_{0.05,25}=18$，试验中有 20 个评价员的选择正确，所以两种产品间有显著差异。

三、五中取二检验

1. 应用领域和范围

蔬菜水果的五中取二检验是检验两种蔬菜水果产品间总体感官差异的一种方法，当可用的评价员人数比较少（如 10 个）时，可以应用该方法。

由于要同时评定 5 个样品，检验中受感官疲劳和记忆效应的影响比较大，一般只用于视觉、听觉和触觉方面的试验，而不用于气味或滋味的检验。

2. 方法

每个评价员同时得到 5 个样品，其中 2 个是相同的一种产品，另外 3 个是相同的一种产品，要求评价员在检验之后，将 2 个相同的产品选出来。从统计学角度讲，本检验中纯粹猜中的概率是 1/10，比三点检验和二-三点检验猜中的概率低很多，所以五中取二检验的效率更高。

3. 评价员

从事五中取二检验的评价员必须经过培训，一般需要的人数是 10～20 人，当样品之间的差异较大、容易辨别时，5 人也可以。

4. 样品准备与呈送

同时呈送 5 个样品，其平衡的排列方式有如下 20 种。

AAABB	ABABA	BBBAA	BABAB
AABAB	BAABA	BBABA	ABBAB
ABAAB	ABBAA	BABBA	BAABB
BAAAB	BABAA	ABBBA	ABABB
AABBA	BBAAA	BBAAB	AABBB

如果要使得每个样品在每个位置被评定的次数相等，则参加试验的评价员数量应是 20 的倍数。如果评价员人数低于 20 人，样品呈送的次序可以从上述排列中随机选取，但含有 3 个 A 和含有 3 个 B 的排列数要相同。采用的评价单可以是表 5-4 的形式。

表 5-4　五中取二检验评价单

五中取二检验
姓名：________　　日期：________
样品类型：
评价说明： 1. 按给出的样品顺序评定样品。其中有 2 个样品是同一类型的，另外 3 个样品是另一种类型。 2. 评定后，请在你认为相同的两种样品的编号后面画“√”。 编号 862 245 398 665 537

5. 结果整理与分析

评定完成后，统计选择正确的人数，查“附表 10　五中取二检验正确响应临界值表”得出结论。

四、异同检验

蔬菜水果的异同检验，评价员每次得到两个（一对）蔬菜水果样品，评定后要求回答这两个样品是“相同”还是“不同”。在呈送给评价员的样品中，相同和不同的样品的对数是一样的。通过比较观察的频率和期望（假设）的频率，根据 χ^2 分布检验分析结果。

1. 应用领域和范围

当试验的目的是要确定蔬菜水果产品之间是否存在感官上的差异，而又不能同时呈送两个或更多样品的时候应用本方法。即三点检验和二-三点检验都不宜应用，如在比较一些味道很浓或味道持续时间较长的样品时，通常使用本检验方法。

2. 方法

每个评价员得到两个样品，评价后要求回答两个样品是“相同”还是“不同”。

3. 评价员

一般要求20～50名评价员进行试验，最多可以用200人，每人检验2次。评价员要么都接受过培训，要么都没接受过培训，但在同一个试验中，评价员不能既有受过培训的也有没受过培训的。

4. 样品准备与呈送

采用3个数字的随机数字进行样品编码。根据评价员数量，等量准备4种可能的样品组合（AA，BB，AB，BA），随机呈送给评价员评定。

5. 结果整理与分析

收集评价员评定结果，将各评价员评定结果按照表5-5进行统计：表中n_{ij}表示实际相同的成对样品和不同的成对样品被判断为“相同”或“不同”的评价员数量，R_i、C_j分别为各行、各列的和，采用χ^2检验进行统计分析。

表5-5 异同检验结果统计表

评定结果	评价员评定的样品		总和
	相同成对样品（AA，BB）	不同成对样品（AB，BA）	
相同	n_{11}	n_{12}	26（R_1）
不同	n_{21}	n_{22}	34（R_2）
总和	$C_1=n_{11}+n_{21}$	$C_2=n_{12}+n_{22}$	$n=R_1+R_2$

对于表5-5，行和列都只有两种分类，所以其自由度为$d_f=(2-1)(2-1)=1$，在进行χ^2检验时应该进行连续性校正。其χ^2统计量为：

$$\chi_C^2=\frac{(|n_{11}n_{22}-n_{12}n_{21}|-\frac{n}{2})^2n}{C_1C_2R_1R_2} \tag{5-1}$$

当样品总数$n>40$和$n_{ij}>5$时，χ^2统计量可以不进行连续性校正，此时可以按照下式计算χ^2统计量：

$$\chi^2=\frac{(n_{11}n_{22}-n_{12}n_{21})^2n}{C_1C_2R_1R_2} \tag{5-2}$$

查“附表4 χ^2分布表”自由度为1时的χ^2的临界值，当$a=0.05$时，$\chi^2_{0.05,1}=3.84$；当$a=0.01$时，$\chi^2_{0.01,1}=6.63$。将计算得到的χ_C^2（或χ^2）与临界

值比较，如果χ^2_C或χ^2大于等于临界值，则表明在相应的显著性水平上，两个样品间有显著性差异，相反则没有显著性差异。

【例 5-3】某检验检测中心根据省级农业主管部门要求，对不同栽培条件下生产的新品种桃子的口感风味进行检验评价，以确定新品种的最佳栽培技术条件。由于该桃子品种口味香甜，味道会有滞留效应，所以异同检验是比较适合的方法。本次评价共准备60对样品，30对完全相同（AA，BB），另外30对不同（AB，BA）。30个评价员，在一个评定单元中，每人评定一组相同产品配对（AA或BB）；在另一个评定单元中，再评一组不同产品配对（AB或BA），共收集60个响应。3个数字的随机数字编码，在评定小室中、红光下评定。测定进行前，将事先准备好的桃子样品放在盘中，按设计的次序将样品放在相应的密码盘中，呈给每个评价员评定。评价结果见表5-6。

表 5-6　异同检验评价结果

评定结果	评价员评定的样品		总和
	相同成对样品	不同成对样品	
	（AA，BB）	（AB，BA）	
相同	17	9	26（R_1）
不同	13	21	34（R_2）
总和	30（C_1）	30（C_2）	60（n）

本例可以不进行连续性校正，有：

$$\chi^2=\frac{(n_{11}n_{22}-n_{12}n_{21})^2 n}{C_1C_2R_1R_2}=\frac{(17\times 21-13\times 9)^2\times 60}{30\times 30\times 26\times 34}=4.34 \qquad (5\text{-}3)$$

$\chi^2=4.34>\chi^2_{0.05,1}=3.84$，因此比较的A、B两样品有显著的差异，表明由两种栽培技术生产出来的桃子口味是不同的，可以将两种产品进行消费者试验，以确定消费者更愿意接受哪种栽培技术条件下生产出来的产品。

五、“A”-“非A”检验

蔬菜水果“A”-“非A”检验不是较常使用的方法，但在二-三点检验和三点检验不适宜使用时可用本方法。

“A”-“非A”检验的结果只能表明评价员能否区别开两个样品。就像成对比较检验，不能表明差别的方向。换句话说，将只能知道样品可觉察到差异，但不知道样品在哪些性质上存在差异。

1. 应用领域和范围

蔬菜水果“A”-“非A”检验，本质上是一种顺序成对差别检验或简单差别检验。当试验者不能使两种类型产品有严格相同的颜色、形状或大小，但样品的颜色、形状或大小与研究目的不相关时，经常采用“A”-“非 A”检验。但是，在颜色、形状或大小上的差别必须非常微小，而且只有当样品同时呈现时差别才比较明显。如果差别不是很小，评价员很可能根据这些外观差异作出他们的判断。

2. 方法

先将产品“A”呈送给评价员，评价员进行评定并熟悉产品的感官性质，然后以随机的方式呈送给评价员一系列的“A”和差异较小的另外一个样品（“非 A”），评价员评定后确定样品是“A”还是“非 A”，在评价过程中可以将“A”再次呈送给评价员，以提醒评价员。Meilgaard（梅尔加德）等（1991）提出将两个产品同时呈送给评价员熟悉，但在评价过程中不再给出“A”或“非 A”。

3. 评价员

评价员没有机会同时评价样品，他们必须根据记忆比较这两个样品，并判断它们是相似还是不同。因此，评价员必须经过训练，以理解评价单所要求的任务，但不需要接受特定感官性质的评价训练。评价员在检验开始之前要对明确标示为“A”和“非 A”的样品进行训练。

4. 样品准备与呈送

样品以 3 个数字的随机数字进行编码，一个评价员得到的相同样品应该用不同的随机数字编码。样品一个一个地以随机的方式或平衡的方式顺序呈送，但样品“A”和样品“非 A”呈送的数量应该相同。评价单可以是表 5-7 的形式。

表 5-7 “A”-“非 A”检验评价单

“A”-“非 A”检验			
样品：________	日期：________	评价员：________	评价员号：________

评定说明：

1. 请先熟悉样品“A”和样品“非 A”，然后将其还给管理人员。
2. 取出编码的样品。这些样品中包括“A”和“非 A”，其顺序是随机的。
3. 按顺序品尝样品，并在□中用“√”标识你的评定结果。

样品评定结果：

样品编码	A	非 A
…	□	□
…	□	□
…	□	□
…	□	□
…	□	□
…	□	□

评论：

5. 结果整理与分析

将各评价员评定结果统计到表5-8。表中 n_{ij} 表示样品为“A”或“非A”而被评价员判断为“A”或“非A”的评价员数量，R_i、C_j 分别为各行和各列的和，用 χ^2 检验，即“附表4 χ^2 分布表”进行结果的统计分析，统计分析方法和过程见本节“异同检验”。

表5-8 “A”-“非A”检验结果统计表

评定结果	评价员评定的样品		总和
	“A”	“非A”	
“A”	n_{11}	n_{12}	R_1
“非A”	n_{21}	n_{22}	R_2
总和	C_1	C_2	n

【例5-4】某生产企业想使用新的产量高、成本低的甜橙子品种替代原饮料中使用的甜橙子品种，但新的甜橙子品种的风味与原甜橙子品种稍有差异，研究人员希望知道新的甜橙品种是否与原甜橙品种有差异。筛选出40位评价员，采用“A”-“非A”检验对原产品（“A”）和新橙子品种生产的产品（“非A”）进行检验，每个评价员评定6个样品（3个“A”和3个“非A”），评价结果见表5-9。

表5-9 不同甜橙品种的“A”-“非A”检验评价结果

评定结果	评价员评定的样品		总和
	“A”	“非A”	
“A”	72	55	127
“非A”	48	65	113
总和	120	120	230

本例可以不进行连续性校正，有统计量：

$$\chi^2=\frac{(n_{11}n_{22}-n_{12}n_{21})^2n}{C_1C_2R_1R_2}=\frac{(72\times65-48\times55)^2\times240}{120\times120\times127\times113}=4.83 \qquad (5\text{-}4)$$

查自由度为 $d_f=1$ 时 χ^2 的临界值（见附表4），当 $a=0.05$ 时，$\chi^2_{0.05,1}=3.84$，计算的统计量 $\chi^2=4.83>\chi^2_{0.05,1}$，因此比较的两个样品有显著差异，表明新甜橙品种生产的饮料的风味与原来产品间有显著差异。

六、对照差异检验

蔬菜水果产品与对照样品的差异检验，也叫差异程度检验。在这种方法中，呈送给评价员一个对照样和一个或几个待测样，并告知评价员，待测蔬菜水果样中的某些样品，可能和对照样是一样的，要求评价人员定量地给出每个样品与对照的差异程度。

1. 应用领域和范围

用这一检验可以测定的目标有两个：

① 可以测定一个及多个样品与对照样品之间的差异是否存在。

② 估计差异的大小，一般将其中一个样品设定为"标准样或对照样"，来评定所有其他样品与对照样差异程度的大小。

与对照样的差异检验用于蔬菜水果样品间存在可以检测到的差异，但测定目标主要是通过蔬菜水果样品间差异的大小来作决策的情形，如在进行质量保证、质量控制、货架寿命试验等研究时，不仅要确定产品间是否有差异，还希望知道差异的程度。对于那些由于本身的不均一性而使得三点检验、二-三点检验不适合使用的产品，采用本方法更合适。

2. 方法

呈给每个评价员一个对照样、一个或几个待测样（其中包括对照样，作为盲样），要求评价员通过一个差异程度尺度评出各样品与对照样间的差异大小。评价过程中，让评价员知道这些样品中有些与对照样是相同的，通过各样品与对照间差异的评定结果来进行统计分析，得出产品与对照间的差异显著性。

3. 评价员

一般需要20～50个评价员。评价员可以是经过训练的，也可以是未经训练的，但评定分组不能是两类评价员的结合。所有评价员均应该熟悉测定形式，了解尺度的意义、评定的编码、样品中有作为盲样的对照样。

4. 样品准备与呈送

如果可能，将样品同时呈给评价员，包括标记出来的对照样、其他待评的编码样品和编码的盲样（对照样）。将一个对照样标记出来，每个评价员给一个，其他的对照则编码以样品形式给出。选择这种方法是由于样品比较复杂，或是由于样品容易产生适应，每次评定中任何评价员都只能给一对样品。

使用的尺度可以是类别尺度、数字尺度或线性尺度，类别尺度可以是如下形式：

词语类别尺度	数字类别尺度
无差异	0＝无差异
极微的差异	1
微小的差异	2
极小的差异	3
较小的差异	4

中等的差异	5
略大于中等的差异	6
大于中等的差异	7
较大差异	8
差异大	9
极大差异	10

如果使用词语类别尺度，在进行结果分析时要将其转换成相应的数值。

5. 结果整理与分析

计算各个样品与空白对照样差异的平均值，然后用方差分析（如果仅有一个样品则可以用成对 t 检验）进行统计分析以比较各样品间的差异显著性。

【例 5-5】比较不同产品与对照样间的总体差异。一家研究机构希望改善梨果品种的口感风味，提高梨果的消费者可食性评价满意度，开发了梨果品种（产品 F、N），选择市场消费味感较好的对照梨果（C），研究人员希望知道这两个样品与对照样的差异程度，采用 DOD（差异程度检验）评价。

选用 42 个评价员进行口感风味品尝，一次评定两个样品，评价 3 次。将每组样品中对照样标记出来，待评产品用 3 个数字的随机数字编码，在（C-C）的组合中，对照盲样也用随机数字编码。评价单见表 5-10，样品对的组合如下：

对照样与产品 F（C-F）

对照样与产品 N（C-N）

对照样与对照样（C-C）

表 5-10　与对照样的差异评价单

姓名：________　　　日期：________　　　评价员号：________
样品类型：
评定说明： 1. 你将评定两个样品，一个是对照样（C），一个待测样品（3 个数字编码样），记录编码的样品号。 2. 评定这两个样品，并用如下尺度表示待测样与对照样间的差异程度，在你认为最能表达与对照样间的差异程度的尺度值处打“√”
样品编号：
0＝无差异
1
2
3
4
5

续表

6
7
8
9
10＝极大差异

提示：成对的样品中，有两对是相同的样品。
评价：

结果分析：42个评价员的评价结果见表5-11。采用两向分组（样品、评价员）无重复资料的方差分析方法。进行平方和与自由度的分解时，先计算各样品及评价员的评定值和（T_A，T_B）、总和（T），各变异来源的平方和及自由度计算如下面各公式，方差分析结果见表5-12。

表5-11 样品F、N与对照差异评价结果

评价员	对照	产品F	产品N	和（T_B）	评价员	对照	产品F	产品N	和（T_B）
1	1	4	5	10	19	0	3	4	7
2	4	6	6	16	20	5	4	5	14
3	1	4	6	11	21	2	3	3	8
4	4	8	7	19	22	3	6	7	16
5	2	4	3	9	23	3	5	6	14
6	1	4	5	10	24	4	6	6	16
7	3	3	6	12	25	0	3	3	6
8	0	2	4	6	26	2	5	1	8
9	6	8	9	23	27	2	5	5	12
10	7	7	9	23	28	2	6	4	12
11	0	1	2	3	29	3	5	6	14
12	1	5	6	12	30	1	4	7	12
13	4	5	7	17	31	4	6	7	17
14	1	6	5	12	32	1	4	5	10
15	4	7	6	17	33	3	5	5	13
16	2	2	5	9	34	1	4	4	9
17	2	6	7	15	35	4	6	5	15
18	4	5	7	16	36	2	3	6	11

续表

评价员	对照	产品 F	产品 N	和（T_B）	评价员	对照	产品 F	产品 N	和（T_B）
37	3	4	6	13	41	1	5	5	11
38	0	4	4	8	42	3	4	4	11
39	4	8	7	19	和（T_A）	100	200	226	526
40	0	5	6	11	平均值（$\overline{x}_i$）	2.4	4.8	5.4	

如果以 a、b 分别表示样品和评价员数量，x_{ij} 表示各评价值，有：

矫正数：

$$C=\frac{T^2}{ab}=\frac{526^2}{3\times 42}=2195.841 \tag{5-5}$$

总平方和：

$$SS_T=\sum_{i=1}^{a}\sum_{j=1}^{b}x_{ij}^2-C=(1^2+4^2+5^2+\cdots+4^2)-C=548.159 \tag{5-6}$$

$$d_{f_T}=ab-1=3\times 42-1=125 \tag{5-7}$$

样品平方和：

$$SS_A=\frac{1}{b}\sum_{i=1}^{a}T_A^2-C=\frac{1}{42}(100^2+200^2+226^2)-C=210.730 \tag{5-8}$$

$$d_{f_A}=a-1=3-1=2 \tag{5-9}$$

评价员平方和：

$$SS_B=\frac{1}{a}\sum_{j=1}^{b}T_B^2-C=\frac{1}{3}(10^2+16^2+\cdots+11^2)-C=253.492 \tag{5-10}$$

$$d_{f_B}=b-1=42-1=41 \tag{5-11}$$

误差平方和：

$$SS_e=SS_T-SS_A-SS_B=548.159-210.730-253.492=83.937 \tag{5-12}$$

$$d_{f_e}=(a-1)(b-1)=(3-1)(42-1)=82 \tag{5-13}$$

表 5-12　结果方差分析

变异来源	自由度（d_f）	平方和（SS）	均方（MS）	F 值	F 临界值
样品间	2	210.730	105.365	102.93**	$F_{0.01,2,82}=4.874$
评价员间	41	253.492	6.183	6.04**	$F_{0.01,41,82}=1.835$
误差	82	83.937	1.024		
总和	125	548.159			

注：** 表示差异极显著。

进行显著性检验时，查“附表6 F临界值表”相应自由度下的F临界值。本例中分子的自由度分别为2、41，分母自由度为82，但附表6中没有列出相应自由度下的临界值，此时可以用Excel软件进行计算。在Excel表的单元格中插入F临界值的计算函数（FINV），给出相应的显著性水平和自由度，则得到临界值。本例显著性水平$a=0.01$，在Excel表的单元格中分别插入“=FINV(0.01，2，82)”“=FINV(0.01，41，82)”，回车即得到相应的临界值（见表5-12“F临界值”）。

方差分析表明，评价员间也表现出极显著的差异，说明评价员间使用尺度的方式有差异，但方差分析时将评价员间的变异分离出来，不影响样品间的比较。

样品间的F值达到了极显著水平，因此3个样品间有极显著的差异。采用最小显著差数法（LSD法）进行样品间平均数的比较：

$$LSD_a = t_{a,d_{f_e}} \sqrt{\frac{2MS_e}{b}} = 1.99 \times \sqrt{\frac{2 \times 1.024}{42}} = 0.44 \tag{5-14}$$

式中，$t_{a,d_{f_e}}$为一定误差自由度下、显著性水平为a时的t临界值；MS_e为误差均方；b为各样品重复评价的次数，本例中即评价员数。

本例$a=0.05$，误差自由度为$d_{f_e}=82$，查“附表13 t值表”得$t_{0.05,82}=1.99$，计算得$LSD_{0.05}=0.44$。将待评的两个样品分别与对照样比较，如果二者平均数差值的绝对值大于或等于$LSD_{0.05}$，表明比较的样品间有显著性差异。在本例中，分别计算产品F和产品N的平均值（表5-11）与对照样平均值的差值，与$LSD_{0.05}$比较：

产品F与对照样比较：

$$|4.8-2.4| = 2.4 > LSD_{0.05} \tag{5-15}$$

产品N与对照样比较：

$$|5.4-2.4| = 3.0 > LSD_{0.05} \tag{5-16}$$

从本例比较结果看出，待评的两个样品与对照间有显著性差异。

感官评价结果表明，两个产品总体上与对照样有显著差异。

七、相似性检验

相似性检验是用来确定比较的两个产品间是否相似的一种感官检验方法，属于差别检验的一种。

1. 应用领域和范围

相似性检验在蔬菜水果产品感官检验领域中有较为广泛的应用。在很多产品的感官检验中，研究者的目的是希望确定比较的两个产品间是否相似，而不是确定两个产品间是否存在差异。例如，某生产商可能用一种新的高产的品种产品代替原来的品种产品，用于加工产品的生产，降低原料成本，同时也希望产品保留原有的色泽、口感等风味特性。

2. 方法

相似性检验仅仅是从统计学上表明，比较的两个产品在感官特征或性质强度上比允许的差异更小。

按照统计假设检验的逻辑，差别检验中没有差异的无效假设 H_0 不可能被证实，而只能被证伪。但没有差异并不等于相似。比较的两个产品间没有显著性差异可能仅仅由于样本容量不合适，在样本容量足够大时，产品间很小的差异在统计学上都可能表现出显著性差异。

在感官评价领域中，以前主要采用差异检验效率方法。使用这种方法时，选择一个较小的第Ⅱ类错误（β），及特定允许差异（Δ_0），从而确定样本容量，以保证较大的检验出差异的效率，如果“无差异”的无效假设（H_0）没有被否定，则得到样品间相似的结论。该方法的逻辑是：如果差异比特定允许差异大，则这种差异很可能被检测出来，没有差异的无效假设很可能被拒绝；相反，如果差异比特定允许差异小，则无效假设很可能不被否定。但根据这一逻辑，在任何条件下都不能证明和接受无效假设。此外，这种方法的一个缺点是对于大样本和较小的试验误差，即使比较的产品间差异细微，得到产品间相似的结论也是不可能的。以前这种方法是等效检验的一个标准方法，由于它的不适应性，这种方法的使用正在减少。

很多研究者认为区间假设检验是一种进行相似性检验适宜的统计方法。采用这种方法，无效假设是两个处理间的差异等于或大于特定允许差异，而备择假设是小于特定允许差异：

$$H_0: |\mu_1 - \mu_2| \geqslant \Delta_0 \tag{5-17}$$

$$H_1: -\Delta_0 < |\mu_1 - \mu_2| < \Delta_0 \tag{5-18}$$

如果否定无效假设，接受备择假设，则表明比较的两个样品间相似。在采用区间假设检验的相似性检验中，Ⅰ类错误（a）是两个样品实际上不同却得到相似的结论的概率，一般选择 $a=0.05$ 或 0.1；Ⅱ类错误（β）是两个处理实际上是相似的，但却没有得到相似性的推论的概率。相似性检验效率（$1-\beta$）是当两个处理相似时，正确否定无效假设而接受备择假设的概率，一般 β 为 0.1 或 0.2，（$1-\beta$）为 0.9 或 0.8。

3. 采用传统差别检验方法的相似性检验

传统用于差别检验的必选方法可以用于相似性检验，根据上述相似性检验的区间检验方法进行相应的统计处理。下面将介绍成对比较检验、三点检验等用于相似性检验的统计处理方法。

① 确定显著性水平 a，一般选择 0.05 或 0.1。

② 设定允许的或可以忽略的分辨出差异的比例 Δ_0，一般选择 0.1 或 0.2 等。

③ 采用本章中介绍的成对比较检验、二-三点检验和三点检验等用于相似性检验进行感官评价，评价方法与前述相同。

④ 统计选择正确的人数 c。

⑤ 进行统计推断，得出结论。根据差别检验中评价员数量 n，正确响应的评价员数量 c、显著性水平 a 和特定允许差异 Δ_0，直接查表得到相应差别检验方法的相似性检验临界值 c_0。如果 $c \leqslant c_0$，则否定无效假设 H_0，接受备择假设 H_1，得到比较的样品相似的结论。

“附表 11　采用成对比较检验和二-三点检验进行相似性检验的正确响应临界值表”和“附表 12　采用三点检验进行相似性检验的正确响应临界值表”给出了用成对比较检验、二-三点检验、三点检验进行相似性检验时的临界值。

【例 5-6】有 100 个评价员采用三点检验法评价两个冬枣品种产品的甜味强度是否相似，将正确分辨出两者间差异的允许人数比例设定为 $\Delta_0=0.2$，显著性水平为 $a=0.05$、100 个评价员有 35 人选择正确，所以正确响应的评价员数量为 $c=35$。

在本例中，从附表 12 可知，当 $n=100$、$a=0.05$、$\Delta_0=0.2$ 时，查到临界值 $c_0=37$。由于正确响应的评价员数量（35）比临界值（37）小，所以得到这两个产品的甜度差异小，即在显著性水平为 0.05、$\Delta_0=0.2$ 时，两个产品的甜度是相似的。

八、成对比较检验

感官性质差别检验是测定两个或多个样品之间某一特定感官性质的差别，如甜度、苦味强度等，在进行评价时要确定评定的感官性质。但应该注意的是，如果两个样品所评定的感官性质不存在显著差异，并不表示两个样品没有总体差异，也可能其他感官性质有差异。

如果要确定两个样品（A 和 B）间某个特定的感官性质是否有差异，如哪个样品更甜（酸）等感官性质，可采用成对比较检验。这种方法也叫 2 项必选检验，即 2-AFC（2-alternative forced choice）检验。

1. 应用领域和范围

成对比较检验是最简便也是应用最广泛的差别检验方法。可以应用于产品和工艺开发、质量控制等方面，也常在决定是否使用更为复杂的方法之前使用。

2. 方法

将两个样品同时呈送给评价员，评价员从左向右评定样品规定的感官性质，然后作出选择。一般情况下要求评价员一定要作出选择，如果感觉不到差异可以猜测，不许作出“没有差别”的判断，因为这样会给结果的统计分析带来困难。

采用的评价单可以是表 5-13 的形式。

表 5-13　成对比较检验评价单

性质差别检验
姓名：________　　日期：________　　评价员号：________
样品类型：橙子
评定的感官性质：苦味
评价说明： 1. 从左向右品尝样品，然后作出判断。 2. 请在你认为苦味更强的样品号上画圈。如果没有明显的差异，可以猜一个答案，但必须要选择一个
样品 793　　　　734
其他评价：

3. 评价员

该试验很容易操作，因此没有受过培训的人可以参加试验，但是他们必须熟悉要评价产品的感官性质。如果要评价的是某项特殊性质，则要使用受过培训的评价员。经过筛选的评价员应该有 20 个以上，如果是没有受过培训的人员，则应该更多。

4. 样品准备与呈送

同时呈送两个样品，样品可能的排列顺序有 AB、BA，两种排列顺序的数量相同，各评价员得到哪组样品应该随机。

5. 结果整理与分析

成对比较检验的统计分析采用二项分布进行检验，统计得到正确回答的人数（x），在规定的显著性水平 a 下查到临界值（$x_{a,n}$），将正确选择的总评价员人数与表中临界值比较，如果 $x \geqslant x_{a,n}$，表明比较的两个产品在 a 水平上该感官性质有差异；如果 $x < x_{a,n}$，表明比较的两个产品的感官性质没有差异。

在成对比较差异检验中有单尾检验和双尾检验的差别，如果在试验之前对两个产品所评定的感官性质差异的方向没有预期，即试验之前在理论上不可能预期哪个样品的感官性质更强，采用双尾检验，此时称为无方向性成对比较检验。相反，如果试验之前对两个产品所评定的感官性质差异的方向有预期，即试验之前在理论上可预期哪个样品的感官性质更强，在进行统计假设时，采用单尾检验，这种方法也称为方向性成对比较检验，一般无效假设 H_0 为两个样品的强度无差异，而 H_1 假设为其中一个比另一个强。采用双尾和单尾检验时统计假设不同，因此比较的临界值也不相同，“附表 8　二-三点检验及方向性成对比较检验正确响应临界值表（单尾测验）”和“附表9　无方向性成对比较检验（双尾测验）正确响应临界值表”给出了成对比较检验的单尾、双尾检验临界值，根据假设查单尾或双尾临界值，作出推论。

【例5-7】无方向性成对比较检验。某桃子品种研究人员得知，经过几年种植后，有消费者抱怨产品出现苦味较强的问题。所以，研究人员希望知道该品种与竞争产品间是否有差异。本公司桃子产品编码为663，竞争产品为384；32个评价员各评定一组样品，结果有20个评价员选择663的苦味更强，12个评价员选择384苦味更强。显著性水平a为0.05。试分析两种产品苦味是否有差异。

H_0：两种产品的苦味没有差异；

H_1：两种产品的苦味有差异。

因为试验前不知道两种产品间苦味强度的关系，所以H_0和H_1分别为相等、不相等的假设，检验为双尾检验。

查附表9，当$a=0.05$、$n=32$时，临界值为$x_{0.05,32}=23$，本例中有20人选择663，低于临界值，所以比较的两个样品的苦味没有显著性差异。

【例5-8】方向性成对比较检验。某苦瓜生产基地得到的市场报告称，他们生产的苦瓜的苦味比较寡淡。为了增强苦味，生产基地希望更换为苦瓜品种B，新品种B在该生产基地与原品种A一起进行生产，生产基地希望知道在相同栽培条件下，品种B的苦味是否比品种A的强。采用成对比较检验，30个评价员进行两个样品间苦味评价，试验显著性水平为0.01。试验后得到30人中有22人选择B的苦味更强，试分析A和B间苦味是否有差异。

H_0：两个产品的苦味没有差异，或B的苦味并不比A强；

H_1：B的苦味比A强。

因为评价前可以预期产品B的苦味可能比A强，所以H_1假设B的苦味更强，检验为单尾检验。

查附表8，当$a=0.01$、$n=30$时，临界值为22，本例中有22人选择B，等于临界值，所以产品B的苦味强于A，差异达到极显著水平。

九、选择试验检验

1. 应用领域和范围

常用于嗜好调查。

2. 方法

①求数个样品间有无差异，根据χ^2检验判断结果，用如下公式求χ_0^2值：

$$\chi_0^2=\sum_{i=1}^{m}\frac{\left(x_i-\frac{n}{m}\right)^2}{\frac{n}{m}} \tag{5-19}$$

式中，m 为样品数；n 为有效评价表数；x_i 为 m 个样品中，最喜好其中某个样品的人数。

查"附表 4　χ^2 分布表"，若 $\chi_0^2 \geqslant \chi_{d_f,a}^2$（$d_f$ 为自由度，$d_f = m-1$；a 为显著水平），说明 m 个样品在 a 显著水平存在差异。若 $\chi_0^2 < \chi_{d_f,a}^2$，说明 m 个样品在 a 显著水平不存在差异。

② 求被多数人判断为最好的样品与其他样品间是否存在差异，根据 χ^2 检验判断结果，用如下公式求 χ_0^2 值：

$$\chi_0^2 = \left(x_i - \frac{n}{m}\right)^2 \frac{m^2}{(m-1)n} \tag{5-20}$$

查附表 4，若 $\chi_0^2 \geqslant \chi_{d_f,a}^2$，说明此样品与其他样品之间在 a 水平存在差异。否则，无差异。

3. 评价员

选择性试验法对评价员没有硬性要求必须经过培训，但要求在做第二次试验之前，必须彻底洗漱口腔，不得有残留物或残留味的存在。

4. 样品准备与呈送

注意出示样品的随机顺序。

5. 结果整理与分析

例如，某生产厂家把自己生产的商品 A，与市场上销售的三个同类商品 X、Y、Z 进行比较。由 80 位评价员进行评价，并各自选出认为最好的一个产品来，结果见表 5-14。

表 5-14　三个同类商品评价结果

商品	A	X	Y	Z	合计
认为商品最好的人员	26	32	16	6	80

① 求四个商品间的喜好度有无差异。

$$\chi_0^2 = \sum_{i=1}^{m} \frac{\left(x_i - \frac{n}{m}\right)^2}{\frac{n}{m}} = \frac{m}{n}\sum_{i=1}^{m}\left(x_i - \frac{n}{m}\right)^2$$

$$= \frac{4}{80} \times \left[\left(26 - \frac{80}{4}\right)^2 + \left(32 - \frac{80}{4}\right)^2 + \left(16 - \frac{80}{4}\right)^2 + \left(6 - \frac{80}{4}\right)^2\right]$$

$$= 19.6 \tag{5-21}$$

$$d_f = 4 - 1 = 3 \tag{5-22}$$

查附表 4 知：

$$\chi_{3,0.05}^2 = 7.8 < \chi_0^2 \tag{5-23}$$

$$\chi^2_{3,0.01}=11.34<\chi^2_0 \tag{5-24}$$

所以，结论为四个商品间的喜好度在1%显著水平有显著性差异。

② 求被多数人判断为最好的商品与其他商品间是否有显著性差异。

$$\chi^2_0=\left(x_i-\frac{n}{m}\right)^2\frac{m^2}{(m-1)n}=\left(32-\frac{80}{4}\right)^2\times\frac{4^2}{(4-1)\times 80}=9.6 \tag{5-25}$$

查附表4知：

$$\chi^2_{1,0.05}=3.84<\chi^2_0 \tag{5-26}$$

$$\chi^2_{1,0.01}=6.63<\chi^2_0 \tag{5-27}$$

所以，结论为被多数人判断为最好的商品X与其他商品间存在极显著性差异，但与a相比，由于$\chi^2_0=\left(32-\frac{58}{2}\right)^2\times\frac{2^2}{(2-1)\times 58}=0.62$，远远小于$\chi^2_{1,0.05}$，可以认为无差异。

十、配偶试验检验

逐个取出两组试样中的样品进行两两归类的方法称为配偶试验。

1. 应用领域和范围

此方法可应用于检验评价员的识别能力，也可用于识别样品间的差异。

2. 方法

检验前，两组中样品的顺序必须是随机的，但样品的数目可不尽相同，如A组有m个样品，B组可有m个样品，也可有（$m+1$）或（$m+2$）个样品，但配对数只能是m对。

3. 结果分析

统计出正确的配对数平均值，即$\overline{S}_0$，然后根据以下情况查表5-15或表5-16中的相应值，得出有无差异的结论。

① m对样品重复配对时（即由两个以上评价员进行配对时），若$\overline{S}_0$大于或等于表5-15中的相应值，说明在5%显著水平下样品间有差异。

表5-15　配偶试验检验表（$a=5\%$）

n	S	n	S	n	S	n	S
1	4.00	6	1.83	11	1.64	20	1.43
2	3.00	7	1.86	12	1.58	25	1.36
3	2.33	8	1.75	13	1.54	30	1.33
4	2.25	9	1.67	14	1.52		
5	1.90	10	1.60	15	1.50		

注：此表为m个和m个样品配对时的检验表。适用范围：$m\geqslant 4$；重复次数n。

② m 个样品与 m 个或（$m+1$）或（$m+2$）个样品配对时，若 $\overline{S}_0$ 值大于或等于表 5-15 中 $n=1$ 栏或附表 20 中的相应值，说明在 5%显著水平下样品间有差异，或者说评价员在此显著水平有识别能力。

【例 5-9】由四名评价员通过外观，对八种用不同方法加工的食物进行配偶试验。结果见表 5-16。

表 5-16　对八种用不同方法加工的食物进行配偶试验的试验结果

评价员	样品							
	A	B	C	D	E	F	G	H
1	B	C	E	D′	A	F′	G′	B
2	A′	B′	C′	E	D	F′	G′	H′
3	A′	B′	F	C	E′	D	H	C
4	B	F	C′	D′	E′	G	A	H′

四个人的平均正确配偶数 $\overline{S}_0=\dfrac{3+6+3+4}{4}=4$，查表 5-15 中 $n=4$ 栏，$S=2.25<\overline{S}_0=4$，说明这八个产品在 5%显著水平有差异，或这四个评价员有识别能力。

十一、差别检验统计分析

在感官评价中，由多个评价员组成的评价组对样品的差异、感官性质强度等进行评定，在评定完成后，应对得到的数据进行统计分析，以确定比较的样品间是否有显著性差异。

1. 统计应用

对于感官评价数据的统计分析，根据测量的水平、数据资料的总体特征，确定用参数检验还是用非参数检验。根据试验设计来确定选择相关样本或独立样本检验。

一般情况下，在感官评价中，如果用同一个评价组评价所有的样品，则是相关样本检验。独立样本检验是在对相同的样品采用不同的评价组评价时使用，例如，在贮藏试验中的情况，或者一个产品在不同的地方或不同的市场被评价时，采用不同的评价组进行感官评价时得到的数据是独立样本数据。使用的检验有单样本检验、成对比较检验（相关样本）。多个样本检验则使用方差分析。有些感官评价技术，如传统差别检验和排序检验，应根据数据性质选择非参数的假设检验方法。

2. 传统差别检验的方法及数据分析

三点检验、五中取二等差别检验产生的数据属于离散型资料，对总体的分布通常不做假设，因此通常采用非参数假设检验。多使用二项检验和卡方检验。由于是非参数假设检验，测验结果只能表明比较的样本间是否存在差异，而不能提供有关差异程度的信息。二项检验使用得更广泛，如“附表7　三点检验正确响应临界值表”“附表8　二-三点检验及方向性成对比较检验正确响应临界值表（单尾测验）”“附表9　无方向性成对比较检验（双尾测验）正确响应临界值表”中的正确响应临界值都是采用二项检验产生的。下面是常用于差别检验中的一些统计检验方法。

（1）假设检验

① 统计假设

无效假设（H_0）：$p_A=p_B=0.5$

备择假设（H_1）：$p_A>0.5$

如对于有方向性成对比较检验，H_0 为如果两个产品间没有感官差异或者说评价员感觉不出两个样品间的差异，此时只能猜，即选择 A 和 B 的概率相同，为 0.5。H_1 为选择 A 的评价员比例高于 50%，即表示 A 的风味显著比 B 强。

同时规定显著性水平（α）。显著性水平是一个概率值，在平均数的假设检验中通常选择 0.05 或 0.01。显著性水平表示拒绝一个真实的无效假设的概率。

② 单尾与双尾检验

根据统计假设确定是单尾检验还是双尾检验。无方向性成对比较检验为双尾检验，有方向性成对比较检验、二-三点检验、三点检验、五中取二检验等为单尾检验。

③ 两类错误

在统计假设检验中有两类错误，Ⅰ类错误或称为 α 错误，是否定一个正确的 H_0 假设的错误，其发生的概率为显著性水平 α；Ⅱ类错误或称为 β 错误，是接受错误的 H_0 假设的错误，其概率为 β，在感官检验中，通常取 $\beta=0.2$ 或 0.1。

（2）二项分布检验

如果在某个独立的试验中，一个随机事件 A 出现的概率为 $P(\mathrm{A})=p$，则其对立事件的概率为 $q=1-p$（$0<p<1$）。重复独立地进行 n 次试验，在这 n 次试验中，A 发生的次数 x 是一个随机变量，它的取值为 0，1，2，…，n。则 n 次试验中，A 恰好出现 x 次的概率为：

$$P\{x\}=C_n^x p^x(1-p)^{n-x}(x=0,1,2,\cdots,n) \tag{5-28}$$

这里的 C_n^x 指 n 次独立重复试验中 A 发生 x 次的组合数。

在传统差异检验中，试验结果只有两个，即正确选择（正确响应）和错误选择。

评价员独立进行评价，如果差异明显，则很容易作出判断；如果差异很小，则要求评价员集中注意力进行评定，找出更符合要求的那个样品；如果评价员检测不出两个样品间的差异，也不允许“没有差异”的选择，如果允许有这个选择，则会改变整个统计方法的框架和差别检验的性质。对于鉴别不出差异的评价员，检验则变成纯粹的猜测，即随机选择一个。此时评价结果满足二项分布数据要求，采用二项分布计算概率，进行统计假设检验。

Roessler（罗斯勒）等采用二项分布计算了成对比较检验、三点检验等假设检验的正确响应的最低临界值，供检验数据时直接查表分析。基于二项分布的检验，如果正确响应的数量为 x，单尾和双尾检验的临界值通过下面的公式计算得到：

对于单尾检验：

$$\sum_{k=0}^{c} C_n^k p_0^k (1-p_0)^{n-k} \geqslant 1-a \tag{5-29}$$

对于双尾检验：

$$\sum_{k=0}^{c} C_n^k p_0^k (1-p_0)^{n-k} \geqslant 1-\frac{a}{2} \tag{5-30}$$

式中，p_0 为纯粹猜中的概率；k 为试验处理个数；n 为评价员数量；C 为各评价方法正确响应的临界值，见“附表 7　三点检验正确响应临界值表”“附表 8　二-三点检验及方向性成对比较检验正确响应临界值表（单尾测验）”“附表 9　无方向性成对比较检验（双尾测验）正确响应临界值表”“附表 10　五中取二检验正确响应临界值表”。

方向性成对比较检验、二-三点检验、三点检验、五中取二检验采用单尾检验，无方向性成对比较检验采用双尾检验。

3. χ^2 检验

χ^2 检验计算在无效假设的基础上得到试验结果的概率。χ^2 计算公式（未校正）如下：

$$\chi^2 = \sum_i \frac{(Q_i - E_i)^2}{E_i} \tag{5-31}$$

式中，Q_i 为观察次数，$i=1$，2，…；E_i 为理论次数，$i=1$，2，…。

如果自由度为 1，则 χ^2 要进行校正：

$$\chi_e^2 = \sum \frac{(|O_i - E_i| - \frac{1}{2})^2}{E_i} \tag{5-32}$$

根据得到的概率值的大小，接受或否定无效假设。在实际应用中，一般不直接计算具体的概率值，而是在相应自由度下根据确定的显著性水平 a，查“附表 4　χ^2 分布表”，得到临界值 χ^2_{a,d_f}。如果实际计算的 $\chi^2 \geqslant \chi^2_{a,d_f}$，则否定 H_0，接受 H_1；如果实际计算的 $\chi^2 < \chi^2_{a,d_f}$，则接受 H_0。

三点检验、二-三点检验、定向成对比较检验、五中取二检验等方法的类别为2个，其自由度为1，所以计算χ^2时要进行连续性校正，采用χ_C^2公式计算。

【例5-10】方向性成对比较检验中，比较A产品的酸味强度是否显著高于B产品，30人评定，有23人选择A更强，7人选择B更强。则有：

H_0：两类产品酸味没有差异，即选择A、B产品的评价员比例为15∶15；H_1：产品A风味更强，即选择A的评价员更多。

根据H_0，选择A和选择B的理论次数都为15，且只有2个类别，自由度为1，所以进行校正，计算式为：

$$\chi_C^2=\sum\frac{(|O_i-E_i|-\frac{1}{2})^2}{E_i}=\frac{(|23-15|-\frac{1}{2})^2}{15}+\frac{(|7-15|-\frac{1}{2})^2}{15}=7.5 \tag{5-33}$$

查χ^2临界值表（附表4），$d_f=1$、$a=0.05$时，$\chi^2=3.84$，计算得到的$\chi^2=7.5>3.84$。因此否定H_0，接受H_1，即产品A酸味显著比B强。

χ^2检验可以应用于多个类别的数据分析，如“A”-“非A”检验、异同检验等的差异显著性分析。在计算χ^2统计量时，也可以采用变换的公式，不计算理论次数而通过观察次数直接计算χ^2统计量，如前述的异同检验和“A”-“非A”检验的χ^2计算，其结果相同。

4. u检验

对于评定人数多（如有30个以上的评价员）的试验，则可以采用正态分布近似去代替二项分布进行概率计算和显著性检验。有统计量：

$$u=\frac{x-np}{\sqrt{npq}} \tag{5-34}$$

式中，x为选择正确的评价员数；n为总评价员数；p为纯粹猜的概率，$q=1-p$。

对于三点检验，$p=1/3$；对于二-三点检验、成对比较检验，$p=1/2$；对于五中取二检验，$p=1/10$。

三点检验、二-三点检验、成对比较检验和五中取二检验都有相应的检验临界值表可以直接查，见“附表7　三点检验正确响应临界值表”“附表8　二-三点检验及方向性成对比较检验正确响应临界值表（单尾测验）”“附表9　无方向性成对比较检验（双尾测验）正确响应临界值表”“附表10　五中取二检验正确响应临界值表”。如果评价员较多，附表中没有列出相应的检验临界值，可以采用u检验，根据各方法相应的纯粹猜的概率p，各方法的统计量u的计算公式如下：

① 三点检验：

$$u=\frac{x-\frac{n}{3}}{\sqrt{\frac{2n}{9}}} \tag{5-35}$$

② 成对比较检验和二-三点检验：

$$u=\frac{x-0.5n}{\sqrt{0.25n}} \tag{5-36}$$

③ 五中取二检验：

$$u=\frac{x-0.1n}{\sqrt{0.09n}} \tag{5-37}$$

将计算的统计量 u 与规定的显著性水平下的临界值（u_a）进行比较，如果 $|u| \geqslant u_a$，否定 H_0，即比较的两种样品在规定的显著性水平上有显著性差异；如果 $|u| < u_a$，则接受 H_0，表明比较的两种样品在规定的显著性水平上没有显著性差异。

对于单尾检验，$u_{0.05}=1.64$，$u_{0.01}=2.33$；对于双尾检验（无方向性成对比较检验），$u_{0.05}=1.96$，$u_{0.01}=2.58$。

第二节 标度和类别检验

标度和类别检验是对两个以上的样品进行评定，判定出哪个样品好，哪个样品差，以及它们之间的差异大小和差异方向等，通过检验可得出样品间差异的顺序和大小，或者样品应归属的类别和等级的检验方法。标度和类别检验包括逐步排序检验法、Scheffe 成对比较检验法、排序检验法、分类检验法、评分检验法、成对比较法、评估检验法等。

下面介绍使用排序检验和类别尺度评价等方法对样品差异进行测定时典型的试验设计方案及相应的统计分析技术。

一、逐步排序检验

这一方法是对几个样品的某个特定性质的比较测定。

1. 应用领域和范围

逐步排序检验特别适用于 3～6 个样品的测定，可以选用经验相对较少的评价员评定。

2. 方法

每次随机呈给评价员一对样品。需要回答的问题是“哪个样品更甜（酸）?”。

评价组的每一个评价员将所有可能的成对样品全部评定完成后，结果用 Friedman（弗里德曼）秩和检验分析。

3. 评价员

评价员可以进行较少的培训，培训的要点同三点测定。应选用 10 个以上的评价员，如果选用 30 个或更多的评价员，区别能力可以大大提高。应保证所有评价员对所评性质均能识别。

4. 样品准备与呈送

测定产品控制等同三点检验。可以同时或分别给出样品，保证样品的给出次序是完全随机的，每一对中的两个样品、各样品对以及评价员之间均应随机，且仅能提出一个问题"哪个样品更强?"，不允许有"无差异"的回答存在。

5. 结果整理与分析

① 各样品秩和的计算方法见例 5-11。

② 采用 Friedman 秩和检验分析评价的几个样品感官性质是否有显著性差异。该检验的统计量 F 按以下公式计算：

$$F=\left(\frac{4}{bt}\right)\sum_{i=1}^{t}R_i^2-\left[9b(t-1)^2\right] \tag{5-38}$$

式中，b 为评价员数量；t 为样品数量；R_i 为样品 i 的秩和。

比较的临界值可以查"附表 5　Friedman 秩和检验临界值表"。如果 b、t 较大，表中没有相应的临界值，则将 F 值与自由度为（$t-1$）的 χ^2 比较。

通过 Friedman 秩和检验，如果没有显著性差异，则可直接得出样品间没有显著性差异的推论；如果有显著性差异，再采用 Tukey's HSD 法比较哪些样品间有差异。

③ 样品间的比较查"附表 3　Tukey's HSD q 值表"，查在显著性水平为 a、$k=t$、自由度为∞时的 q 值，按照下式计算临界值 HSD_a：

$$HSD_a=q_{a,t,\infty}\sqrt{\frac{bt}{4}} \tag{5-39}$$

然后将各样品的秩和之差与计算的临界值 HSD_a 比较，如果差值大于等于 HSD_a，则表明比较的两个样品间有显著性差异。

【例 5-11】有一生食番茄生产商有 4 个新的生食番茄新品种 A、B、C、D，生产商希望选择出一个番茄可溶性固形物含量与原品种相近，但味感酸度低的番茄品种，用于下阶段的基地生产。试验采用成对排序检验，选 12 个有识别能力的评价员评定 6 组所有可能的样品对：AB、AC、AD、BC、BD、CD。评定结果见表 5-17，表中数字为每一样品对判断为更强的人数，如 C 和 B 有 6 人认为 C 比 B 强，相应有 6 人认为 B 比 C 强。试分析各样品间味感酸度是否有差异。

表 5-17　4 个番茄味感酸度低成对排序评定结果

样品（更高）	样品（更低）				
	A	B	C	D	行秩和
A	—	0	1	0	1
B	12	—	6	2	20
C	11	6	—	7	23
D	12	10	5	—	27
列秩和	70	32	24	18	

（1）计算秩和　在本例中，在每组成对样品中被选为味感酸度更高（排在第一）的样品给秩“1”，被评为味感酸度更低（排在第二）的样品给秩“2”，计算每个样品的秩和。如样品 B 有两组数据：B 行的数据表示样品 B 与其他样品进行成对比较时，样品 B 被评价为味感酸度更高的评价员数量，此时样品 B 在 BA、BC、BD 样品对中分别有 12、6、2 个评价员评定 B 比另一样品味感酸度更高（即在这些样品对中，样品 B 排第一，味感酸度更高），因此其秩和为 1×（12+6+2）=20；B 列的数据表示样品 B 与其他样品进行成对比较时，样品 B 被评价为味感酸度更低的评价员数量，此时样品 B 在 BA、BC、BD 样品对中分别有 0、6、10 人评定 B 味感酸度更低（即在这些样品对中，样品 B 排第二，味感酸度更低），因此其秩和为：2×(0+6+10)=32。样品 B 总秩和为 20+32=52。其他样品秩和计算方法相同，结果如下：

样品　　　　　A　B　C　D

秩和（R_i）：　　71　52　47　45

（2）Friedman 分析

$$F=\frac{4}{bt}\sum_{i=1}^{t}R_i^2-[9b(t-1)^2]$$

$$=\frac{4}{12\times 4}\times(71^2+52^2+48^2+45^2)-9\times 12\times(4-1)^2=34.126 \quad (5\text{-}40)$$

查自由度 $d_f=t-1=4-1=3$ 的 χ^2 表（见“附表 4　χ^2 分布表”）得：

$$\chi^2_{0.05,3}=7.81,\chi^2_{0.01,3}=11.34$$

计算出的 $F=34.126>\chi^2_{0.01,3}$，因此几个样品的味感酸度有极显著差异。

（3）各样品间味感酸度的比较　查“附表 3　Tukey's HSD q 值表”，$k=t=4$、$a=0.05$ 时得到 $q_{a,t,\infty}=q_{0.05,4,\infty}=3.63$，有：

$$HSD_{0.05}=q_{a,t,\infty}\sqrt{\frac{bt}{4}}=3.63\times\sqrt{12\times\frac{4}{4}}=12.6 \quad (5\text{-}41)$$

则：$R_A-R_B=71-52=19>HSD_{0.05}$，因此，样品 A 与样品 B 间味感酸度

有显著差异。同样，进行其他样品间的比较，最后得到样品 A 显著地比样品 B、C、D 味感酸度低，所以 A 的味感酸度最低，而 B、C 和 D 的味感酸度差异不显著。

二、 Scheffe（舍菲）成对比较检验

1. 应用领域和范围

Scheffe 成对比较检验可用于 2～6 个样品间特定感官性质差异程度的比较。当样品的该性质可以被识别，而差异的大小对试验最终的结论有影响时尤其适用。

2. 方法

将待评定的 m 个样品，两两配成对（O_i，O_j），将每对样品呈给 $2n$ 个评价员，其中 n 个评价员以（O_i，O_j）的顺序评定样品，另外 n 个评价员则以相反的顺序（O_j，O_i）评定。同时采用 7 点法（或 9 点法、5 点法、3 点法）对样品间的差异程度进行评定。使用的评价单可以是表 5-18 的形式。

表 5-18　Scheffe 比较评价单

测定产品：________	姓名：________	日期：________
你将得到一对样品，按所给的顺序评定二者苦味的差异，并使用下面的尺度评出二者差异的程度		
第一个样品样品号：	第二个样品样品号：	评定尺度：第一个样品的苦味比第二个样品
		强得多＋2　□ 稍微强些＋1　□ 相等 0　□ 稍微弱些－1　□ 弱得多－2　□

如果同时比较 m 个样品间的差异，则需要评定 $m(m-1)/2$ 对样品。评价员给（O_i，O_j）强弱的评分记为 X_{ij}，可以将它看作是主效应、扣除偏差、顺序效应和误差的总和，利用线性模型，可以对主效应和各参数进行估计，通过方差分析比较各样品间感官性质的差异显著性。

3. 评价员

本方法的评价员应该通过差别检验评价员的筛选和培训。最少需要 7 人，如果有 14 个或更多的评价员，将得到更精确的结果。

4. 样品准备与呈送

采用三位随机数字进行样品编号，每次或每个评价单元评价一对样品，按照固定的次序呈送样品。

5. 结果整理与分析

采用方差分析来进行统计检验，比较各样品间所评感官性质的差异。具体分

析过程及计算方法见例 5-12。

【例 5-12】有 3 个不同品种的桃子（A_1、A_2 和 A_3），品种鉴定过程中，有果品育种专家反映桃子有苦味，影响桃子产品良好的味感。品种研究者希望比较 3 个桃子品种的苦味强度是否有差异。16 个评价员随机分成两组，每组 8 个评价员，采用如表 5-19 的评价表对苦味进行评价。3 个样品所有可能的样品对共 6 组，每组评价员每个评价单元评定一组样品，3 位随机数字编码各样品。评定结果见表 5-19。

表 5-19　三个桃子苦味评价结果

样品对	分值（s_k）及相应评价员数（n_{ijk}）					总分（T_{ij}）	行平均值 [$\mu_{ij}(\mu_{ji})$]	扣除顺序效应（π_{ij}）	平均强度（a_i）
	−2	−1	0	1	2				
（A_1，A_2）	0	0	1	4	3	+10	1.25	1.50	0.88
（A_2，A_1）	6	2	0	0	0	−14	−1.75		
（A_1，A_3）	0	1	1	3	3	+8	1.00	1.13	0.33
（A_3，A_1）	3	4	1	0	0	−10	−1.25		
（A_2，A_3）	3	3	1	1	0	−8	−1.00	−0.50	0.21
（A_3，A_2）	1	2	2	2	1	0	0		

Scheffe 比较检验的结果按照表 5-19 整理。表中 n_{ijk} 是每个样品对（A_i，A_j）中使用某尺度值（s_k）的评价员数。以 r 表示每组评价员的数目，m 表示评定的样品总数。本例中 $r=8$，$m=3$。

（1）行平均值 μ_{ij} 的计算　μ_{ij} 为各组样品评定总分与评价员数的比值。如对于样品对（A_1, A_2）评定总分 T_{ij} 与平均值 μ_{ij} 的计算公式如下：

$$T_{ij}=\sum_k n_{ijk}s_k \tag{5-42}$$

$$\mu_{ij}=\frac{T_{ij}}{r}=\frac{\sum_k n_{ijk}s_k}{r} \tag{5-43}$$

对于（A_1，A_2）有：

$$T_{12}=(-2)\times 0+(-1)\times 0+0\times 0+1\times 4+2\times 3=+10$$

$$\mu_{12}=\frac{\sum_k n_{12k}s_k}{r}=\frac{+10}{8}=1.25 \tag{5-44}$$

（2）π_{ij} 的计算　即扣除顺序效应后 A_i 相对于 A_j 的强度。

$$\pi_{ij}=\frac{\mu_{ij}-\mu_{ji}}{2} \tag{5-45}$$

对于（A_1，A_2）有：

$$\pi_{12}=\frac{\mu_{12}-\mu_{21}}{2}=\frac{1.25-(-1.75)}{2}=1.5 \tag{5-46}$$

π_{12} 即为扣除顺序效应后 A_1 相对于 A_2 的苦味强度。其余样品对的计算类推。

（3）总顺序效应

$$O=\frac{\sum_{ij}(\mu_{ij}+\mu_{ji})}{A_m^2} \tag{5-47}$$

式中，A_m^2 为 m 个样品中选 2 个的排列数。

在本例中 $m=3$，所以有：

$$O=\frac{\sum_{ij}(\mu_{ij}+\mu_{ji})}{A_3^2}=\frac{1.25-1.75+1.00-1.25-1.00+0}{6}=-0.292 \tag{5-48}$$

（4）A_i 的平均强度 a_i 的计算

$$a_i=\frac{\sum_{j\neq i}\pi_{ij}}{m} \tag{5-49}$$

$$a_1=\frac{\pi_{12}+\pi_{13}}{m}=\frac{1.5+1.13}{3}=0.88 \tag{5-50}$$

$$a_2=\frac{\pi_{12}+\pi_{23}}{m}=\frac{1.5+(-0.5)}{3}=0.33 \tag{5-51}$$

$$a_3=\frac{\pi_{13}+\pi_{23}}{m}=\frac{1.13+(-0.5)}{3}=0.21 \tag{5-52}$$

式中，a_1、a_2、a_3 分别是 A_1、A_2、A_3 的平均苦味强度。

（5）方差分析

总平方和：

$$SS_T=\sum_{i,j,k}x_{ijk}^2=\sum_{i,j,k}(n_{ijk}S_k^2)$$
$$=0\times(-2)^2+0\times(-1)^2+1\times0^2+4\times1^2+3\times2^2+\cdots+1\times2^2=102.00 \tag{5-53}$$

总自由度：

$$d_{f_T}=rm(m-1)=8\times3\times(3-1)=48 \tag{5-54}$$

总平方和是所有观察值的平方的和，本方法的观察值应该是评价员对每组样品的评分值，即－2，－1，…，2，表 5-20 中给出在各组样品中评定这些值的评价员数量，所以也可以按照下面的公式计算。

顺序效应平方和：

$$SS_0=2rmO^2=2\times3\times8\times(-0.292)^2=4.09 \tag{5-55}$$

顺序效应自由度：

$$d_{f_0}=1 \tag{5-56}$$

主效应（样品）平方和：

$$SS_t=2mr\sum_{i}^{m}a_i^2$$

$$=2\times3\times8\times[0.88^2+(0.33)^2+(0.21)^2]=44.52 \tag{5-57}$$

样品自由度： $d_{f_t}=m-1=3-1=2$ (5-58)

误差平方和：

$$SS_e=SS_T-SS_0-SS_t=102.00-44.52-4.09=53.39 \tag{5-59}$$

误差自由度： $d_{f_e}=d_{f_T}-d_{f_t}-d_{f_0}=48-2-1=45$ (5-60)

将计算结果整理如表 5-20 的方差分析表所示，计算各变异来源的均方（为各变异来源的平方和除以相应的自由度），则样品与顺序效应的 F 值为相应的均方除以误差均方。

查“附表 6　F 临界值表”，相应的临界值如表 5-20 所示。结果表明，样品间苦味强度有极显著的差异，顺序效应也达到显著差异，但在主效应中已经扣除顺序效应，不影响主效应的分析。

表 5-20　例 10 的方差分析

变异来源	自由度（d_f）	平方和（SS）	均方（MS）	F 值	F 临界值
主效应（样品）	2	44.52	22.26	18.71**	$F_{0.01,2,45}=5.12$
顺序效应	1	4.09	4.09	3.44*	$F_{0.05,1,45}=4.06$
误差	45	53.39	1.19		
总和	48	102.00			

注：** 表示差异极显著；* 表示差异显著。

各样品间苦味差异的比较：

$$LSD_a=t_{a,d_{f_e}}\sqrt{\frac{2MS_e}{2r(m-1)}} \tag{5-61}$$

式中，$t_{a,d_{f_e}}$ 为显著性水平为 a、自由度为 d_{f_e} 时的 t 值；MS_e 为误差均方。

本例中，$a=0.05$、$d_{f_e}=45$ 时，查“附表 15　t 分配表”得 $t_{0.05,45}=1.679$，则有：

$$LSD_{0.05}=t_{0.05,45}\sqrt{\frac{2MS_e}{2r(m-1)}}=1.679\times\sqrt{\frac{2\times1.19}{2\times8\times(3-1)}}=0.46 \tag{5-62}$$

计算各样品苦味平均强度（a_i）差值的绝对值，如果差值的绝对值大于等于 $LSD_{0.05}$，表明比较的样品间苦味有显著性差异，如：

$$|a_1 - a_2| = |0.88 - 0.33| = 0.55 > LSD_{0.05} \quad (5\text{-}63)$$

$$|a_1 - a_3| = |0.88 - 0.21| = 0.67 > LSD_{0.05} \quad (5\text{-}64)$$

$$|a_2 - a_3| = |0.33 - 0.21| = 0.12 < LSD_{0.05} \quad (5\text{-}65)$$

表明 A_1 与 A_2 间，A_1 与 A_3 间苦味差异显著。

多重比较结果的字母标记：现在一般采用标记字母法表示样品间差异显著性结果。此法是先将各样品平均值（或秩和）由大到小排列；然后在最大平均值后标记字母 a，并将该平均值与以下各平均值依次相比，凡差异不显著者，标记同一字母 a，直到某一个与其差异显著的平均值，标记字母 b；再以标有字母 b 的平均值为标准，与前面比它大的各个平均值比较，凡差异不显著者一律再加标 b，直至显著为止；再以标记有字母 b 的最大平均值为标准，与下面各未标记字母的平均值相比，凡差异不显著，继续标记字母 b，直至某一个与其差异显著的平均数标记 c；……；如此重复下去，直至最小的平均值被标记比较完毕为止。这样，各平均值间凡有一个相同字母的即为差异不显著，凡无相同字母的即为差异显著。

本例三个样品间苦味平均值及差异显著性结果的字母表示如下：

样品	A_1	A_2	A_3
苦味平均强度（a_i）	0.88^a	0.33^b	0.21^b

由此得出结论，A_1 的苦味最强。

三、排序检验

水果蔬菜产品的排序检验，可以同时比较多个样品间某一特定感官性质（如甜度、风味强度等）的差异。排序检验是进行多个样品性质比较的最简单的方法，但得到的数据是一种性质强弱的顺序（秩次），不能提供任何有关差异程度的信息，两个位置相邻的样品无论差别非常大还是仅有细微差别，都是以一个秩次单位相隔。排序检验比其他方法更节省时间，尤其当需要为下一步的试验对样品预筛选或预分类时，这种方法非常有用。

1. 随机区组设计

（1）应用领域和范围　当要比较多个样品特定感官性质差异时，样品数量较少（如 3～8 个），且刺激不太强、不容易发生感官适应时，可以采用随机区组设计方案。此时，将评价员看成是区组，每个评价员评定所有的样品，各评价员得到的样品以随机或平衡的次序呈送，即是随机完全区组设计或随机区组设计。

（2）方法　样品以 3 个数字的随机数字编码，以平衡或随机的顺序将样品呈送给评价员，要求评价员按照规定的感官性质强弱将样品进行排序。计算秩和，采用 Friedman 秩和检验对数据进行统计分析。评价单可以采用表 5-22 的形式。

（3）评价员　对评价员进行筛选、培训，评价员应该熟悉所评性质、操作程序，具有区别性质细微差别的能力。参加评定的评价员人数不得少于 8 人，如果在 16 人以上，结果精确度会得到明显提高。

（4）样品准备与呈送　以平衡或随机的顺序将样品同时呈送给评价员，评价员根据要评定的感官性质的强弱将样品进行排序。如果有 n 个样品，用 1，2，…，n 的数字表示样品的排列顺序，一般情况下，1 表示最弱，n 表示最强。

如果对相邻两个样品的次序无法确定，鼓励评价员猜测；如果实在猜不出，可以有相等的选择。一次评价只能评定一种感官性质。

（5）结果整理与分析　计算各样品的秩和，如果评价员的排序结果有相同评秩时，则取平均秩。查“附表 5　Friedman 秩和检验临界值表”，进行 Friedman 秩和检验，分析评价几个样品感官性质是否有显著性差异。Friedman F 统计量：

$$F=\frac{12}{bt(t+1)}\sum_{j=1}^{t}R_j^2-3b(t+1) \tag{5-66}$$

式中，b 为评价员数量；t 为样品数量；R_j 为样品 j 的秩和。

当评价员区分不出某两样品之间的差别时，也可以允许将这两种样品排定同一秩次，这时在计算统计量 F 时要进行校正，用 F' 代替 F：

$$F'=\frac{F}{1-\dfrac{E}{bt(t^2-1)}} \tag{5-67}$$

式中，令 n_1，n_2，…，n_b 为各评价员出现相同评秩的样品数，则 E 值的计算公式为：

$$E=\sum_{i}^{b}(n_i^3-n_i) \tag{5-68}$$

查“附表 5　Friedman 秩和检验临界值表”，将 F 或 F' 值与表中相应的临界值比较。若 F 或 F' 值大于或等于对应于 b、t、a 的临界值，表明样品之间有显著性差异；若小于相应临界值，则表明样品之间没有显著性差异。当评价员数 b 较大或当样品数 t 大于 5 时，F 或 F' 近似服从自由度为（$t-1$）的 χ^2 分布，此时直接查附表 4。

通过 Friedman 秩和检验，如果没有显著性差异，即可直接得出样品间没有显著性差异的推论；如果有显著性差异，再采用最小显著差数法（LSD）比较哪些样品间有差异。

计算样品间秩和比较的临界值 LSD_a：

$$LSD_a=u_a\sqrt{\frac{bt(t+1)}{6}} \tag{5-69}$$

式中，a 为显著性水平，当 $a=0.05$ 和 0.01 时，u_a 分别为 1.96 和 2.58（查“附表 13　t 值表”得：$t_{0.05,\infty}$ 为 1.96；$t_{0.01,\infty}$ 为 2.58）。

将各样品的秩和之差与 LSD_a 进行比较，如果比较的两个样品秩和之差

($R_i - R_j$) 大于或等于相应的 LSD_a 值，则表明在 a 水平上这两个样品有显著性差异；如果比较的两个样品秩和之差小于相应的 LSD_a 值，则表明在 a 水平上这两个样品没有显著性差异。

各样品间差异显著性的表示同多重比较结果的字母标记方法。

【例 5-13】研究人员希望比较 6 个香瓜样品（A，B，…，F）的香气强度，15 个评价员采用排序检验进行评定，评价表见表 5-21，将各评价员对 6 个样品的排序转换成秩（1＝香气最弱，6＝香气最强），结果见表 5-22。

表 5-21 香瓜香气强度排序检验评价单

排序检验

姓名：________ 日期：________ 评价员号：________

样品类型：香瓜

评价说明：

1. 请检查你得到的样品编号和评价单上的编号是否一致。

2. 从左向右品尝样品。

3. 按照香气的强弱将样品排序，在你认为香气最弱的样品号码下方写下“1”，第二弱的下方写“2”，依次类推，在香气最强的样品号码下方写“6”。

4. 如果你认为两个样品非常接近，就猜测它们可能的顺序。

样品编号：

样品排序：

建议或评语：

表 5-22 6 个香瓜样品香气强度排序评价结果

评价员	A	B	C	D	E	F
1	6	1	4	2	5	3
2	5	2	4	1	6	3
3	5	1	4	2	6	3
4	4	3	2	1	6	5
5	6	1	3	2	5	4
6	6	1	4	2	5	3
7	6	2	4	3	5	1
8	6	3	2	1	4	5
9	5	4	3	2	1	6
10	6	1	4	2	3	5
11	6	2	3	1	5	4

续表

评价员	A	B	C	D	E	F
12	5	1	4	2	6	3
13	6	1	4	2	5	3
14	5	1	4	2	6	3
15	6	1	4	2	5	3
秩和（R_j）	83^a	25^c	53^b	27^c	73^{ab}	54^b

计算各样品的秩和，根据排序评价的 Friedman 秩和检验有：

$$F=\frac{12}{bt(t+1)}\sum_{j=1}^{t}R_j^2-3b(t+1)$$
$$=\frac{12}{15\times6\times7}\times(83^2+25^2+53^2+27^2+73^2+54^2)-3\times15\times7$$
$$=52.56 \tag{5-70}$$

本例中未出现相同评秩，所以 F 值不需要校正。

因为样品数较多，查“附表 4　χ^2 分布表”，$d_f=t-1=5$，$a=0.05$ 的 χ^2 临界值为 11.07，计算的 F 值大于等于 χ^2 临界值。因此，6 种香瓜的香气强度存在显著差异。

为了进一步说明哪些样品间有差异，采用最小显著极差法进行多重比较，计算样品间秩和比较的临界值 LSD_a：

$$LSD_{0.05}=t_{a/2,\infty}\sqrt{\frac{bt(t+1)}{6}}=1.96\times\sqrt{\frac{15\times6\times(6+1)}{6}}=20.1 \tag{5-71}$$

如果两个样品的秩和之差大于 20.1，那么这两个样品之间就存在显著差异。

将各样品秩和按大小排列，将最大的秩和 83（样品 A）标注 a，将其与次大的秩和（样品 E）比较，$R_A-R_E=10$，小于 LSD_a 值，二者差异不显著，标注相同的字母 a，再与第三大的秩和（样品 F）比较，$R_A-R_F=25$，比 LSD_a 大，所以二者有显著性差异，标注不同的字母 b；由于出现了不同的字母，以样品 F 为标准回比，$R_E-R_F=19$，比 LSD_a 小，所以二者没有显著性差异，标注相同字母 b；此时以样品 E 为标准与未标注字母的最大秩和（样品 C）比较，$R_E-R_C=20$，比 LSD_a 小，所以二者差异不显著，标注相同的字母 b；再与样品 D 比较，$R_E-R_D=46$，差异显著，标注不同的字母 c；以样品 D 为标准回比，$R_C-R_D=26$，比 LSD 大，差异显著，已经是不同的字母，所以标注字母不变；最后以样品 D 为标准与样品 B 比较，差异不显著，标注相同字母。字母标注结果见表 5-23。

从结果可以看出，6 种香瓜香气强度有显著性差异，其中样品 A 最强，但与 E 差异不显著，样品 B 和 D 的香气最弱，无显著性差异，但与样品 A 和 E 差异显著。

2. 平衡不完全区组设计

（1）应用领域和范围　如果要同时比较6～16个样品感官性质差异，并且容易产生适应，同时评价所有的样品会影响结果，此时可以采用平衡不完全区组设计方案。在该设计中，评价员同样被看作是区组，但每个评价员不评定所有的样品，仅评定其中的部分样品，这样可以有效地降低感官适应等对结果的影响。评价结果同样可以进行统计分析，比较出各样品间的差异。

（2）方法平衡不完全区组设计（balanced incomplete block design，BIB）BIB有特定的设计表，设计有5个基本参数：

t 为处理数，在感官评价试验中通常是样品数；

k 表示区组大小，或称区组容量，即每个区组所包含的处理数，在感官评价试验中指的是每个评价员评定的样品数；

r 表示每个处理（样品）在整个试验中出现的重复次数，即每个样品被重复评价的次数；

b 表示试验中的区组数，即评价员数量；

λ 为任意两个处理（样品）配成对在同一区组中出现的次数，即任意两个配成对的样品被同一评价员评定的次数，$\lambda=r(k-1)/(t-1)$。

表5-24是一个BIB设计表，此表的参数为：处理数 $t=6$，区组容量 $k=3$，重复数 $r=5$，区组数 $b=10$，$\lambda=2$。这是一个基础表，该表可以安排6个样品，需要10个评价员，每个评价员评定的样品数量 $k=3$，每个样品被重复评价的次数为 $r=5$。

从表5-23可以看出，评价员1评价样品1、2和5，评价员2评价样品1、2和6，以此类推。在试验时，评价员评定哪个区组以及每个评价员的样品呈送次序都应该随机。

表5-23　平衡不完全区组设计示例

处理数 $t=6$，区组容量 $k=3$，重复数 $r=5$，区组数 $b=10$，$\lambda=2$

区组（评价员）	处理（样品）					
	1	2	3	4	5	6
1	√	√			√	
2	√	√				√
3	√		√	√		
4	√		√			√
5	√			√	√	
6		√	√	√		

续表

区组（评价员）	处理（样品）					
	1	2	3	4	5	6
7		√	√		√	
8		√		√		√
9			√		√	√
10				√	√	√

在进行试验时，根据试验需要评价的样品数量，选择恰当的平衡不完全区组设计表，然后根据表确定评价员的数量、各评价员评定的样品来安排试验。

3. 评价员

为了得到足够大的总重复次数，BIB 的基础设计表（b 个区组）可以重复多次。如果 p 表示基础设计的重复次数，总区组数则为 p_b，每个样品的重复次数为 p_r，样品对重复的总次数为 p_λ。对类别尺度、线性尺度等的测定，一般每个样品总重复次数（p_r）至少达到 15～20，这是一条原则，可据此知道至少需要多少评价员。

4. 样品准备与呈送

BIB 设计的排序检验中，样品准备与评价同“排序检验”。样品以随机的方式呈送给每个评价员。

5. 结果整理与分析

使用 Friedman 秩和检验，统计量为：

$$F=\frac{12}{\lambda pt(k+1)}\sum_{j=1}^{t}R_j^2-\frac{3(k+1)pr^2}{\lambda} \tag{5-72}$$

式中，t、k、r、λ 为平衡不完全区组设计参数；p 为基础表重复的次数；R_j 为第 j 个样品的秩和。

将 F 统计量与自由度为（$t-1$）的 χ^2 临界值（见“附表 4 χ^2 分布表”）比较，如果样品间有显著性差异，则进行各样品秩和多重比较：

$$LSD_a=u_a\sqrt{\frac{p(k+1)(rk-r+\lambda)}{6}} \tag{5-73}$$

【例 5-14】有 6 个黄瓜样品需要评价其清香风味强度，如果每个评价员同时品尝 6 个黄瓜样品，则容易造成感官疲劳，因此决定每个评价员仅评定其中的 3 个样品。可以选择表 5-24 的 BIB 设计表。但在表 5-24 中，每个样品仅被 10 个评价员评定，重复次数是不够的，因此将表 5-24 重复 4 次（$p=4$），即总的评价员数为 40 人，将 40 位评价员随机分到 40 个区组中，每个评价员的样品次序随机。采用排序检验，每个评价员将评价的 3 个样品按照黄瓜样品清香风味强弱排序，清香风味最强评秩为 1，最弱为 3。40 位评价员的排序评价结果转换成秩次，计算得到各样品的秩和，见表 5-24。

表 5-24　6 个黄瓜样品清香风味排序评价结果（BIB 设计）及显著性检验字母表

样品	1	2	3	4	5	6
秩次和（R_j）	40^{bc}	50^{cd}	35^{ab}	26^{a}	28^{a}	61^{d}

根据 BIB 表的参数：$t=6$，$k=3$，$r=5$，$\lambda=2$，$p=4$，有统计量：

$$
\begin{aligned}
F &= \frac{12}{\lambda pt(k+1)}\sum_{j=1}^{t}R_j^2 - \frac{3(k+1)pr^2}{\lambda} \\
&= \frac{12}{2\times4\times6\times(3+1)}\times(26^2+28^2+35^2+40^2+50^2+61^2) \\
&\quad -\frac{3\times(3+1)\times4\times25}{2} \\
&= 56.625
\end{aligned}
\tag{5-74}
$$

查附表 4，在显著性水平为 0.05，自由度为 $t-1=6-1=5$ 时，$\chi^2=11.07$，统计量远大于临界值，表明 6 个样品的清香风味有显著性差异。则多重比较 $LSD_{0.05}$：

$$
\begin{aligned}
LSD_{0.05} &= u_{0.05}\sqrt{\frac{p(k+1)(rk-r+\lambda)}{6}} \\
&= 1.96\times\sqrt{\frac{4\times(3+1)\times(5\times3-5+2)}{6}} = 11.1
\end{aligned}
\tag{5-75}
$$

比较排序检验的秩和大小，采用字母标注法标注各样品间的差异显著性，见表 5-24。样品 4 清香风味最强，但与样品 3、5 间没有显著差异，与样品 1、2 和 6 有显著性差异。

【例 5-15】试验希望比较 5 个红富士苹果样品的香气总强度，筛选 10 个评价员，采用 0～15 点的类别尺度进行评价，每个评价员评定所有的样品，采用随机的次序呈送样品。结果见表 5-25。试分析各样品间香气总强度是否有显著性差异。

表 5-25　5 个红富士苹果香气总强度的评价结果

评价员	样品					和（T_B）
	A	B	C	D	E	
1	9	9	12	9	6	45
2	9	10	11	7	7	44
3	9	9	12	9	8	47
4	10	10	12	8	8	48

续表

评价员	样品					和（T_B）
	A	B	C	D	E	
5	11	8	12	8	6	45
6	9	9	11	7	8	44
7	8	10	12	10	7	47
8	9	11	11	8	6	45
9	7	10	11	6	6	40
10	8	9	11	7	6	41

以 a、b 分别表示样品和评价员数量，x_{ij} 表示各评价值，计算各样品的评定值和（T_A）、各评价员评定值的和（T_B）和总和（T），则各变异来源的平方和与自由度的分解如下：

矫正数：

$$C=\frac{T^2}{ab}=\frac{446^2}{5\times10}=3978.32 \tag{5-76}$$

总平方和：

$$SS_T=\sum_{i=1}^{a}\sum_{j=1}^{b}x_{ij}^2-C=9^2+9^2+12^2+\cdots+7^2+6^2-3978.32=165.68 \tag{5-77}$$

$$d_{f_T}=ab-1=5\times10-1=49 \tag{5-78}$$

样品平方和：

$$SS_A=\frac{1}{b}\sum_{i=1}^{a}T_A^2-C=\frac{1}{10}\times(89^2+95^2+115^2+79^2+68^2)-3978.32=125.28 \tag{5-79}$$

$$d_{f_A}=a-1=5-1=4 \tag{5-80}$$

评价员平方和：

$$SS_B=\frac{1}{a}\sum_{j=1}^{b}T_B^2-C=\frac{1}{5}\times(45^2+44^2+\cdots+40^2+41^2)-3978.32=11.68 \tag{5-81}$$

$$d_{f_B}=b-1=10-1=9 \tag{5-82}$$

误差平方和：

$$SS_e=SS_T-SS_A-SS_B=165.68-125.28-11.68=28.72 \tag{5-83}$$

$$d_{f_e}=(a-1)(b-1)=(5-1)\times(10-1)=36 \tag{5-84}$$

得到方差分析结果如表 5-26 所示。

表 5-26 方差分析结果

变异来源	自由度（d_f）	平方和（SS）	均方（MS）	F 值	F 临界值
评价员间	9	11.68	1.298	1.627	$F_{0.05,9,36}=2.15$
样品间	4	125.28	31.32	39.259**	$F_{0.01,4,36}=3.89$
误差	36	28.72	0.798		
总和	49	165.68			

注：** 表示差异极显著。

查“附表 6　F 临界值表”得到相应自由度下 F 临界值（见表 5-27），可见样品间 F 值（39.259）大于其比较的临界值，所以 5 个样品的香气强度有极显著的差异。但不知道哪些样品间有差异，所以进行多重比较。

各样品间平均数的比较：将平均数按大小排列，然后根据要比较的平均数个数查表。如果是两个相邻的平均数比较，则 $k=2$；在本例中，最大的平均数和最小的平均数比较时，$k=5$。采用 q 检验法进行 5 个平均数间的比较，比较的临界值通过下式计算：

$$LSR_a = q_{a,k,df_e}\sqrt{\frac{MS_e}{n}} \tag{5-85}$$

式中，$a=0.05$ 时，$q_{0.05,k,d_{f_e}}$ 为查“附表 3　Tukey's HSD q 值表”获得；MS_e 为误差的均方；n 为样品平均数的评定次数。

本例中 $MS_e=0.798$，而 $n=10$。要比较的平均数个数为 2～5 个，在显著性水平 $a=0.05$、误差的自由度 $d_{f_e}=36$ 时，查“附表 3　Tukey's HSD q 值表”，计算相应的 $LSR_{0.05}$ 值，结果见表 5-27。

表 5-27 平均数比较的 q 值及 $LSR_{0.05}$ 值

比较的样品个数	2	3	4	5
q 值	2.87	3.46	3.81	4.06
$LSR_{0.05}$	0.811	0.977	1.077	1.148

按照与排序检验中字母标注法相同的程序进行平均数的比较并标注字母，结果如下：

样品　　C　　B　　A　　D　　E

平均值　11.5^{a}　9.56^{b}　8.96^{bc}　7.94^{cd}　6.8^{d}

可以看出，样品 C 的香气强度最强，与其他样品间有显著性差异，B 与 A 间差异不显著，但与 D 和 E 差异显著，而 D 和 E 间差异不显著。

四、评分检验

评分检验是采用等距尺度或比例尺度对产品感官性质强度进行定量评定的方

法，包括类别尺度、线性尺度及数字估计评价等方法。这类评价方法可以对多个样品的特定感官性质强度进行定量评定，得到的结果满足参数统计的要求，可以通过参数的假设检验、方差分析等统计方法对样品的感官性质差异进行比较。

与排序检验一样，多个样品进行比较时，可以采用随机区组设计和平衡不完全区组设计方案来实现。

1. 随机区组设计

（1）应用领域与范围　当比较多个样品特定感官性质差异，样品较少（如3～8个），且刺激不是太强时，可以采用随机区组设计方案。

（2）方法　以平衡或随机的顺序将样品呈送给评价员，要求评价员采用类别尺度、线性尺度或数字估计评价等方法对规定的感官性质强度进行评定，用方差分析对结果进行分析，比较各样品的差异。

（3）评价员　对评价员进行筛选、培训，评价员应该熟悉所评样品的性质、操作程序，具有区别性质细微差别的能力。参加评定的评价员人数应在8人以上。

（4）样品准备与呈送　采用三位随机数字进行样品编号，按照平衡或随机的次序一个一个地呈送样品。

（5）结果整理与分析　评价结果采用方差分析法进行统计分析。如果每个评价员对每个样品仅评定一次，此时将样品作为一个因素（A），评价员看作区组作为另一个因素（B），采用两向分组资料组合内没有重复观察值的方差分析和样品间差异的比较。

2. 平衡不完全区组设计

平衡不完全区组设计的应用领域与范围、方法，与排序检验的平衡不完全区组设计相似，只是这里采用评分的方法对感官性质强度进行评定。

【例5-16】某研究院西瓜新品种栽培课题组研究人员，设计了5种栽培技术规程，进行新品种栽培良法试验，希望对新品种风味进行评定。由于风味强易产生适应，采用平衡不完全区组设计，5个处理，10个评价员，采用0～9点尺度对强度进行评价，表格设计及结果见表5-28。

表5-28　5个样品BIB设计及风味强度评价结果

处理数 $t=5$，区组容量 $k=3$，重复数 $r=6$，区组数 $b=10$，$\lambda=3$

区组（评价员）	处理（样品）					区组和（T_{B_j}）
	1（A）	2（B）	3（C）	4（D）	5（E）	
1	6	3	1			10
2		4	2	1		7

续表

区组（评价员）	处理（样品）					区组和（T_{B_j}）
	1（A）	2（B）	3（C）	4（D）	5（E）	
3			2	2	3	7
4	7			1	2	10
5	4	4			2	10
6	7	4		1		12
7		5	3		2	10
8	6		2	1		9
9		3		1	1	5
10	5		1		2	8
处理和（样品和，V_i）	35	23	11	7	12	$T=88$
T_{B_i}	59	54	51	50	50	$\bar{y}=2.93$
Q_i	46	15	−18	−29	−14	$\sum Q_i^2=3702$
U_i	0.44	0.22	−0.55	−1.38	−0.39	
$\bar{y}_i$	3.37	3.15	2.39	1.55	2.54	

（1）平均数校正　由于平衡不完全区组设计的试验结果是在不同的区组中得到的，即各样品的评定结果是由不同的评价员评定的，各评价员评价方式可能有差异，因此各样品的结果不能直接进行比较，要进行校正。

① 计算各区组（评价员）的评定值和 T_{B_j}、各样品评定值和 V_i、所有评定值总和 T、总平均值 $\bar{y}$。计算结果见表5-28。

② 各样品所在区组的区组和 T_{B_i}

$$T_{B_i}=\sum T_{B_j} \tag{5-86}$$

如样品A涉及到第1、4、5、6、8这些区组，则 T_{B_i} 为这些区组的 T_{B_j} 之和。

③ 误差平方和 Q_i

$$Q_i=kV_i-T_{B_i} \tag{5-87}$$

④ 各处理（样品）效应的估计值 U_i

$$U_i=\frac{1}{\lambda V_i}Q_i \tag{5-88}$$

⑤ 调整后的各样品平均数 $\bar{y}_i$

$$\bar{y}_i = U_i + \bar{y} \tag{5-89}$$

（2）平方和分解及方差分析　方差分析结果见表 5-29、表 5-30。

① 总平方和 SS_T

$$SS_T = \sum_{i}^{v}\sum_{j}^{b} y_{ij}^2 - \frac{T^2}{kb} = (6^2+3^2+1^2+\cdots+5^2+1^2+2^2) - \frac{88^2}{3\times10}$$
$$= 360.000 - 258.133 = 101.867 \tag{5-90}$$

② 处理（样品）平方和 SS_t

$$SS_t = \frac{1}{\lambda kt}\sum_{j=1}^{b} Q_i^2 = \frac{1}{3\times3\times5}\times3702 = 82.267 \tag{5-91}$$

③ 未调整区组间（评价员）平方和 SS_b

$$SS_b = \frac{1}{k}\sum_{j=1}^{b} T_{B_j^2} - \frac{T^2}{kb} = \frac{1}{3}\times(10^2+7^2+7^2+\cdots+8^2) - \frac{88^2}{3\times10} = 12.533 \tag{5-92}$$

④ 误差平方和 SS_e

$$SS_e = SS_T - SS_t - SS_b = 101.867 - 82.267 - 12.533 = 7.067 \tag{5-93}$$

表 5-29　平衡不完全区组设计基础表重复 p 次的方差分析

变异来源	自由度（d_f）	平方和（SS）	均方（MS）	F 值
评价员间	$pb-1$	$SS_b = \frac{1}{pk}\sum_{j=1}^{b} T_{B_j^2} - \frac{T^2}{pkb}$	$MS_b = \frac{SS_t}{pb-1}$	$\frac{MS_b}{MS_e}$
样品间（调整后）	$t-1$	$SS_t = \frac{1}{p\lambda kt}\sum_{i=1}^{t} Q_i^2$	$MS_t = \frac{SS_t}{t-1}$	$\frac{MS_t}{MS_e}$
误差	$tpr-t-pb+1$	$SS_e = SS_T - SS_t - SS_b$	$MS_e = \frac{SS_e}{tpr-t-pb+1}$	
总和	$tpr-1$	$SS_T = \sum_{i}^{v}\sum_{j}^{b} y_{ij}^2 - \frac{T^2}{pkb}$		

表 5-30　例 5-16 方差分析结果

变异来源	自由度（d_f）	平方和（SS）	均方（MS）	F 值
评价员间	9	12.533	1.393	3.152
样品间（调整后）	4	82.267	20.567	46.532
误差	16	7.067	0.442	
总和	29	101.867		

查“附表 6　F 临界值表”，自由度分别为 4、16，$a=0.05$ 的 F 值为 $F_{0.05,4,16}=3.01$，表明 5 个样品间有显著性差异。

行样品间平均数多重比较计算临界值 LSD_a，查误差自由度 16、$a=0.05$ 时的“附表 13　t 值表”，$t_{16,0.05}=1.746$。

$$LSD_a=t_{\frac{a}{2}}\sqrt{\frac{2MS_e}{pr}}\sqrt{\frac{k(t-1)}{(k-1)t}} \tag{5-94}$$

$$LSD_{0.05}=2.12\times\sqrt{\frac{2\times 0.442}{5}}\times\sqrt{\frac{3\times(5-1)}{(3-1)\times 5}}=0.98 \tag{5-95}$$

最终得出如下结果：

样品	A	B	C	D	E
调整后的平均数	3.37^{a}	3.15^{ab}	2.39^{b}	1.55^{c}	2.54^{ab}

从比较结果可看出，样品 A 与样品 B、样品 E 间差异不显著，但与样品 C、样品 D 差异显著。

【例 5-17】10 位鉴评员鉴评两种样品，以 9 分制鉴评，评价结果见表 5-31，求两样品是否有差异。

表 5-31　评价结果

评价员		1	2	3	4	5	6	7	8	9	10	合计	平均值
样品	A	8	7	7	8	6	7	7	8	6	7	71	7.1
	B	6	7	6	7	6	6	7	7	7	7	66	6.6
评分差	d	2	0	1	1	0	1	0	1	−1	0	5	0.5
	d^2	4	0	1	1	0	1	0	1	1	0	9	

用 t 检验进行解析：

$$t=\frac{\bar{d}\sqrt{n}}{\sigma_e} \tag{5-96}$$

式中，$\bar{d}=0.5$，$n=10$。

$$\sigma_e=\sqrt{\frac{\sum(d-\bar{d})^2}{n-1}}=\sqrt{\frac{\sum d^2-\frac{(\sum d)^2}{n}}{n-1}}=\sqrt{\frac{9-\frac{5^2}{10}}{10-1}}=0.85 \tag{5-97}$$

所以

$$t=\frac{0.5\times\sqrt{10}}{0.85}=1.86 \tag{5-98}$$

以鉴评员自由度为 9，查“附表 15　t 分配表”，在 5%显著水平上相应的临界值为 $t_{9,0.05}=2.262$，因为 $2.262>1.86$，可推断 A、B 两样品在 5%水平上没有显著差异。

【例 5-18】为了研究三个樱桃品种的口感风味，选用 48 名鉴评员进行评分检验。评分标准为：+2 表示风味很好；+1 表示风味好；0 表示风味一般；−1 表示风味不佳；－2 表示风味很差。

检验结果列于表 5-32。

表 5-32 检验结果

样品号	评分员数					总分（A_i）	平均分数（$\overline{A}_i$）
	+2	+1	0	−1	−2		
1	1	9	2	4	0	+7	0.44
2	0	6	6	4	0	+2	0.13
3	0	5	9	2	0	+3	0.19

其中，

$$A_1=(+2)\times 1+(+1)\times 9+0\times 2+(-1)\times 4+(-2)\times 0=+7 \tag{5-99}$$

同理：$A_2=+2$，$A_3=+3$。

$$\overline{A}_1=\frac{A_1}{16}=\frac{7}{16}=0.44 \tag{5-100}$$

同理：$\overline{A}_2=0.13$，$\overline{A}_3=0.19$。

根据表值，用方差分析法进行以下计算：

三个样品的评分总和

$$T=+7+2+3=12 \tag{5-101}$$

校正数

$$CF=\frac{T^2}{48}=\frac{12^2}{48}=3 \tag{5-102}$$

（1）总平方和

$$\begin{aligned}SS_T&=\sum_{i=1}^{3}\sum_{j=1}^{16}x_{ij}^2-CF\\&=(+2)^2\times(1+0+0)+(+1)^2\times(9+6+5)+0^2\times(2+6+9)\\&\quad+(-1)^2\times(4+4+2)+(-2)^2\times(0+0+0)-3=31\end{aligned} \tag{5-103}$$

样品平方和

$$SS_A=\frac{1}{16}\sum_{i=1}^{3}A_i^2-CF=\frac{1}{16}\times(7^2+3^2+2^2)-3=0.88 \tag{5-104}$$

因此，误差平方和

$$SS_e=SS_T-SS_A=31-0.88=30.12 \tag{5-105}$$

（2）总自由度

$$d_{f_T}=48-1=47 \tag{5-106}$$

样品自由度

$$d_{f_A}=3-1=2 \tag{5-107}$$

误差自由度

$$d_{f_T}-d_{f_A}=47-2=45 \tag{5-108}$$

(3) 样品方差

$$MS_A=\frac{SS_A}{d_{f_A}}=\frac{0.88}{2}=0.44 \tag{5-109}$$

误差方差

$$MS_e=\frac{SS_e}{d_{f_e}}=\frac{30.12}{45}=0.67 \tag{5-110}$$

$$F=\frac{MS_A}{MS_e}=\frac{0.44}{0.67}=0.66 \tag{5-111}$$

列出表5-33方差分析表如下:

表5-33 方差分析表

差异原因	自由度(d_f)	平方和(SS)	方差(MS)	F值
样品	2	0.88	0.44	0.66
误差	45	30.12	0.67	
总计	47	31		

(4) 检定

因“附表16 F分布表”中自由度为2和45的5%误差水平时,有

$$F_{0.05,2,45}\approx 3.2>F$$

故可得出“这三个樱桃品种之间的风味没有差别”的结论。

五、分类检验

1. 应用领域和范围

鉴评员鉴评样品后,划出样品应属的预先定义的类别,这种鉴评试验方法称为分类检验。

2. 方法

当样品打分有困难时,可用分类法评价出样品的差异,得出样品的级别、好坏,也可以鉴定出样品的缺陷等。统计每一种产品分属每一类别的频数,然后用χ^2检验比较两种或多种产品落入不同类别的分布,从而得出每一种产品应属的级别。

3. 评价员

由鉴评员进行鉴评分级,统计各样品被划入各等级的次数,填入表格。

4. 样品准备与呈送

把样品以随机的顺序出示给鉴评员,要求鉴评员按顺序鉴评样品后,根据鉴

评表中所规定的分类方法对样品进行分类。

5. 结果整理与分析

例如，有四种产品，通过检验分成三级，了解不同贮藏条件对产品质量造成的影响。

由30位鉴评员进行鉴评分级，各样品被划入各等级的次数统计填入表5-34。

表 5-34 四种产品的分类检验结果

样品	各等级次数			合计
	一级	二级	三级	
A	7	21	2	30
B	18	9	3	30
C	19	9	2	30
D	12	11	7	30
合计	56	50	14	120

假设各样品的级别分布相同，则各级别的期待值为：

$$E=\frac{\text{该等级次数}}{120}\times 30=\frac{\text{该等级次数}}{4} \tag{5-112}$$

即

$$E_1=\frac{56}{5}=14$$

$E_2=\frac{50}{4}=12.5$，$E_3=\frac{14}{4}=3.5$，而实际测定值 Q_{ij} 与期待值之差（$Q_{ij}-E_{ij}$）如表5-35所示。

表 5-35 各级别期待值与实际值之差

样品	一级	二级	三级	合计
A	−7	8.5	−1.5	0
B	4	−3.5	−0.5	0
C	5	−3.5	−1.5	0
D	−2	−1.5	3.5	0
合计	0	0	0	

$$\chi_0^2=\sum_{i=1}^{t}\sum_{j=1}^{m}\frac{(Q_{ij}-E_{ij})^2}{E_{ij}}=\frac{(-7)^2}{14}+\frac{4^2}{14}+\frac{5^2}{14}+\cdots+\frac{3.5^2}{3.5}=19.49 \tag{5-113}$$

误差自由度＝样品自由度×级别自由度＝$(m-1)(t-1)=(4-1)\times(3-1)=6$

(5-114)

查“附表4　χ^2分布表”：

$$\chi^2_{0.05,6}=12.59；\chi^2_{0.01,6}=16.81$$

由于

$$\chi^2_0=19.49>16.81$$

所以，这三个级别之间在1%水平有显著性差异。四个样品可以分成三个等级，其中C、B之间相近，可表示为C、B、A、D，C、B为一级，A为二级，D为三级。

六、成对比较

把数个样品中的每任意两个组成一组，要求鉴评员对其中任意一组的两个样品进行鉴评，最后对所有组的结果进行综合分析，从而得出数个样品的相对结果的方法称为成对比较。

1. 应用领域和范围

对数个样品进行比较，而一次把全部样品的差别判断出来有困难时，常用此法。但是，当比较的样品增多时，要求比较的配对数$\left[\frac{1}{2}(n-1)n\right]$就会变得极大，以致实际上较难实现。

2. 方法

检验时，要求各个样品的组合概率相同，而且鉴评顺序应是随机的、均衡的。

3. 评价员

可同时出示给鉴评员一对或n对组合，但要保证不会导致鉴评员产生疲劳效应。结果解析采用Scheffe法。

4. 样品准备与呈送

把数个样品中的每任意两个组成一组，要求鉴评员对其中任意一组的两个样品进行鉴评。

5. 结果整理与分析

【例5-19】12名鉴评员鉴评本基地研究生产的水果萝卜（C）与市场占有率高的两种水果萝卜（A、B）的嗜好性。将样品组成（C，A）、（A，B）和（B，C）三种组合，由每一名鉴评员分别按照每种组合的正、反两种顺序进行品尝，再按如下标准判断嗜好度。

＋2为首先被品尝的样品确实比后一种样品的味道更好；

＋1为先品尝的比后一种味道稍好一些；

0 为前后两种样品的味道相同；

−1 为先品尝的样品比后一种略有一点不好；

−2 为先品尝的样品远不如后一种好。

检验结果见表 5-36。

表 5-36　水果萝卜嗜好度检验结果

样品组合	评价员数					总分	平均分(μ)	平均优势(π)
	−2	−1	0	+1	+2			
C，A	0	0	4	6	2	10	0.833	0.500
A，C	0	5	4	3	0	−2	−0.167	−0.500
C，B	10	2	0	0	0	−22	−1.833	−1.375
B，C	1	1	0	6	4	11	0.917	1.375
A，B	5	3	1	1	2	−8	−0.667	−0.667
B，A	2	2	1	0	7	8	0.667	0.667
合计	18	13	10	16	15	−3		

表中总分为该组合的评分总和，如（C，A）组为 $(-2)\times0+(-1)\times0+0\times4+(+1)\times6+(+2)\times2=10$；平均分 $(\mu)=\frac{总分}{评价人数}$，如 $\frac{10}{12}=0.833$；平均优势 (π)＝正、反顺序平均分的平均值，如 C、A 的平均优势 $=\frac{1}{2}(\mu_{CA}-\mu_{AC})=\frac{1}{2}[0.833-(-0.167)]=0.500$，而 A、C 的平均优势为 -0.500。

（1）样品效应 a　为该样品与其他样品配对的平均优势之和除以样品数：

$$a_C=\frac{1}{3}(\pi_{CA}+\pi_{CB})=-\frac{1}{3}(\pi_{AC}+\pi_{BC})=\frac{1}{3}\times(0.500-1.375)=-0.292 \tag{5-115}$$

$$a_A=\frac{1}{3}(\pi_{AC}+\pi_{AB})=-\frac{1}{3}(\pi_{CA}+\pi_{BA})=\frac{1}{3}\times(-0.500-0.667)=-0.389 \tag{5-116}$$

$$a_B=\frac{1}{3}(\pi_{BC}+\pi_{BA})=-\frac{1}{3}(\pi_{CB}+\pi_{AB})=\frac{1}{3}\times(1.375+0.667)=0.681 \tag{5-117}$$

$$样品效应和=a_C+a_A+a_B=-0.292-0.389+0.681=0 \tag{5-118}$$

（2）组合效应 γ

$$\gamma_{CA}=\pi_{CA}-(a_C-a_A)=0.500-[-0.292-(-0.389)]=0.403 \tag{5-119}$$

$$\gamma_{CB}=\pi_{CB}-(a_C-a_B)=-1.375-(-0.292-0.681)=-0.402 \quad (5\text{-}120)$$

$$\gamma_{AB}=\pi_{AB}-(a_A-a_B)=-0.667-(-0.389-0.681)=0.403 \quad (5\text{-}121)$$

(3) 平方和

样品效应平方和

$$SS_a=2nt\sum_{i=1}^{t}a_i^2=2\times12\times3\times[(-0.292)^2+(-0.389)^2+0.681^2]=50.4249 \quad (5\text{-}122)$$

无顺序样品效应平方和

$$SS_\pi=2n\sum_{i=1}^{t}\pi_i^2=2\times12\times[0.500^2+(-1.375)^2+(-0.667)^2]=62.0523 \quad (5\text{-}123)$$

组合效应平方和

$$SS_\gamma=SS_\pi-SS_a=62.0523-50.4249=11.6274 \quad (5\text{-}124)$$

排列效应平方和

$$SS_\mu=n\sum_{i=1}\sum_{j}\mu_{ij}^2=12\times[0.833^2+(-0.167)^2+\cdots+0.667^2]=69.7480 \quad (5\text{-}125)$$

顺序效应平方和

$$SS_\delta=SS_\mu-SS_\pi=69.7480-62.0523=7.6957 \quad (5\text{-}126)$$

总效应平方和

$$SS_T=2^2\times(18+15)+1^2\times(13+16)+0=161 \quad (5\text{-}127)$$

误差效应平方和

$$SS_e=SS_T-SS_\mu=161-69.7480=91.2520 \quad (5\text{-}128)$$

(4) 自由度

样品效应自由度 $$d_{f_a}=3-1=2 \quad (5\text{-}129)$$

组合效应自由度 $$d_{f_\gamma}=2-1=1 \quad (5\text{-}130)$$

顺序效应自由度 $$d_{f_\delta}=3\times(2-1)=3 \quad (5\text{-}131)$$

总自由度 $$d_{f_T}=2\times12\times3-1=71 \quad (5\text{-}132)$$

误差自由度 $$d_{f_e}=71-2-1-3=65 \quad (5\text{-}133)$$

(5) 均方差

样品均方差 $$MS_a=\frac{SS_a}{d_{f_a}}=\frac{50.4249}{2}=25.2125 \quad (5\text{-}134)$$

组合均方差 $$MS_\gamma=\frac{SS_\gamma}{df_\gamma}=11.6274 \quad (5\text{-}135)$$

顺序均方差 $$MS_\delta=\frac{SS_\delta}{d_{f_\delta}}=\frac{7.6957}{3}=2.5652 \quad (5\text{-}136)$$

误差均方差 $$MS_e=\frac{SS_e}{d_{f_e}}=\frac{91.2520}{65}=1.4039 \quad (5\text{-}137)$$

（6）方差比 F

样品方差比 $$F_a=\frac{MS_a}{MS_e}=\frac{25.2125}{1.4039}=17.9589 \quad (5\text{-}138)$$

组合方差比 $$F_\gamma=\frac{MS_\gamma}{MS_e}=\frac{1.6274}{1.4039}=8.2822 \quad (5\text{-}139)$$

顺序方差比 $$F_\delta=\frac{MS_\delta}{MS_e}=\frac{2.5652}{1.4039}=1.8272 \quad (5\text{-}140)$$

将以上结果列入方差分析表，见表 5-37。

表 5-37 方差分析结果

误差来源	自由度（d_f）	平方和（SS）	均方差（MS）	F 值
样品	2	50.4249	25.2125	17.9589
组合	1	11.6274	11.6274	8.2822
顺序	3	7.6957	2.5652	1.8272
误差	65	91.2520	1.4039	
总和	71	161		

（7）检定

① 先检定各因子是否有显著水平差异。查"附表 16 F 分布表"知，$F_{0.05,2,66}=3.15$，$F_{0.05,1,66}=4.00$，$F_{0.05,3,66}=2.76$，因为样品 $F_a=17.9589>F_{0.05,2,66}$，组合 $F_0=7.5612>F_{0.05,1,66}$，顺序 $F_\delta=1.8272<F_{0.05,3,66}$，则说明在 5%显著水平，该检验存在样品效应和组合效应差异，而顺序效应则无差异。

② 效应关系检定。依据式（5-141），比较 $Y_{0.05}$ 与各样品效应的 a 值差的绝对值的大小，判断样品间是否有显著差异。

$$Y_{0.05}=q_{0.05,3,66}\sqrt{\frac{MS_e^2}{2nt}} \quad (5\text{-}141)$$

式中，$MS_e{}^2=1.4039$ 为误差均方差，查"附表 21 $q(t, d_f, 0.05)$ 表"可知，当样品数 $t=3$，自由度 $d_f=66$ 时，$q_{0.05,3,66}=3.40$，

则 $$Y_{0.05}=3.40\times\sqrt{\frac{1.4039}{2\times12\times3}}=0.475 \quad (5\text{-}142)$$

因为 C、A 样品之间 $|a_C-a_A|=0.097<Y_{0.05}$，所以无显著差异。又因 C、B 之间 $|a_C-a_B|=0.973>Y_{0.05}$，故有显著差异。表 5-41 中，（B，C）得分 11，而（C，A）得分 10，故 B 样品的嗜好度最大。也就是说，有 95%把握认为

人们对 C、A 两样品的嗜好没有明显区别，但对 C 与 B 和 A 与 B 之间的嗜好有明显不同。所以可以说，B 产品更有竞争能力，A 产品和该基地研究的产品 C 次之。

七、评估检验

1. 应用领域和范围

评估检验法是随机地提取数个样品，由鉴评员在一个或多个指标基础上进行分类、排序，以评价样品一个或多个指标的强度，或对产品的偏爱程度。也可以根据各项指标的强度，或对产品的偏爱程度，确定其加权数，然后对各项指标的评价结果加权平均，从而得出整个样品的评价结果。

2. 方法

此法可用于鉴评样品的一个或多个指标的强度及对产品的嗜好程度。也可进一步通过多指标对整个产品质量的重要程度确定其权数，然后对各指标的鉴评结果加权平均，得出整个样品的评分结果。

3. 评价员

检验前，要清楚地定义所使用的级别，并能够被鉴评员理解。标度可以是图示的、描述的或数字的形式；它可以是单极标度，也可以是双极标度。

4. 样品准备与呈送

根据检验的样品、目的等的不同，特性评估检验的鉴评表可以是多种多样的。本节仅举例说明。例如，有 A、B、C、D、E 五个样品，希望通过对其外观、组织结构、风味的鉴评把五个样品分别列入应属的级别。

级别的表示示例（示例一）：

外观：	组织结构：	风味：
Ⅰ级：……	Ⅰ级……	Ⅰ级：……
Ⅱ级：……	Ⅱ级……	Ⅱ级：……
Ⅲ级：……	Ⅲ级……	Ⅲ级：……

标度示例（示例二）：

Ⅰ级	Ⅱ级	Ⅲ级
BD	C	AE

好——————————————————→差

5. 结果整理与分析

统计每一样品各特征落入每一级别的频数，然后用评估检验比较各个样品落入不同级别的分布，从而得出每个样品应属的级别。具体的统计分析方法与分类法相同，详见本节分类法的结果分析。

确定了样品的各个特征级别之后，可应用加权法进一步确定样品应属的级别。例如，假设样品的外观、组织特性、风味的权类分别为 30%、30%、40%，把鉴评表中的级别及标度转换成数值，如下：

Ⅰ级	Ⅱ级	Ⅲ级
1～4	4～7	7～10

统计各样品的各个特性数值平均值，并与规定的权数相乘。

如：假设外观的平均值为 $\bar{x}_1$，组织特性的平均值为 $\bar{x}_2$，风味的平均值为 $\bar{x}_3$。那么对于 A 样品，其综合结果就为：

$$30\%\bar{x}_{1_A}+30\%\bar{x}_{2_A}+40\%\bar{x}_{3_A} \tag{5-143}$$

样品 B 的综合结果为：

$$30\%\bar{x}_{1_B}+30\%\bar{x}_{2_B}+40\%\bar{x}_{3_B} \tag{5-144}$$

若样品 A 的综合结果为 2.7，则可说明 A 样品为Ⅰ级品，以此类推，可得出 B、C、D、E 样品所属的级别（而非分类）。

八、标度和类别检验的数据统计

多个样本检验使用方差分析。采用线性尺度、类别尺度及比例尺度的数字估计评价方法而得到的数据，可以采用参数的统计方法。有些评价结果可以采用多种检验方法，或者采用效率较低但比较简单的方法进行差异显著性检验。

1. Friedman 秩和检验

排序检验是比较数个样品，按指定特性由强度或嗜好程度排出一系列样品顺序的方法。该方法只排出样品的次序，不评价样品间差异大小。排序结果可以采用 Friedman 秩和检验（见“附表 5　Friedman 秩和检验临界值表”）、Page 检验（“附表 14　Page 检验临界值表”）等显著性检验方法，其中用得较多的是 Friedman 秩和检验。

统计检验过程中，应先根据各样品的秩和计算统计量 F，检验比较的样品间是否有显著性差异，如果差异显著，则进一步进行样品间的比较。不同检验方法的 Friedman 秩和检验过程在本节已做详细介绍。

2. t 检验

如果比较两个样品的感官性质强度，采用等距尺度或类别尺度进行检验，其结果可以用 t 检验比较两个样品间检验的感官性质是否有显著性差异。

t 检验的统计量与多个因素有关，试验是否成对设计或非成对设计、两个样本是否等方差等，不同的情况其统计量计算方法不同。通常情况下，感官评价结果采用成对资料平均数的假设检验，因为通常是同一评价员同时评价比较两个样品，属于成对设计资料。

3. 方差分析

方差分析是应用广泛的一种统计分析方法，可以分析多个产品检验结果，适用于不同的试验设计。

方差分析将试验的总变异分解成不同来源所引起的相应变异，有助于更精确地估计各试验变量。方差分析有很多类型，随着所研究变量的多少、试验设计方案的差异而不同。本章给出了差异检验中典型的试验设计及相应的方差分析方法。

4. 重复评定结果分析

前面介绍的传统差别检验结果的统计分析，是对试验中采用 n 个评价员，每个评价员仅进行一组样品评价的结果分析方法，在这些分析中要求所有的评价都是相互独立的。但在实际工作中，有时只有少数的评价员可参与评价，此时为了增加总的评价次数，可以通过让每个评价员进行多次重复评价来实现。评价员在评定完一组样品后，收回评价单，得到第二组样品进行重复评价，有时评价员可能会得到第三组或第四组重复样品进行评价。应该注意的是，采用相同的评价员对相同的样品进行多次重复评价，有可能使得这些判断并不是完全独立的，所以前面所使用的统计分析方法或相应的表格不适用。不能将重复评定的结果合并后作为每个评价员进行一次评定的结果数据进行统计分析，如果同样 10 个评价员，重复 3 次评定，总评定次数为 30，不能将这个结果作为 30 次的独立评定。此时根据数据的性质，对于无方向性成对差别检验重复测定结果，采用 β-二项分布进行统计分析，而对于有方向性成对比较检验、二-三点检验、三点检验则采用校正 β-二项分布进行分析。

（1）β-二项分布假设　二项分布中参数 p 是一随机变量，且服从 β 分布时，所构成的复合分布称为 β-二项分布，其概率函数为：

$$p(x)=C_n^x\frac{B(a+x,b+n-x)}{B(a+b)}\qquad (x=0,1,2,3,\cdots,n;\ a,\ b>0)$$

其中 $B(a,\ b)$ 是不完全 β 函数。构造 $\mu=a/(a+b)$，$\gamma=1/(a+b+1)$，μ 为二项参数 p 的平均值，而 γ 是测定 p 的变异的尺度参数。

采用矩估计法对 β-二项分布的参数进行估计，如果在 k 次试验中每个试验的重复次数都相同，如 $n_i=n$（$i=1,2,\cdots,k$），设 $\hat{p}_1$，$\hat{p}_2$，…，$\hat{p}_k$（即每个评价员重复评价的正确响应频率）是从 k 个试验（k 个评价员）中得到的随机样本，$\hat{p}_i=x_i/n$，x_i 是第 i 次试验的正确响应数量（即第 i 个评价员的正确响应数），则 μ 和 γ 的矩估计为：

$$\hat{\mu}=\frac{\sum_{i=1}^{k}\hat{p}_i}{k}\qquad(5\text{-}145)$$

$$\hat{\gamma}=\frac{1}{n-1}\left[\frac{nS}{\hat{\mu}(1-\hat{\mu})k}-1\right] \tag{5-146}$$

$$S=\sum_{i=1}^{k}(\hat{p}_i-\hat{\mu})^2 \tag{5-147}$$

有了参数的估计，则采用 u 检验对双尾成对差别检验有重复的数据进行统计分析，此时统计假设为：

无效假设 H_0：$\mu=0.5$；

备择假设 H_1：$\mu\neq 0.5$。

统计量：

$$u=\frac{\hat{\mu}-0.5}{\sigma} \tag{5-148}$$

$$\sigma=\sqrt{\frac{0.5\times 0.5}{nk}[1+\hat{\gamma}(n-1)]} \tag{5-149}$$

如果 $|u|\geqslant u_a$，则比较的样品间有显著性差异；反之，则没有显著性差异。在无方向性成对比较检验中，显著性检验为双尾检验，所以 $u_{0.05,\infty}=1.96$，$u_{0.01,\infty}=2.58$。

【例 5-20】20 个评价员对两个樱桃样品的甜味进行评价，采用无方向性成对比较检验，每个评价员重复评定 5 次，各评价员评定结果见表 5-38，试对结果进行统计分析。

表 5-38　有重复的双尾成对比较检验结果及分析

评价员	正确响应次数（x_i）	$\hat{p}_i$	$(\hat{p}_i-\hat{\mu})^2$	评价员	正确响应次数（x_i）	$\hat{p}_i$	$(\hat{p}_i-\hat{\mu})^2$
1	4	0.8	0.0441	11	3	0.6	0.0001
2	5	1	0.1681	12	1	0.2	0.1521
3	1	0.2	0.1521	13	1	0.2	0.1521
4	4	0.8	0.0441	14	1	0.2	0.1521
5	1	0.2	0.1521	15	5	1	0.1681
6	4	0.8	0.0441	16	1	0.2	0.1521
7	5	1	0.1681	17	3	0.6	0.0001
8	0	0	0.3481	18	2	0.4	0.0361
9	5	1	0.1681	19	4	0.8	0.0441
10	5	1	0.1681	20	4	0.8	0.0441
小计	34	6.8	1.457	小计	25	5	0.901

在本例中，$k=20$（20 个评价员），$n=5$（每个评价员重复评定 5 次），$\hat{p}_i$ 计算结果见表 5-43，其中：

$$\hat{\mu}=\frac{\sum_{i=1}^{k}\hat{p}_i}{k}=\frac{0.8+1+\cdots+0.8+0.8}{20}=0.59 \tag{5-150}$$

或
$$\hat{\mu}=\frac{34+25}{20\times 5}=0.59$$

为了计算 S，将各评价员正确响应频率 $\hat{p}_i$ 与总平均值 $\hat{\mu}$ 之差的平方计算于表 5-38 中，有：

$$\begin{aligned}S&=\sum_{i=1}^{k}(\hat{p}_i-\hat{\mu})^2\\&=(0.8-0.59)^2+(1-0.59)^2+\cdots+(0.8-0.59)^2+(0.8-0.59)^2\\&=1.457+0.901=2.358\end{aligned} \tag{5-151}$$

$$\hat{\gamma}=\frac{1}{n-1}\left[\frac{nS}{\hat{\mu}(1-\hat{\mu})k}-1\right]=0.359 \tag{5-152}$$

$$\sigma=\sqrt{\frac{0.5\times 0.5}{nk}[1+\hat{\gamma}(n-1)]}=\sqrt{\frac{0.5\times 0.5}{5\times 20}\times[1+0.359\times(5-1)]}=0.078 \tag{5-153}$$

$$u=\frac{\hat{\mu}-0.5}{\sigma}=\frac{0.59-0.5}{0.078}=1.154 \tag{5-154}$$

对于无方向性成对比较检验，$a=0.05$ 时，$u_{0.05,\infty}=1.96$，$u<u_{0.05}$，所以比较的两个样品间甜味没有显著性差异。

（2）校正 β-二项分布　对于方向性成对比较检验、二-三点检验和三点检验重复评定结果，采用校正 β-二项分布更适宜。在校正 β-二项分布中，正确响应的概率 P_c：

$$P_c=P_0+(1-P_0)P \tag{5-155}$$

式中，P_0 为纯粹猜中的概率；P 为区别能力，假设服从 β-二项分布；而 P_c 服从校正 β-二项分布。

对于方向性成对比较检验和二-三点检验，如果有五个评价员，每个评价员重复评定 n 次，x 为某评价员在 n 次重复评定中正确响应的次数，有校正 β-二项分布概率密度函数：

$$P(x,n,a,b)=\frac{2^{n-x}}{3^n B(a,b)}C_n^x\sum_{i=0}^{x}C_x^i 2^i B(a+i,b+n-x) \tag{5-156}$$

对于三点检验的校正 β-二项分布概率密度函数：

$$P(x,n,a,b)=\frac{1}{3^n B(a,b)}C_n^x\sum_{i=0}^{x}C_x^i 2^i B(a+i,b+n-x) \tag{5-157}$$

式中，$x=0, 1, 2, \cdots, n$；$a, b>0$；$B(a, b)$ 是不完全 β 函数；构造 $\mu=a/(a+b)$，$\gamma=1/(a+b+1)$，则 μ 为评价员区别能力的平均值，而 γ 为 0～1 之间的值，描述评价员区别能力分散性的参数。

采用矩估计法对校正 β-二项分布的参数进行估计，令 $\hat{p}_{c_i}=x_i/n$，即每个评价员重复评定的正确响应频率，则有：

$$\hat{\pi}_c=\frac{\sum_{i=1}^{k} x_i}{nk} \tag{5-158}$$

$$S=\sum_{i=1}^{k}(\hat{p}_{c_i}-\hat{\pi}_c)^2 \tag{5-159}$$

则 μ 和 γ 的矩估计为：

① 方向性成对比较检验和二-三点检验

$$\hat{\mu}=2\hat{\pi}_c-1 \tag{5-160}$$

$$\hat{\gamma}=\frac{2Sn}{(3\hat{\pi}_c-1)(1-\hat{\pi}_c)(n-1)k}-\frac{3\hat{\pi}_c}{(3\hat{\pi}_c-1)(n-1)} \tag{5-161}$$

② 三点检验

$$\hat{\mu}=(3\hat{\pi}_c-1)/2 \tag{5-162}$$

$$\hat{\gamma}=\frac{3Sn}{(2\hat{\pi}_c-1)(1-\hat{\pi}_c)(n-1)k}-\frac{3\hat{\pi}_c}{(3\hat{\pi}_c-1)(n-1)} \tag{5-163}$$

采用 u 检验对双尾成对差别检验有重复的数据进行统计分析，此时统计假设为：

无效假设 H_0：$\pi_c=\pi_0$；备择假设 H_1：$\pi_c>\pi_0$。

在检验中，主要的目标是检验比较的两个产品间有意义的差异，所以 Jian（吉安）（2005）将 π_0 进行设定，对于方向性成对比较差别检验和二-三点检验，$\pi_0=0.6$，而对于三点检验，$\pi_0=0.4$。有统计量：

$$u=\frac{\pi_c-\pi_0}{\sigma} \tag{5-164}$$

式中，σ 为标准差。

对于方向性成对比较检验和二-三点检验有：

$$\sigma^2=\frac{(1-\mu_0)[(n-1)\hat{\gamma}\mu_0+1+\mu_0]}{4nk} \tag{5-165}$$

$$\mu_0=2\pi_0-1 \tag{5-166}$$

对于三点检验有：

$$\sigma^2=\frac{4}{9nk}(n-1)\mu_0(1-\mu_0)\hat{\gamma}+\frac{2}{9nk}(1+2\mu_0)(1-2\mu_0) \tag{5-167}$$

$$\mu_0=\frac{3\pi_0-1}{2} \tag{5-168}$$

如果 $|u| \geqslant u_\alpha$，则比较的样品间有显著性差异；反之，则没有显著性差异。对于方向性成对比较检验、二-三点检验、三点检验都是单尾检验，所以 $u_{0.05}=1.64$，$u_{0.01}=2.33$。

【例 5-21】试验比较两个萝卜产品间感官差异，选择20个评价员采用三点检验进行评价，每个评价员重复评价4次，结果见表5-39。

表 5-39　对萝卜重复三点检验的评价结果

评价员	正确响应次数（x_i）	$\hat{p}_{c_i}$	评价员	正确响应次数（x_i）	$\hat{p}_{c_i}$
1	4	1.00	11	4	1.00
2	4	1.00	12	3	0.75
3	3	0.75	13	4	1.00
4	4	1.00	14	3	0.75
5	3	0.75	15	2	0.50
6	3	0.75	16	1	0.50
7	3	0.75	17	3	0.75
8	2	0.50	18	4	1.00
9	2	0.50	19	0	0
10	1	0.25	20	2	0.50

本例中，H_0：$\pi_c=0.4$；H_1：$\pi_c>0.4$。$n=4$，$k=20$。则：

$$\hat{\pi}_c=\frac{\sum_{i=1}^{k}x_i}{nk}=\frac{4+4+\cdots+0+2}{4\times 20}=0.7 \tag{5-169}$$

$$S=\sum_{i=1}^{k}(\hat{p}_{c_i}-\hat{\pi}_c)^2=(1-0.7)^2+(1-0.7)^2+\cdots+(1-0.7)^2+(0-0.7)^2=1.45 \tag{5-170}$$

$$\begin{aligned}\hat{\gamma}&=\frac{2Sn}{(2\hat{\pi}_c-1)(1-\hat{\pi}_c)(n-1)k}-\frac{2\hat{\pi}_c}{(2\hat{\pi}_c-1)(n-1)}\\&=\frac{2\times 1.45\times 4}{(2\times 0.7-1)\times(1-0.7)\times(4-1)\times 20}-\frac{2\times 0.7}{(2\times 0.7-1)\times(4-1)}\\&=0.444\end{aligned} \tag{5-171}$$

$$\mu_0=\frac{3\pi_0-1}{2}=\frac{3\times 0.4-1}{2}=0.1 \tag{5-172}$$

$$\sigma^2=\frac{4}{9nk}(n-1)\mu_0(1-\mu_0)\hat{\gamma}+\frac{2}{9nk}(1+2\mu_0)(1-2\mu_0)$$

$$=\frac{4\times(4-1)\times0.1\times(1-0.1)\times0.444}{9\times4\times20}+$$

$$\frac{2\times(1+2\times0.1)\times(1-2\times0.1)}{9\times4\times20}=0.0033$$

$$\sigma=0.058 \tag{5-173}$$

$$u=\frac{\pi_c-\pi_0}{\sigma}=\frac{0.7-0.4}{0.058}=5.17 \tag{5-174}$$

单尾检验，$u>u_{0.01}=2.33$，因此可以推断比较的两个产品间有极显著的差异。

第三节 描述性分析检验

描述性分析检验是感官检验人员常用的工具，所采用的是与差别检验等完全不同的感官评价原则和方法。是根据感官所能感知到的食品的各项感官特征，用专业术语对产品进行客观描述。要求评价产品的所有感官特性，包括：外观色泽，嗅闻的气味特征；品尝后口中的风味特征；产品的组织特性及质地特性；产品的几何特性。通常可依据是否定量分析而分为简单描述法和定量描述法。本节介绍简单描述法在检验过程中的应用，要求评价员除具备人体感知蔬菜水果品质特性和次序的能力外，还要具备对描述产品品质特性专有名词的定义及其在描述产品中实际含义的理解能力，还需要具备对总体印象或总体风味强度和总体差异的分析能力。

一、应用范围

描述性分析检验适用于一个或多个样品，可以同时评价一个或多个感官指标。人们在检测竞争者的产品时，经常使用这一技术，因为描述性分析能够准确地显示在所评价的感官特性范围内，竞争产品与自己的产品存在着怎样的差别。

描述性分析检验使用范围很广，如对蔬菜水果的芳香、风味、口感和质地进行详细描述，对包装材料的手感及外观进行详细描述，等。这些感官描述常应用于研究开发以及产品制造上，应用范围包括：定义新产品开发中目标产品的感官特征；定义质量管理、质量控制及开发研究中的对照或标准的特征；在进行消费者检验前记录产品的特征，以帮助选择《消费者提问表》里所包括的特征，在检验结束后说明消费者检验结果；追踪产品贮存期、包装等有关感官特征随时间变化而改变的规律；描绘产品与仪器、化学或物理特性相关的可察觉的感官特征。

二、专业描述用语

描述性分析检验要求使用语言准确地描述样品感官性状，要求评价员具有较高的文学素养，对语言的含义有准确理解和恰当使用的能力。

要进行精确的风味描述，必须对感官评价人员进行一定的训练，以使所有评价员都能使用精确的、特定的、相同的概念，采用仔细筛选过的科学语言，清楚地把这种概念表达出来，并能够与其他人进行准确的交流，以保证评价结果的准确性和客观性。

例如，在茄子、嫁接黄瓜、西瓜、红富士苹果、柑橘等果蔬的品评试验中，可从以下方面使用描述特征的术语：

茄子的品评项目有品种、成熟度、色泽、果形（长茄、圆茄、卵圆茄）、膨大、鲜嫩、无籽、坚硬、新鲜、整齐度（%）、机械伤、清洁、腐烂、异味、气味、味道、灼伤、冷害、冻害、病斑、病虫害、规格（大果、中果、小果）、果长、横径、限度。

嫁接黄瓜的感官评价，需要对黄瓜果实的甜度、苦味、涩味、水分、脆度、韧性、口感、香气进行评定。

西瓜感官品质评价的项目有：水分、甜度、爽口度、质地、果皮颜色、成熟度、果皮厚度、瓤色、籽数、空心率。

红富士苹果感官评价项目有：成熟度、果形、色泽、条红、片红、着色面、品种特征、端正、缺陷、畸形、气味、滋味、果实直径、发育、果梗、果实大小（小型、中型、大型）、果面缺陷（小疵点、小红点、裂纹、风裂纹）、碰压伤、果皮不变褐、摩伤（摩擦伤）、果锈、药害、日灼、雹伤、虫伤、蛀果、病害、裂果、差色果、邻组果、果重差、缺陷果、隔组果。

柑橘的感官评价项目主要包括：气味（香气浓度和香气描述）、外观（果实大小、果实形状、果皮颜色、果皮着色均匀性、果皮光滑度、果皮厚度、果皮分离性、囊瓣均一性、囊瓣分离性、囊瓣颜色、果心情况和果肉颜色）、滋味（囊瓣壁滋味、果肉甜度、果肉酸度、果肉酸甜比、果肉苦味和果肉回味）、口感（果皮易食性、果肉弹性和果肉顺滑度）和质地（囊瓣壁质地、果肉质地和种子质地）等。

三、简单描述分析

评价员用合理、清楚的文字，对构成样品质量特征的各个指标尽量完整、准确地进行定性描述，以定性评价样品感官品质的检验方法，称为简单描述分析。西瓜感官评价用语（表 5-40）、桃子感官检验要求的设置与描述特征的术语（表

5-41）、荔枝感官要求的设置与描述（表5-42）、柑橘感官要求与描述（表5-43）列表如下。

表5-40　西瓜感官评价用语

等级	模糊量	果皮颜色	果实成熟度	果皮厚度	瓤色	籽数	空心率	口感	质地	水分	爽口度	甜度
5	1.0	非常一致	适度	薄	深红	少	无	非常好	非常好	多	非常爽口	非常甜
4	0.8	一致	较适度	较薄		较少	较小	好	好	较多	爽口	较甜
3	0.6	一般	一般	一般	红	一般	一般	一般	一般	一般	一般	一般
2	0.4	不一致	较生较熟	较厚		较多	较大	差	松绵	不多	不爽口	不甜
1	0.2	非常不一致	过生过熟	厚	浅红	多	非常大	非常差	非常松绵	少	极不爽口	不甜而酸

表5-41　桃子感官检验要求的设置与描述特征的术语

指标		判断标准
外观（通过观察外观对8个指标打分）	形状	呈心形或球形（蟠桃形状是扁平的），无不正常的凹陷或凸起，外形无偏缺（8～10分）；形状较标准，外形略有凹陷或凸起（6～7分）；形状不规则，果子有畸形（4～5分）；形状不规则，畸形严重（1～3分）
	大小	与同类别相比：大小适中（8～10分）；体积略大或略小（4～7分）；体积明显偏大或偏小（1～3分）
	色泽	着色均匀，颜色鲜艳，整体颜色呈鲜红色（油桃里面颜色多种多样）（9～10分）；着色较均匀，大部分颜色呈鲜红色（7～8分）；着色较不均匀，红色较浅，青色部分较多（5～6分）；着色不均匀，大部分呈青色（3～4分）；着色很不均匀，几乎没有红色（1～2分）
	缝合线深浅	缝合线：果实表面从底端（蒂头）延伸至顶端的线，把果实分成两部分。 果实缝合线较浅，不明显（8～10分）；果实缝合线较为明显（6～7分）；缝合线较深，比较明显（4～5分）；缝合线很明显（1～3分）
	蒂头颜色	蒂头（果实底部果把附近区域）颜色为淡黄色，果实成熟度高（8～10分）；蒂头颜色偏黄（6～7分）；蒂头颜色偏绿（4～5分）；蒂头呈淡绿色，果实成熟度低（1～3分）
	表面茸毛（毛桃）	果实表面茸毛多且均匀完整（分油桃和毛桃，油桃无茸毛）（8～10分）；表面茸毛较多，完整度较好（6～7分）；表面茸毛较少，完整度尚可（4～5分）；表面茸毛较少且不均匀完整（1～3分）
	“褐斑”多少	表面光亮，无褐色斑点（8～10分）；表面有少量褐色斑点（4～7分）；褐斑较多且伴有凹陷（1～3分）
	表皮顺滑度	表面光洁，无裂口及褶皱（8～10分）；表面较光洁，有细微粗糙感，无褶皱（6～7分）；表面有较明显粗糙感，无褶皱（4～5分）；表面极不光洁，粗糙感严重或褶皱明显（1～3分）

续表

指标		判断标准
质地（先揉捏桃子判断硬度和重量感，随后咬开，观察）	果实软硬程度	硬桃：软硬适中有弹性（9～10分）；略软或略硬（7～8分）；较软或较硬（5～6分）；很硬或很软（3～4分）；非常软或非常硬（1～2分）
		水蜜桃：果肉柔软有弹性（8～10分）；质地较软（6～7分）；质地略软，部分果肉偏硬（4～5分）；果实整体较硬（1～3分）
	果实重量感	重量感明显，果肉紧实（8～10分）；重量感较明显，果肉较紧实（6～7分）；重量感较差，果肉较松散（4～5分）；重量感不明显，果肉松散（1～3分）
	果肉离核程度	果肉与果核容易分离，稍用力即可掰开（9～10分）；果肉果核较易分离，掰开较为费力（7～8分）；果肉果核能分离，需较用力掰开（5～6分）；果肉果核不易分离，需用力分开（3～4分）；果肉果核很难分离，无法用手掰开（1～2分）
香气（感受果实香气，可咬开比较）	固有香气	香气浓郁，令人愉悦（8～10分）；香气较淡，略有特殊愉悦香气（4～7分）；无愉悦香气（1～3分）
滋味	甜味	非常甜（9～10分）；很甜（7～8分）；较甜（5～6分）；略甜（3～4分）；没有甜味（1～2分）
	酸味	没有酸味（9～10分）；略酸（7～8分）；较酸（5～6分）；很酸（3～4分）；非常酸（1～2分）
口感	入口顺滑度	果肉十分细腻，入口化渣，口感优（9～10分）；果肉细腻，口感良好（7～8分）；果肉较细腻，口感较好（5～6分）；果肉较粗糙，口感较差（3～4分）；果肉粗糙，口感差（1～2分）
	含水量	果肉汁水含量非常高（9～10分）；果肉汁水含量较高（7～8分）；果肉汁水含量适中（5～6分）；果肉汁水含量较低（3～4分）；果肉汁水含量很低（1～2分）
	余味	余味悠长持久，甘甜（9～10分）；余味悠长持久，略有酸味（7～8分）；余味时间短，但甘甜（5～6分）；余味时间短，且略酸（3～4分）；余味时间长，但很酸（1～2分）

表 5-42　荔枝感官要求的设置与描述

项目	指标	编号			
外观	0～10分，包括颜色、形状、大小、光滑度、完整性等				
果重	[<20g] [20～30g] [30～40g] [>40g]				
果实形状	[心形] [歪心形] [长心形] [短圆形] [近圆球形] [卵圆形] [椭圆形] [其他]				

续表

项目	指标	编号			
果肩形状	[平][双肩斜][一平一斜][一平一隆起][一斜一隆起][双肩隆起]				
果顶形状	[尖圆][钝圆][浑圆]				
果皮颜色	[黄绿][绿白带微红][淡红带微黄][红带绿][浅红][鲜红][浅紫红][深紫红][暗红][暗红带墨绿][其他]				
果皮龟裂片形状	[锥尖状突起][乳头状突起][隆起][平滑][微凹]				
果皮裂片峰形状	[楔形][尖锐][毛尖][圆尖][平滑]				
果皮缝合线	[缝合线明显][缝合线不明显]				
果皮厚度	[<0.1cm][0.1～0.2cm][>0.2cm]				
果皮分离性	[皮肉易分离][皮肉难分离]				
果肉颜色	[乳白色][蜡白色][蜡黄色][其他]				
果肉内膜褐色	[无][少][中等][多]				
果肉质地	[爽脆][细嫩][细韧][粗糙][其他]				
果核	[无果核][焦核][饱满种子个小][饱满种子个大]				
质地	0～20分，包括硬度、脆度、重量感、弹性等				
果肉含水量	[汁水丰富][汁水较少][无明显汁水]				
果肉回味	[无回味][回甜][回酸]				
口感	0～25分，含水量、顺滑度等				
果肉甜度	[低][适中][高]				
果肉酸度	[低][适中][高]				
果肉酸甜比	[特别酸][略酸][酸甜适中][略甜][特别甜]				
果肉涩味	[无涩][微涩][涩]				
滋味	0～25分，包括酸味、甜味、涩味等				
香气浓度	[无香][特别淡][刚能识别][香气浓郁][刺鼻]				
香气描述	[蜜香][清香][甜香][玫瑰香][桂花香][荔枝香][其他]				

续表

项目	指标	编号			
异味	[有异味][无异味]				
气味	0～20分，包括固有香气、特殊香气、异味等				
分数合计					

表 5-43 柑橘感官要求与描述

项目	指标	编号			
外观	0～10分，包括颜色、形状、大小、光滑度、完整性等				
果实大小	[偏小][中等][偏大]				
果实形状	[扁球形][球形][短瓢形][锥形][其他]				
表皮颜色	[绿色][黄绿色][金黄色][橙色][其他]				
表皮着色均匀性	[着色均匀][着色不均匀]				
表皮光滑度	[几乎无油胞、表皮光亮][油胞小、表皮光亮][油胞较大、有少量疤痕][有较多疤痕]				
海绵组织厚度	[非常薄，厚度小于0.5cm] [中等厚度，0.5～1cm][非常厚，大于1cm]				
皮肉分离性	[皮肉易分离][皮肉难分离]				
瓢囊大小均一性	[大小基本一致][大小不一致]				
果心情况	[果心实][果心空而小][果心空而大]				
果肉颜色	[乳白][淡黄][粉红][艳红][其他____]				
果肉质地情况	[柔嫩] [爽脆] [粗糙，纤维感强] [其他____]				
有无种子	[有籽][无籽]				
质地	0～20分，包括硬度、脆度、重量感、弹性等				
含水量	[汁水较少][汁水一般][汁水丰富]				
果肉弹性	[有弹性，饱满][无弹性，手按后塌陷]				
回味	[无回味][回甜][回酸][回苦]				
口感	0～25分，化渣感、含水量、顺滑度等				
酸甜比	[特别酸][略酸][酸甜适中][略甜][特别甜]				

续表

项目	指标	编号			
苦味	[无苦味][稍有苦味][很苦][苦到难以接受]				
果肉顺滑度	[口感顺滑，细腻][口感粗糙，干、渣]				
滋味	0～25分，包括酸味、甜味、苦味、麻味等				
香气	[特别淡][刚能识别][香气浓郁][刺鼻]				
气味	0～20分，包括固有香气、特殊香气、异味等				
分数合计					

四、风味描述

风味描述是一种一致性技术，用于描述产品的词汇和对产品本身的评价，可以通过评价小组成员达成一致意见后获得。风味描述考虑了一个农产品系统中所有的风味，以及其中个人可检测到的风味成分。

风味描述可用于识别或描述某一特定样品或多个样品的特性指标，或将感受到的特性指标建立一个序列，常用于质量控制、产品在贮存期间的变化或描述已经确定的差异检测，也可用于培训评价员。

试验的组织者要准确地选取样品的感官特性指标并确定合适的描述术语，制订指标检查表，选择非常了解产品特性、受过专门训练的评价员和专家，组成5名或5名以上的评价小组进行品评试验，根据指标表中所列术语进行评价。

当评价员完成评价后，由评价小组组织者统计这些结果。根据每一描述性词汇的使用频率或特征强度得出评价结果，最好对评价结果作公开讨论，最后得出结论。该方法的结果通常不需要进行统计分析。不同品种梨汁品尝和感官描述用语表见表5-44。

表5-44　不同品种梨汁品尝和感官描述用语表

品种	品尝和感官评定描述
新梨7号	味淡，不酸，似苹果味，汁分层
丰水	味较浓，后味酸，汁白色，浑浊状
西子绿	甜，不酸，褐变不严重，清香
黄冠	酸甜，似苹果皮的味道，褐变不严重
大果水晶	味较淡，清香，不酸，褐变

续表

品种	品尝和感官评定描述
雪青	味较甜，不酸，清香，不褐变
绿宝石	褐变，味淡，似苹果皮味，后味略苦
红香酥	不褐变，汁呈淡绿色，味谈，似黄瓜等葫芦科果实味道
鸭梨	酸甜，鸭梨味浓郁，轻微褐变（上层的浮沫褐变）
南水	果汁浑浊，不褐变，极甜，清香
五九香	极酸，刺激味蕾，芳香，褐变严重
雪梨	甜，清香，较严重褐变
晚秀	甜，不褐变，石细胞明显，口感粗糙
黄金	酸甜适口，轻度褐变，具有梨的香甜味，有少许石细胞的颗粒感
玉露香	果汁淡绿色，清香，不褐变，甜度一般
圆黄	不褐变，口感好，酸甜适中，澄清，清香味
诺光	甜，轻度酒味，果肉易软化，不褐变，有梨的香味
新高	酸甜，甜度一般，轻度褐变，清香
秋黄	褐变，口味偏酸，后味涩，香气浓郁
甘泉	甜，清香，不褐变
砀山酥梨	甜，清香，轻微褐变，口感偏酸，爽口，略有涩感，风味似鸭梨，有鸭梨香味
新高	酸甜，甜度一般，轻度褐变，清香
华山	酸度一般，不褐变，口感粗（有石细胞），清香

第四节
情感检验

在产品感官评价中，情感检验主要用于比较不同样品间感官质量的差异性以及消费者对样品喜好程度的差异。情感检验通常伴随着差别检验和描述性检验进行，但有时也会独立进行。这种方法在新产品的品种研究、市场研究、栽培技术、贮藏技术等方面应用广泛。如在市场研究中，感官检验涉及产品的可接受性、偏爱程度。检验的结果对不同部门或人员有不一样的意义。在选择情感检验方法时要明确检验的目的和意义，明确怎样实施、谁将参加以及检验的结果如何使用等问题。情感检验分为两种基本的类型，一种是偏爱检验，另一种是可接受性或喜好检验。偏爱检验要求评价员在多个样品中挑选出喜好的样品或对样品进行评分，比较样品质量的优劣；可接受性检验要求评价员在一个标度上评估他们对产品的喜爱程度，并不一定要与另外的产品进行比较。参加情感检验的评价员可以是蔬菜水果生产基地的员工、具有代表性的消费者、生产基地附近地区的居民等。不同类型的评价员有其自身的特点，选择时应根据具体的条件灵活掌握。选择合适的评价员是很重要的，首先，评价员应喜爱所评价的样品；其次，如果在检验中使用了等级标度法，评价员应能有效地区分产品之间的差异；当用消费者作为评价员时，还应考虑人口统计学、心理学及评价员的生活方式等。

一、成对偏爱检验

评价员比较两个样品，品尝后指出更喜欢哪个样品的方法就是成对偏爱检验。

1. 应用领域和范围

通常在进行成对偏爱检验时，要求评价员给出明确肯定的回答。但有时为了获得某些信息，也可使用无偏爱的回答选项。在进行成对偏爱检验时，只要求评价员回答一个问题，就是对样品整体的感官反应，不单独评价产品的单个感官质量特性。

2. 方法

在很多情况下，感官评价组织者为了获得更多的信息，往往在进行差别检验后要求评价员指出对样品的偏爱，实际上这样做是不科学的。首先，两种方法选择评价员的标准是不同的，差别检验的评价员要按感官灵敏度进行挑选，而偏爱检验的评价员是产品的使用者；其次，两种方法的要求不同，差别检验要求评价员指出样品的差异，而偏爱检验只要求对样品的整体进行偏爱评价，如果进行差别检验后再进行偏爱检验，差别检验的结果会影响到偏爱检验的结果。

3. 评价员

将两个样品同时呈送给评价员，要求评价员评价后指出更偏爱哪个样品。为了简化数据的统计分析，通常要求评价员评价后必须作出选择，但有时为了获得更多信息也会允许有无偏爱的选择出现。

4. 样品准备与呈送

在成对偏爱检验中，评价员会收到两个 3 位随机数字编码的样品，这两个样品被同时呈送给评价员。对于必须作出选择和有时为了获得更多信息也会允许有无偏爱的选择出现的两种情况，其评价单设计是不同的，见表 5-45、表 5-46。

表 5-45　成对偏爱检验的评价单（必选）

成对偏爱检验（必选）
样品：西瓜
姓名：________　　日期：________
请在开始前用清水漱口，然后按从左至右的顺序品尝两个编码的样品，您可以重复品尝所要评价的样品，品尝后用圆圈圈上您所偏爱的样品的编码。 652　　835 谢谢您的参与！请将评分表交给组织者。

表 5-46　允许无偏爱选项的偏爱检验评价单

成对偏爱检验（允许无偏爱）
样品：西瓜
姓名：________　　日期：________
请在开始前用清水漱口，然后按从左至右的顺序品尝两个编码的样品，您可以重复品尝所要评价的样品，品尝后用圆圈圈上您所偏爱的样品的编码。如果两个样品中您实在分不出偏爱哪个，请您圈上无偏爱选项。 偏爱 652　　偏爱 835 无偏爱 谢谢您的参与！请将评分表交给组织者。

如果在成对偏爱检验中允许有无偏爱选择，结果分析时可根据情况选择以下 3 种不同的方法进行处理：第一种方法是除去检验结果中选择无偏爱选项的评价员后再进行分析，这样就减少了评价员的数量，检验可信度随之会降低；第二种方法是把无偏爱的选择等分成两半分别加在两个样品的结果中，然后进行分析；第三种方法是将选择无偏爱选项的评价员按比例分配到相应的样品中。

5. 结果整理与分析

在成对偏爱检验中，如果不允许无偏爱选择，则只能从两个产品中选一个。无差异假设是当评价员对一个产品的偏爱没有超过另一个产品时，评价员选择每个产品的次数是相同的，也就是说评价员偏爱每一种样品的概率是相同的，即选择样品 A 的概率等于选择样品 B 的概率。在实际的研究中，研究人员并不知道哪个样品会被消费者更多地偏爱。成对偏爱检验有差异的假设是，如果评价员对一个样品的偏爱程度超过对另一个样品的偏爱，则受偏爱较多的样品被选择的机会要多于另一个样品。对偏爱检验结果的分析基于统计学中的二项分布。

在偏爱检验中，通过二项分布可以帮助感官评价研究人员测定研究的结论是仅仅由偶然因素引起，还是评价小组对一个样品的偏爱真的超过了另一个样品，在排除偶然性因素后样品有显著性偏爱的概率可用下面公式计算：

$$P=\frac{N!}{(N-X)!\ X!}P^{X}(1-P)^{N-X} \tag{5-175}$$

式中，N 为有效评价员总数；X 为最受偏爱产品的评价员数；P 为对最受偏爱产品作出偏爱选择数目的概率。

上述公式的计算十分复杂，因此已有研究人员计算出了正确评估的数目以及它们发生的概率，给出了统计显著性的最小值（见“附表 19　成对偏爱检验显著性差异的最小判断数”）。有了这样的表格就很容易对成对偏爱检验的结果进行分析。在进行实际分析时，只要统计出被多数评价员偏爱的样品的评价员的数量，然后与附表 19 中的数据进行比较，如果实际评价员的数量大于或等于表中对应的显著性水平下的数值，则表明两个样品被偏爱的程度有显著性差异。

【例 5-22】在一个成对偏爱检验中，有 A、B 两个样品，共有 40 名评价员参与评价。评价的结果是有 25 位评价员偏爱 A，有 15 位评价员偏爱 B。判断评价员对 A、B 两个样品的偏爱是否有显著性差异。

根据上述的评价结果，查附表 22 可看出，在显著性水平为 5％时，样品差异显著的最小判断数为 27，实际的数值为 25，小于这一数值，因此评价小组对 A 样品的偏爱没有超过对样品 B 的偏爱。也就是说，两个样品的偏爱程度没有显著性差异。如果附表 19 中没有列出的数据，可用以下公式计算：

$$x=\frac{Z\sqrt{n}+n+1}{2} \tag{5-176}$$

式中，x 为正确判断的最小数，取整数。n 为答案数目。$a=5\%$ 时，$Z=1.96$；$a=1\%$ 时，$Z=2.58$。

如果在检验中允许有无偏爱的选项，则需要对无偏爱选项按照前面描述的方法进行处理后再进行分析。

【例 5-23】在一个成对偏爱检验中，有 A、B 两个样品，共有 40 名评价员参与评价。评价的结果有 20 位评价员偏爱 A，有 10 位评价员偏爱 B，有 10 位评价员选择无偏爱选项。判断 A、B 两个样品是否有显著性差异。

根据上述结果，需要对无偏爱选项的数据进行处理，处理的方法有以下 3 种：

① 去掉无偏爱选项，然后进行分析。上述结果去掉无偏爱选项后，检验的结果变为：偏爱 A 的评价员为 20 位，偏爱 B 的评价员为 10 位，总的有效评价结果为 30 位。查“附表 18　$q(t, d_f, 0.05)$ 表”可看出，在显著性水平为 5％时，样品差异显著的最小判断数为 21，检验的结果为 20，表明两个样品的偏爱程度没有显著性差异。

② 将无偏爱的选择评价加在两个样品的结果中，然后进行分析。上述结果

按照这样处理后变为：偏爱 A 的评价员数量为 25，偏爱 B 的评价员数量为 15，结果与例 5-22 的结果相同。

③ 将选择无偏爱选项的评价员按比例分配到样品中。上述结果中，在作出偏爱的评价员中偏爱 A 的比例为 2/3，偏爱 B 的比例为 1/3，计算时将无偏爱选项的数量按上述的比例加入到两个样品中，这样偏爱 A 的评价员就变为 27，而偏爱 B 的人数为 23。根据附表 18 的数据，在显著性水平为 5%时，样品差异显著的最小判断数为 27。修正后的数值正好等于这一数值，结果表明 A、B 两个样品的偏爱程度有显著差异。

从结果分析来看，对无偏爱选项数据的处理不同，得出的结论会有差异。

因此，在实际的偏爱检验中，除非有特别的需要，最好要求评价员必须作出选择，这样得出的结论更可靠一些。

二、偏爱排序检验

偏爱排序检验法是指在感官检验中，要求评价员根据指定的感官特性按强度或按照偏爱或喜欢样品的程度对样品进行排序的一种检验方法。

1. 应用领域和范围

排序检验法只能排出样品的顺序，不能评价样品间差异的大小。在新产品的研究开发过程中，需要确定不同的原料、工艺条件、贮藏方法等对产品质量的影响，偏爱排序检验法就是一种较理想的方法。另外，本公司生产或开发出的产品需要与竞争对手的产品进行比较时，也可以使用这种方法。偏爱排序检验只能按一种特性对样品的偏爱程度进行排序，如要比较样品的不同特性，则需要按不同的特性安排不同的排序检验。

2. 方法

检验前由感官评价组织者根据检验的目的选择检验的方法，制订试验的具体方案；明确需要排序的感官特性；指出排列的顺序是由弱到强还是由强到弱；明确样品的处理方法及保持方法；指明品尝时应注意的事项；指明对评价员的要求及培训方法，要使评价员对需要评价的指标和要求有一致的理解。

3. 评价员

检验时每个评价员以事先确定的顺序评价编码的样品，并初步确定样品的顺序，然后整理比较，再作出进一步的调整，最后确定整个系列的强弱顺序。

4. 样品准备与呈送

不同的样品，一般不能排为同一次序。如果排列次序有重复，则在结果分析时对数据进行处理。要求制订的评价单给评价员的指令简单扼要、容易理解，表 5-47 是对单一感官特性喜好程度进行排序时的评价单。

表 5-47 对样品喜好程度进行排序的评价单

偏爱排序检验（喜好程度）
产品名称：甜瓜
评价员姓名：________ 日期：________
品尝前请用清水漱口，然后按样品摆放的顺序从左至右品尝 4 个样品，如果需要，可重复品尝，请按从最喜欢到最不喜欢的顺序排列样品，用 1～4 的数值表示样品的顺序，其中，1：最喜欢；4：最不喜欢。 品尝的结果： 样品编码排列顺序（1～4，不允许相同） 107 （ ） 078 （ ） 348 （ ） 478 （ ） 谢谢您的参与！

5. 结果整理与分析

品尝完成后收集每位评价员的评分表，将评分表中的样品编码进行解码，变为每个样品的排序结果，按表 5-48 的格式进行结果的统计。表中列出的是 6 位评价员对 4 种甜瓜（分别用 A、B、C、D 表示）喜爱程度排序的统计结果；1～4 的顺序表示喜好程度的顺序，其中 1 表示最喜欢，4 表示最不喜欢。

偏爱排序检验法得到的结果可以用 Friedman 检验和 Page 检验对样品之间喜好程度进行显著性检验。

表 5-48 偏爱排序检验结果统计表

评价员	喜好程度顺序			
	1	2	3	4
1	A	C	D	B
2	C	D	A	B
3	A	D	B	C
4	C	A	B	D
5	A	B	D	C
6	C	A	D	B

（1）Friedman 检验　采用 Friedman 检验对排序检验的结果进行分析时，先计算每个样品的秩和，再计算统计量 F 值，最后将计算出的 F 值与“附表 6　F 临界值表”中的临界值进行比较，判断样品间的差异显著性。具体方法参见本章第二节排序检验中的统计方法。

下面以表 5-48 中偏爱排序的结果来分析评价员对 4 种甜瓜的喜好程度是否有差异。

① 样品秩和的计算。以表 5-48 中 4 种甜瓜喜好程度的排序结果为例来进行分析，判断 4 种产品的喜好程度是否有差异。先将上述结果转换为次序数，计算时将排列第一位转换为数值 1，排列第二位转换为数值 2，依此类推。上述排序结果转化次序后的统计结果见表 5-49。

表 5-49 排序检验次序秩和计算表

评价员	A	B	C	D	合计
1	1	4	2	3	10
2	3	4	1	2	10
3	1	3	4	2	10
4	2	3	1	4	10
5	1	2	4	3	10
6	2	4	1	3	10
秩和（R）	10	26	13	17	60

② 统计量 F 值的计算。F 值的计算公式如下：

$$F=\frac{12}{bt(t+1)}\sum_{j=1}^{t}R_j^2-3b(t+1) \tag{5-177}$$

式中，b 为评价员数；t 为样品（或产品）数；R_j 为每种样品的秩和。

根据上述公式计算出的 F 值如下：

$$F=\frac{12}{6\times4\times(4+1)}\times(10^2+26^2+13^2+17^2)-3\times6\times(4+1)=33.4 \tag{5-178}$$

③ 统计结果的分析。计算出 F 值后，与“附表 5　Friedman 秩和检验临界值表”中的数据进行比较，如果计算的 F 值大于或等于表中对应的临界值，则可判断样品之间有显著性差异；若小于表中的临界值，则可据此判断样品之间没有显著性差异。

根据表 5-49 中的数据计算出 F 值为 33.4，在样品数（t）为 4，评价员数（b）为 6，显著性水平为 0.05 时，查附表 5 得出临界的 F 值为 7.6，小于实际计算出的 F 值，表明 4 种甜瓜的喜好程度有显著性差异。

（2）Page 检验　在食品生产中，产品会因为配方、热处理的温度、贮藏温度和时间等的不同而有自然的顺序，在这种情况下，为了检验该因素效应，可以采用 Page 检验。Page 检验也是一种秩和检验，在产品有自然顺序的情况下，

Page 检验比 Friedman 检验更有效。

检验时先用下列公式计算统计量：

$$L = R_1 + 2R_2 + \cdots + tR_j \tag{5-179}$$

式中，L 为 Page 检验的统计量；R_j 为每种样品的秩和。

若计算出的 L 值大于或等于“附表 14 Page 检验临界值表”中相应的临界值，则说明样品间有显著性差异。

对表 5-54 中的检验结果如果使用 Page 检验，先用上述公式计算 L 值如下：

$$L = 10 + 2 \times 26 + 3 \times 13 + 4 \times 17 = 169 \tag{5-180}$$

查附表 14，在显著性水平为 0.05、样品数为 4 时，临界 L 值为 163，小于计算出的 L 值，表明评价员对 4 种甜瓜的喜好程度差异显著。从分析的结果来看，Page 检验和 Friedman 检验的结果是一致的。

（3）多重比较和分组　当检验的样品通过 Page 检验或 Friedman 检验后发现样品间有显著性差异，再采用最小显著差数法（LSD 法）比较哪些样品有差异。

① 具体方法参见本章第二节排序检验相关内容。

② Kramer 检验。Kramer 检验是一种顺位检验法，先计算每个样品的秩和，查“附表 2 顺位检验法检验表”（$a = 0.05$，$a = 0.01$）中评价员数为 6 和样品数为 4 的相对应的临界值，然后再分析检验的结果。具体方法参见本章第二节标度和类别检验中 Kramer 检验的相关内容。

三、分类检验

分类检验是在确定产品类别标准的情况下，要求评价员在品尝样品后，将样品划分到相应的类别的检验方法。

1. 应用领域和范围

在评定样品的质量时，有时对样品进行评分会比较困难，这时可选择分类检验法评价出样品的差异，得出样品的级别、好坏，也可鉴定出样品是否存在缺陷。

2. 方法

在确定采用分类检验法后，应确定划分产品类别的数量，并制订出每一类别的标准。不同产品的分类方法不同，分类的标准也不一样。

3. 评价员

在分类检验法的评分表中，要给评价员指明产品类别的数量及分类的标准。

4. 样品准备与呈送

将样品用三位随机数字进行编码处理。在所有评价员完成评价任务后，由实验员将每位评价员的结果统计在类似表5-50的表格中，这样就可以很直观地看出每个样品各级别的评价员的数量。对结果的分析就是基于每一个样品各级别的频数。

表5-50 分类检验法结果统计表

样品	一级	二级	三级	合计
A				
B				
C				
D				
合计				

5. 结果整理与分析

分类检验可采用 χ^2 检验。统计每个样品通过检验后分属每一级别的评价员的数量，然后用 χ^2 检验比较两种或多种产品不同级别的评价员的数量，从而得出每个样品应属的级别，并判断样品间的感官质量是否有差异。

【例5-24】现有用不同栽培方法生产的4种香蕉产品，根据不同质量标准分为3级，拟通过分类检验法对4种产品的质量进行检验，据此判断不同栽培方法对产品质量是否有明显的影响。4种产品分别用A、B、C、D表示，选择了28位评价员，检验结果见表5-51。对上述结果进行分析，判断4种产品的感官质量是否有明显的差异。

表5-51 分类检验的结果统计

样品	一级	二级	三级	合计
A	8	12	8	28
B	12	10	6	28
C	13	11	4	28
D	7	9	12	28
合计	40	42	30	112

（1）算各级别的期望值（E） E 可用下面的公式计算：

$$E=\frac{\text{该等级的次数}}{\text{总人数}}\times\text{评价员的数量} \tag{5-181}$$

根据上述公式计算出各级别的期望值如下：

$$E_1=\frac{40}{112}\times 28=10 \tag{5-182}$$

同理，$E_2=10.5$，$E_3=7.5$。

（2）计算每个样品相应级别的实际值（Q）与期望值（E）之差（χ^2），结果列入表5-52。

表5-52 各级别实际值与期望值之差

样品	一级	二级	三级	合计
A	−2	1.5	0.5	0
B	2	−0.5	−1.5	0
C	3	0.5	−3.5	0
D	−3	−1.5	4.5	0
合计	0	0	0	0

（3）计算 χ^2 值　χ^2 值用下列公式计算。

$$\chi^2=\sum_{i=1}^{t}\sum_{j=1}^{m}\frac{(Q_{ij}-E_{ij})^2}{E_{ij}}=\frac{(-2)^2}{10}+\frac{2^2}{10}+\frac{3^2}{10}+\frac{(-3)^2}{10}+\cdots+\frac{4.5^2}{7.5}=7.75 \tag{5-183}$$

（4）结果判断　根据计算的结果，查附表4。如果计算出来的 χ^2 值大于或等于相应显著性水平下的 χ^2 值，则表明样品间有显著性差异，然后根据检验的情况对产品进行分级。本例中，误差自由度=样品自由度×级别自由度=6，查 χ^2 表得，$\chi^2_{0.05,6}=12.59>7.75$。因此，这4种香蕉的感官质量没有明显的差异。

四、快感评分检验

快感评分检验是要求评价员将样品的品质特性以特定标度的形式来进行评价的一种方法。

1. 应用领域和范围

在新产品的研究开发过程中可用这种方法来评价不同品种、不同栽培方法开发出来的产品的质量好坏，也可以对市场上不同产品质量进行比较。可以评价某个或几个质量指标（如食品的甜度、酸度、风味等），也可以评价产品整体的质量指标（如产品的综合评价、产品的可接受性等）。

2. 方法

采用的标度形式可以是9点快感标度、7点快感标度或5点快感标度。标度的类型可根据评价员的类型来灵活运用，有经验的评价员可采用较复杂或评价指标较细的标度，如9点快感标度；如果评价员是没有经验的普通消费者，则尽量选择区分度大一些的评价标度，如5点快感标度。标度也可以采用线性标度，然后将线性标度转换为评分。评分检验法可同时评价一个或多个产品的一个或多个感官质量指标的强度及其差异。

3. 评价员

在给评价员准备评分表时，要明确采用标度的类型，使评价员对标度上的点的具体含义有相同或相近的理解，以便于检验的结果能够反映产品真实的感官质量上的差异。

4. 样品准备与呈送

表 5-53 是某生产基地评价 3 种不同栽培方法生产的水果萝卜的风味是否有差异时采用的评价单。

表 5-53 快感评分检验评价单

快感评分检验法评分表
样品：水果萝卜
姓名：________ 日期：________
请在品尝前用清水漱口。在您面前有 3 个 3 位随机数字编码的水果萝卜样品，请您依次品尝，然后对每个样品的总体风味进行评价。评价时按下面的 5 点标度进行，分别是：风味很好、风味好、一般、风味差、风味很差。在每个编码的样品下写出您的评价结果。 样品编码： 473 076 822 风味评价结果： （ ） （ ） （ ） 谢谢您的参与！

【例 5-25】某萝卜生产企业要比较用 3 种施用不同肥料生产的水果萝卜的滋味差异，决定采用评分检验法来比较。3 种水果萝卜分别是采用原施用化肥生产的水果萝卜（A），采用有机肥生产的水果萝卜（B）和采用有机肥＋原化肥方法生产的水果萝卜（C）。共有 16 位评价员参与评价，评价的结果见表 5-54。对检验的结果进行分析，判断 3 种施肥方法生产的水果萝卜的滋味是否有差异。

表 5-54 快感评分检验结果统计表

样品	滋味很好	滋味好	滋味一般	滋味差	滋味很差
A	2	5	2	6	1
B	2	5	7	2	0
C	2	10	4	0	0

将结果转换为评分的方法主要有两种，一种是采用 1～5 的数字，另一种是采用正负数字，即滋味很好为＋2，滋味好为＋1，滋味一般为 0，滋味差为－1，滋味很差为－2。本例采用第二种转换方法，转换的结果见表 5-55。

表 5-55 快感评分检验评分统计表

样品	+2	+1	0	−1	−2	总分（R）
A	2	5	2	6	1	1
B	2	5	7	2	0	7
C	2	10	4	0	0	14

（1）计算平方和　根据表 5-55 中的结果计算出样品得分的总和 R，然后计算出总平方和 SS_T、样品平方和 SS_A 和误差平方和 SS_e。以 a、b 分别表示样品和评价员数量，x_{ij} 表示各评分值，C 为矫正数。

$$\sum_{i=1}^{a} R = 1 + 7 + 14 = 22 \quad (5\text{-}184)$$

$$C = \frac{R^2}{ab} = \frac{22^2}{48} = 10.08 \quad (5\text{-}185)$$

$$SS_T = \sum_{i=1}^{a}\sum_{j=1}^{b} x_{ij}^2 - C = 45.92 \quad (5\text{-}186)$$

$$SS_A = \frac{1}{b}\sum_{i=1}^{a} R^2 - C = \frac{1}{16} \times (1^2 + 7^2 + 14^2) - 10.08 = 5.30 \quad (5\text{-}187)$$

$$SS_e = SS_T - SS_A = 45.92 - 5.30 = 40.62 \quad (5\text{-}188)$$

（2）自由度的计算

总自由度

$$d_{f_T} = ab - 1 = 47 \quad (5\text{-}189)$$

样品自由度

$$d_{f_A} = a - 1 = 2 \quad (5\text{-}190)$$

误差自由度

$$d_{f_e} = d_{f_T} - d_{f_A} = 47 - 2 = 45 \quad (5\text{-}191)$$

（3）均方差的计算

样品均方差

$$MS_A = \frac{5.30}{2} = 2.65 \quad (5\text{-}192)$$

误差均方差

$$MS_e = \frac{40.62}{45} = 0.90 \quad (5\text{-}193)$$

（4）F 值的计算

$$F = \frac{2.65}{0.90} = 2.94 \quad (5\text{-}194)$$

由于临界值 $F_{0.05,2,4} = 3.2$，大于计算出的 F 值，由此可判断 3 种水果萝卜的滋味没有明显的差异。

【例 5-26】10 位评价员对两种番茄品种的滋味进行了评分检验，采用 9 点标度进行评分。得到的评分结果见表 5-56，分析这两种番茄的滋味是否有差异。

表 5-56　两种番茄风味的评分检验的结果

评价员		1	2	3	4	5	6	7	8	9	10	总分	平均分
样品	A	8	7	7	8	6	7	7	8	6	7	71	7.1
	B	6	7	6	7	6	6	7	7	7	7	66	6.6
评分差	d	2	0	1	1	0	1	0	1	−1	0	5	0.5
评分差的平方	d^2	4	0	1	1	0	1	0	1	1	0	9	

由于只有两个样品，可采用 t 检验进行分析。

$$t=\frac{\bar{d}\sqrt{n}}{\sigma_e} \tag{5-195}$$

式中，$\bar{d}=0.5$；n 为评价员数，$n=10$。

$$\sigma_e=\sqrt{\frac{\sum d^2-\frac{(\sum d)^2}{n}}{n-1}}=\sqrt{\frac{9-\frac{5^2}{10}}{10-1}}=0.85 \tag{5-196}$$

得出：

$$t=\frac{0.5\times\sqrt{10}}{0.85}=1.86 \tag{5-197}$$

查 t 分布表得，$t_{0.05,9}=2.262$，大于计算出的 t 值，由此可判断两种番茄的滋味没有明显的差异。

五、接受性检验

1. 应用领域和范围

接受性检验是感官检验中一种很重要的方法，主要用于检验消费者对产品的接受程度。既可检验新产品的市场反应，也可通过这种方法比较不同产品的接受程度。

2. 方法

接受性检验根据试验进行的场所不同分为实验室场所、集中场所和家庭情景的接受性检验共 3 种主要类型。

3. 评价员

在某种程度上实验室场所和集中场所比较相似，评价员都集中在一起进行感官评价。而家庭情景检验结果的差异就比较大，每个家庭的情况不同，检验的时间也不一样，因此得到的结果会有所差异。

4. 样品准备与呈送

不同类型的接受性检验之间的主要区别是检验程序、控制程序和检验环境不一样。不同类型的接受性检验的特征见表 5-57。

表 5-57　不同接受性检验类型的特征

项目	实验室场所	集中场所	家庭情景
评价员类型	员工或当地居民	普通消费者	员工或普通消费者
评价员数量	25～50	100 个以上	50～100
样品数量	少于 6 个	少于 6 个	1～2 个
检验类型	偏爱，接受性	偏爱，接受性	偏爱，接受性
优点	条件可控，反馈迅速，评价员有经验，费用少	评价员数量多，没有员工的参与	环境接近食用环境，结果反映了家庭成员的意见
缺点	过于熟悉产品，信息有限，不利于产品的开发	可控性差，没有指导，要求评价员较多	可控性较差，花费较高

5. 结果整理与分析

在进行食品的接受性检验时，通常采用 9 点快感标度来对产品的喜好程度进行评价。对于儿童评价员则可以用儿童快感标度。表 5-58 是 9 点快感标度的评价单。

表 5-58　接受性检验评价单

接受性检验
产品名称：番茄　　日期：________
评价员姓名：________
请在开始前用清水漱口，如果有需要，您可以在检验中的任何时间再漱口。请仔细品尝呈送给您的样品，确认下面对产品总体质量的描述中哪个最适合描述您的感受，请将相应的样品编码写在相应的位置。 样品：392　917　679 评价结果：□非常喜欢 □很喜欢 □喜欢 □稍喜欢 □一般（既不喜欢，也不厌恶） □稍不喜欢 □不喜欢 □很不喜欢 □非常不喜欢 谢谢您的参与！试验中如有任何问题，请与组织者联系。

接受性检验结果的统计分析与评分检验的统计分析方法相同，即首先将快感标度换算为数值，然后进行统计分析，分析方法为 t 检验或方差分析。下面通过实例来对接受性检验的结果进行分析。

【例 5-27】某研究所新品种研究人员，研究出一种新的荔枝品种（A），为了了解消费者对这种荔枝是否喜欢，从市场购买了两种较常见的荔枝品种的产品（分别用 B、C 表示），用快感标度对 3 种样品的喜好程度进行检验。挑选了 16 位评价员（$n=48$）进行评价。采用 7 点快感标度进行评分：+3 表示非常喜欢；+2 表示很喜欢；+1 表示喜欢；0 表示一般；−1 表示不喜欢；−2 表示很不喜欢；−3 表示非常不喜欢。检验结果见表 5-59。试比较 3 种荔枝的可接受性是否有差异。

接受性检验中采用的方差分析方法与评分检验方法中的方差分析方法是相同的，即先计算出每个样品的总分，然后计算样品平方和及误差平方和，最后计算出方差 F 值。

表 5-59 接受性检验结果统计表

样品（荔枝）	+3	+2	+1	0	−1	−2	−3	总分（R）
A	2	4	5	2	2	1	0	15
B	2	2	4	4	2	1	1	7
C	0	1	3	4	3	2	1	−5

（1）计算每个样品的得分　样品 A 的得分

$$R_A=(+3)\times 2+(+2)\times 4+(+1)\times 5+(0)\times 2+(-1)\times 2+(-2)\times 1+(-3)\times 0=15 \tag{5-198}$$

同理：$R_B=7$，$R_C=-5$。

（2）计算平方和　以 a、b 分别表示样品和评价员数量，x_{ij} 表示各评分值，C 为矫正数，然后计算出总平方和 SS_T、样品平方和 SS_A 和误差平方和 SS_e。

$$C=\frac{(\sum_{i=1}^{a}R)^2}{ab}=\frac{(15+7-5)^2}{3\times 16}=\frac{17^2}{48}=6.0 \tag{5-199}$$

$$SS_T=\sum_{i=1}^{a}\sum_{j=1}^{b}x_{ij}^2-C=111.0 \tag{5-200}$$

$$SS_A=\frac{1}{b}\sum_{i=1}^{a}R^2-C=\frac{1}{16}\times[15^2+7^2+(-5)^2]-6.0=12.7 \tag{5-201}$$

$$SS_e=SS_T-SS_A=111.0-12.7=98.3 \tag{5-202}$$

（3）自由度的计算

总自由度

$$d_{f_T}=ab-1=48-1=47 \tag{5-203}$$

样品自由度

$$d_{f_A}=a-1=3-1=2 \tag{5-204}$$

误差自由度

$$d_{f_e}=b-2=47-2=45 \tag{5-205}$$

（4）均方差的计算

样品均方差

$$MS_A=\frac{12.7}{2}=6.4 \tag{5-206}$$

误差均方差

$$MS_e=\frac{98.3}{45}=2.2 \tag{5-207}$$

（5）F 值的计算

$$F=\frac{6.4}{2.2}=2.9 \tag{5-208}$$

由于 $F_{0.05,2,45}$（参考 $F_{0.05,2,44}=3.21$）大于计算出的 F 值，由此可判断 3 种荔枝的可接受性没有明显的差异。

在新产品的研究开发过程的不同阶段，经常要对开发出的产品进行接受性检验，有时是同时开发的产品之间进行比较，有时是不同产品间的比较评价等。为了使检验结果可靠，需要选择正确的评价方法、挑选合适的评价员、采用正确的分析方法。

第六章
蔬菜水果感官检验的准备与示例

检验开始前，应制订出样品准备和分发的计划。评价小组组长应与负责制备样品的技术员一同工作，以确保样品按照标准程序制备，并按照实验设计的顺序分发。实施感官质量控制，首先要确定控制标准，应从感官质量控制要素描述和质控标样建立两方面确定；其次，要进行质量数据采集，包括感官评价小组组建、感官评价方法选用、感官评价结果分析和解释等。最后对质量数据进行统计过程控制。

第一节
蔬菜水果感官检验的准备

蔬菜水果感官检验工作进行时，首先应成立评价小组，评价工作由评价小组组长组织实施，评价小组组长的主要任务是确保描述性分析的准确实施。应采取的步骤包括：与实验委托方交流，策划召开专门会议，选择正确的实验设计，实施检验，分析和说明数据，撰写最终报告。

一、实验设计

（一）实验设计需要的信息

评价小组组长应协助提供实验设计所需要的各类信息，包括：

① 样品的数量及类型；

② 重复次数；

③ 评价员的数量及类别；

④ 所需样品总量；

⑤ 实验设计方案；

⑥ 所需召开专门会议的次数；

⑦ 实验时间；

⑧ 数据的收集程序、录入及处理。

评价小组组长应确保检验环境能满足样品评价的要求。检验开始前，应制订出样品准备和分发的计划。评价小组组长应与负责制备样品的技术员一同工作，以确保样品按照标准程序制备，应确保有足够量的样品来完成感官评价项目，并按照实验设计的顺序分发。

（二）评价小组专门会议

1. 目的

描述性分析的评价小组组长的主要职责之一是召开专门会议，其目的是：

① 通过广泛采样和重复实验，提高评价员对待测样品感官特性的识别、确定、定义和建立参比样的能力；

② 规范操作流程；

③ 使评价员熟悉某些特定的检验方法。

2. 组长的作用

专门会议中，评价小组组长应做到以下几点：

① 提供足量的与待测样品同类的产品，便于评价员辨别样品的感官特性。

② 协助评价员确定待测样品特有的感官特性。

③ 对特定的感官特性或强度的样品，提供参比样作为参考。

④ 协助建立特定且统一的方法来测定待测样品的每一种特性，包括品尝时的样品量、样品在口腔中的位置、咀嚼的次数、样品的数量及摆放位置、样品与评价员之间的距离。标准化程序对减少非试验性因素对评价结果的影响非常重要。

⑤ 建立一套固定的评价程序，包括评价的特性、标度、顺序、方向和地点等。

⑥ 在预实验中确定检验方法是否合适，并在需要时进行调整。

二、检验人员身体状况自查

检验人员的身体状况，对感官检验的影响极大。进行感官检验时，要注意避免下述情况下，感官检验人员承担检验任务。

1. 身体患病状态

① 身体患某些疾病或发生异常时，会导致失味、味觉迟钝或变味。这些由疾病引起的味觉变化有些是暂时性的，待病恢复后味觉可以恢复正常，有些则是永久性的变化。若用钴源或 X 射线对舌头两侧进行照射，七天后舌头对酸味以外的其他基本味的敏感性均减弱，大约两个月后味觉才能恢复正常。恢复期的长短与照射强度和时间有一定关系。

② 在患某些疾病时，味觉会发生变化。例如，人在患黄疸病的情况下，对苦味的感觉明显减弱甚至丧失；患糖尿病时，舌头对甜味刺激的敏感性显著减弱；身体内缺乏或富余某些营养成分时，也会造成味觉的变化；若长期缺乏抗坏血酸，则对柠檬酸的敏感性明显增强；血液中糖分含量升高后，会减弱对甜味感觉的敏感性。这些事实也证明，从某种意义讲，味觉的敏感性取决于身体的需求状况。

③ 体内某些营养物质的缺乏也会造成对某些味道的喜好发生变化。在体内缺乏维生素 A 时，会显现对苦味的厌恶甚至拒绝食用带有苦味的食物，若这种维生素 A 缺乏症持续下去，则对咸味也拒绝接受。注射补充维生素 A 以后，对

咸味的喜好性可恢复，但对苦味的喜好性却不再恢复。

2. 饥饿和睡眠不足

① 人处在饥饿状态下会提高味觉敏感性。有实验证明，四种基本味的敏感性在上午 11：30 达到最高，在进食后一小时内敏感性明显减弱，减弱的程度与所饮用食物的热量值有关。人在进食前味觉敏感性很强，证明味觉敏感性与体内生理需求密切相关。而进食后味敏感性减弱的原因，一方面是饮用食物满足了生理需求；另一方面则是饮食过程造成味感受体产生疲劳，导致味敏感性减弱。饥饿对味觉敏感性有一定影响，但是对喜好性却几乎没有影响。

② 缺乏睡眠对咸味和甜味阈值不会产生影响，但是能明显提高酸味的阈值。

3. 年龄和性别

年龄对味觉敏感性是有影响的，这种影响主要发生在 60 岁以上的人群中。老年人会经常抱怨没有食欲及很多食物吃起来无味。感官试验证实，60 岁以下的人味觉敏感性没有明显变化，而年龄超过 60 岁的人则会对咸、酸、苦、甜四种基本味的敏感性显著减弱。造成这种情况的原因，一方面是年龄增长到一定程度后，舌乳头上的味蕾数目会减少，20～30 岁时舌乳头上平均味蕾数为 245 个，可是到 70 岁以上时，舌乳头上平均味蕾数只剩 88 个；另一方面，老年人自身所患的疾病也会阻碍对味道感觉的敏感性。

性别对味觉的影响有两种不同看法。一些研究者认为，在感觉基本味的敏感性上无性别差别。另一些研究者则指出，性别对苦味敏感性没有影响，而对咸味和甜味，女性要比男性敏感，对酸味则是男性比女性敏感。

第二节 蔬菜水果感官检验示例

在实际检验过程中，评价小组组长应确保严格执行检验步骤，回答评价员所提出的问题，保证提供的参比样品随时可用，并收集实验数据。评价结束后，必要时，评价小组组长可组织召开小组讨论会。鉴评过程应遵循色、香、味、形有序鉴评原则。

一、茄子等级规格感官检验示例

茄子感官等级规格检验结果示例见表 6-1。

表 6-1　茄子等级规格检验结果

项目			等级
品质要求	品种		所检产品为同一品种
	成熟度		种子未完全形成
	色泽		产品为黑色，为本品种特有的颜色
	果形		具有本品种特有的形状
	新鲜		茄果果实有光泽、硬实、不萎蔫
	整齐度		≥95%
	机械伤		茄果完整，无机械损伤
	清洁		茄果清洁
	腐烂		无腐烂
	异味		无异味
	灼伤		无灼伤
	冷害		无冷害
	冻害		无冻害
	病虫害		无病虫害
规格	长茄	大果	果长≥35cm
限度			每批样品品质要求的总不合格比例为0%
产品结论：该产品符合一等品要求			

二、黄金梨感官检验示例

感官要求和品质等级的规格指标按NY/T 423—2000执行。黄金梨感官要求和等级品质规格检验结果见表6-2。

表 6-2　黄金梨感官要求和等级品质规格结果

项目	要求
品种特征	果皮金黄色。单果重（10个果质量范围）≥450g。果皮细薄，果点5～8个，乳黄色。果肉白色细嫩、甜而清香、汁水多，可溶性固形物含量14%～15%，酸甜可口，风味极佳，无石细胞。果核小，可食率≥95%。冷藏条件下，该批样品贮藏期为4个月
基本要求	梨果完整，新鲜洁净。果实无虫眼、病斑及腐烂，无明显尘土、污垢、药物残留及其他异物，无不正常的外部水分，无异嗅及异味
果形	果个整齐，果形端正，成熟度好，具该品种圆形稍扁的特征，果梗完整，无畸形果

续表

项目	要求
色泽	具有黄金梨品种成熟时的金黄色，梨果外观漂亮
成熟度	果实充分发育，具有贮存或市场要求的成熟度，呈现出其特有的色、香、味。果肉脆爽，乳白色。种子变为褐色
单果重	单果重均≥450g
果面缺陷	果面无缺陷
压伤	无碰压伤
刺伤、破皮划伤	无刺伤、无破皮划伤
摩伤（枝摩、叶摩）	无摩伤（枝摩、叶摩）
水锈、药斑	无水锈、药斑
日灼	无日灼
雹伤	无雹伤
虫伤	无虫伤
病果	无病果
虫害	无虫害
结论	梨果属特级果

三、苹果品质感官检验的模糊综合评价示例

（一）评价人员及评价方法的确定

评价人员应为训练有素的食品、农产品感官质量评价员，要求评价人员在评价前 2h 内禁用烟、酒和辛辣等刺激性食物。

评价过程在感官评价实验室中进行。评价前，给每位评价人员讲解评价内容、评价标准和评价方法，然后将已编好号的五份待评价苹果样品，用相同的盛器送交评价员评价。评价中不许相互交谈，评价完一个样品后，用清水漱口，间隔 8min 再评价下一个样品，最后填写好评分表并签名。收集各评价员的评价结果进行分析。

（二）隶属函数的建立

根据苹果的感官质量指标内容，设定两个评价域：因素集 **U** 和评语集 **V**，从 **U** 到 **V** 的一个模糊映射构成评判矩阵 ***R***，设权重集 **X** 为加权数，则有：

$$\underset{\sim}{\mathbf{Y}}=\underset{\sim}{\mathbf{X}}\circ\underset{\sim}{\boldsymbol{R}} \tag{6-1}$$

式中，$\underset{\sim}{\mathbf{Y}}$ 为综合评判结果集；$\underset{\sim}{\mathbf{X}}$ 为权重集；$\underset{\sim}{\boldsymbol{R}}$ 为评判矩阵。

1. 因素集的确定

$\mathbf{U}$=[果形 $\mathbf{U}_1$，果面 $\mathbf{U}_2$，果色 $\mathbf{U}_3$，气味 $\mathbf{U}_4$，滋味 $\mathbf{U}_5$，手感 $\mathbf{U}_6$]

2. 评语集的确定

评语集是苹果质量等级的评语集合。评价苹果的等级采用百分制打分，得90分以上者为“优质果”，得80～89分者为“良质果”，得60～79分者为“次质果”，60分以下者为“劣质果”，则其评语集可以表示为：$\mathbf{V}$= [优质果 $\mathbf{V}_1$，良质果 $\mathbf{V}_2$，次质果 $\mathbf{V}_3$，劣质果 $\mathbf{V}_4$]。

3. 权重集的确定

权重集是评语集各指标在总体感官质量上所占比例的集合。权重的确定非常重要，它在很大程度上影响着最终的评价结果。一般情况下，影响苹果感官质量的果形、果面、果色、气味、滋味、手感等指标在综合评价中所占比例分别为0.20、0.10、0.10、0.20、0.25、0.15。因此，其权重集可以表示为：$\mathbf{X}$=[0.20，0.10，0.10，0.20，0.25，0.15]；写成模糊向量：$\mathbf{X}$ [0.20，0.10，0.10，0.20，0.25，0.15]。

4. 评价标准

苹果品质主要的感官评价标准见表6-3。

表6-3　苹果感官评价标准

项目	等级标准			
	优质果	良质果	次质果	劣质果
果形	果形端正，大小均匀，具有本品应有的形状和特征；果柄不掉或脱落不伤果肉，无畸形果	果形较端正，大小不太均匀，具有本品应有的形状和特征；果柄有脱落现象但不伤果肉，无畸形果	果形不整或有畸形，果个偏小，不匀称；果柄有脱落现象，部分伤及果肉	果形严重畸形，果个小且不匀称，果柄脱落现象严重
果面	无病虫危害点和伤口，无树磨儿、瘤子和果锈	无病虫危害点和伤口，树磨儿、瘤子和果锈不超过1/3	各类病斑约占1/3，有腐烂现象出现，果锈达60%左右，有虫孔和1/2左右的伤口	果面病斑面积大，腐烂果肉达2/3以上，果肉干缩、变形
果色	有光泽，具有本品应有的成熟色泽	着色不良，色泽发乌，不具备果实成熟的颜色	着色较差，无成熟果实应有的色泽，果色灰暗	着色差，无光泽，皮色青暗发皱
气味	风味清甜鲜美，芳香，无异味	无固有的清甜鲜美风味和苹果香气，有轻微异味	无固有的清甜鲜美风味和苹果香气，带有酒味	有较浓的酒味或苦味，无苹果应有的清甜鲜美风味

续表

项目	等级标准			
	优质果	良质果	次质果	劣质果
滋味	果肉质地紧密，汁液充足，清甜可口，无木栓化组织	果肉质地略显松软，汁液尚算充足，口感尚可	果肉松软、发绵，汁少味淡，有苦味等异味	果肉干缩，汁液少，口感差，木栓化严重，有苦味和酒味
手感	软硬适度，果肉丰满紧实，手感光滑、硬朗，不下陷	软硬较适度，果肉比较紧实，手感光滑但不硬朗，有下陷	果皮肉硬或软陷，软硬度不匀称，较不光滑	果皮干缩，肉质硬或肉稀软下陷外流

表 6-4　苹果感官评价结果　　单位：人

样品编号	因素	优质	良质	次质	劣质
2	果形	1	3	2	4
	果面	0	4	3	3
	果色	1	2	4	3
	气味	1	3	3	2
	滋味	2	2	3	2
	手感	2	4	3	1
7	果形	2	2	3	3
	果面	1	4	3	2
	果色	3	3	2	1
	气味	2	3	2	3
	滋味	2	4	2	2
	手感	2	3	4	1
5	果形	4	2	2	2
	果面	2	4	3	1
	果色	3	3	3	1
	气味	4	3	3	0
	滋味	4	2	2	2
	手感	2	3	3	2

续表

样品编号	因素	优质	良质	次质	劣质
8	果形	1	3	2	4
	果面	0	2	3	5
	果色	2	3	3	2
	气味	2	3	1	4
	滋味	4	2	2	2
	手感	2	3	3	2
4	果形	3	4	3	0
	果面	2	4	3	1
	果色	2	4	3	1
	气味	3	4	4	0
	滋味	4	2	2	2
	手感	1	4	3	2

5. 评价矩阵的确定

整理考评员的评价结果，统计每项指标认可人数，将汇总结果填入表 6-4。由表 6-4 得各待评价样品的模糊关系矩阵分别为：

$$\underset{\sim(1)}{\boldsymbol{R}} = \begin{bmatrix} 0.1 & 0.3 & 0.2 & 0.4 \\ 0.0 & 0.4 & 0.3 & 0.3 \\ 0.1 & 0.2 & 0.4 & 0.3 \\ 0.1 & 0.3 & 0.3 & 0.2 \\ 0.2 & 0.2 & 0.3 & 0.2 \\ 0.2 & 0.4 & 0.3 & 0.1 \end{bmatrix}$$

$$\underset{\sim(2)}{\boldsymbol{R}} = \begin{bmatrix} 0.2 & 0.2 & 0.3 & 0.3 \\ 0.1 & 0.4 & 0.3 & 0.2 \\ 0.3 & 0.3 & 0.2 & 0.1 \\ 0.2 & 0.3 & 0.2 & 0.3 \\ 0.2 & 0.4 & 0.2 & 0.2 \\ 0.2 & 0.3 & 0.4 & 0.1 \end{bmatrix}$$

$$\underset{\sim(3)}{\boldsymbol{R}}=\begin{bmatrix}0.4 & 0.2 & 0.2 & 0.2\\0.2 & 0.4 & 0.3 & 0.1\\0.3 & 0.3 & 0.3 & 0.1\\0.4 & 0.3 & 0.3 & 0.0\\0.4 & 0.2 & 0.2 & 0.2\\0.2 & 0.3 & 0.3 & 0.2\end{bmatrix}$$

$$\underset{\sim(4)}{\boldsymbol{R}}=\begin{bmatrix}0.1 & 0.3 & 0.3 & 0.3\\0.0 & 0.2 & 0.3 & 0.2\\0.2 & 0.3 & 0.2 & 0.1\\0.2 & 0.3 & 0.2 & 0.3\\0.1 & 0.2 & 0.2 & 0.2\\0.1 & 0.2 & 0.4 & 0.1\end{bmatrix}$$

$$\underset{\sim(5)}{\boldsymbol{R}}=\begin{bmatrix}0.3 & 0.4 & 0.3 & 0.0\\0.2 & 0.4 & 0.3 & 0.1\\0.2 & 0.4 & 0.3 & 0.1\\0.3 & 0.3 & 0.4 & 0.0\\0.4 & 0.2 & 0.2 & 0.2\\0.1 & 0.4 & 0.3 & 0.2\end{bmatrix}$$

（三）评价结果

1. 综合评价结果的计算

模糊向量 $\underset{\sim}{X}$ 与模糊关系矩阵 $\underset{\sim}{\boldsymbol{R}}$ 的合成即为综合评价的结果，称为 $\underset{\sim}{Y}$，则：

$$\underset{\sim}{Y}=\underset{\sim}{X}\circ\underset{\sim}{\boldsymbol{R}}$$

按最大、最小运算法则，经模糊变换得出各待评价苹果样品的评价结果：

$$\underset{\sim(1)}{Y}=\underset{\sim}{X}\circ\underset{\sim(1)}{\boldsymbol{R}}=[0.20，0.10，0.10，0.20，0.25]$$

$$[0.15]\circ\begin{bmatrix}0.3 & 0.4 & 0.3 & 0.0\\0.2 & 0.4 & 0.3 & 0.1\\0.2 & 0.4 & 0.3 & 0.1\\0.3 & 0.3 & 0.4 & 0.0\\0.4 & 0.2 & 0.2 & 0.2\\0.1 & 0.4 & 0.3 & 0.2\end{bmatrix}=[Y_{11}，Y_{21}，Y_{31}，Y_{41}]$$

其中，

$Y_{11}=(0.2\wedge 0.1)\vee(0.10\wedge 0.0)\vee(0.1\wedge 0.1)\vee(0.20\wedge 0.1)\vee(0.25\wedge 0.2)$

$\vee(0.15 \wedge 0.2)=0.1 \vee 0.0 \vee 0.1 \vee 0.1 \vee 0.2 \vee 0.15=0.2$

同理可得：$Y_{21}=0.2$，$Y_{31}=0.25$，$Y_{41}=0.2$，即

$$\underset{\sim(1)}{Y}=[0.2, 0.2, 0.25, 0.2]$$

归一化后得：$\underset{\sim(1)}{Y}=[0.24, 0.24, 0.28, 0.24]$

同理可得：$\underset{\sim(2)}{Y}=[0.24, 0.28, 0.24, 0.24]$

$$\underset{\sim(3)}{Y}=[0.28, 0.24, 0.24, 0.24]$$

$$\underset{\sim(4)}{Y}=[0.24, 0.24, 0.24, 0.28]$$

$$\underset{\sim(5)}{Y}=[0.24, 0.24, 0.28, 0.24]$$

2. 判断样品级别

按最大隶属原则综合评价结果，可以将5个苹果样品划分等级：$\underset{\sim(3)}{Y}$（样品编号为5）为“优质”，$\underset{\sim(2)}{Y}$（样品编号为7）为“良质”，$\underset{\sim(1)}{Y}$（样品编号为2）与$\underset{\sim(5)}{Y}$（样品编号为4）为“次质”，$\underset{\sim(4)}{Y}$（样品编号为8）为“劣质”。

四、辣椒辣度的感官评价示例

对辣椒辣度的感官评价，涉及的斯科维尔指数是国际上用来表示辣感强弱的量化值。辣度是表示辣味强弱程度的量化值，用度表示。辣味区段是指按照指定的测试条件和预期的辣味水平，将测试原料按照辣味从弱到强分为若干个区段，区段名称为A′、B′、C′、D′、A、B、C、D、E、F等，依英文字母顺序表示，A′为辣感最弱的，F为辣感最强的。

1. 方法原理

用乙醇提取测试样品中的辣椒素类物质，然后过滤。将该提取液制成不同辣椒素浓度的糖水溶液，通过感官分析品评，找出刚好尝出辣味时溶液的稀释倍数，由此计算斯科维尔指数。

2. 试剂与仪器

① 乙醇，95%（体积分数）（食用级）。

② 50g/L 蔗糖溶液。

③ 水应符合 GB/T 6682—2008 三级。

④ 壬酸香草酰胺（*N*-vanillylnonanamide，色谱纯，纯度97%，CAS登录号：2444-46-4）。

⑤ 吐温-80或吐温-60（食品添加剂级）。

3. 主要仪器

① 分析天平（感量0.0001g）。

② 电动捣碎机（粒度≤0.391mm）。

③ 组织捣碎机。

④ 1mL、5mL 定量移液器。

4. 试验方法

（1）样品制备　制备辣椒粉：干辣椒用电动捣碎机捣碎，全部过 0.391mm 筛，混匀后取样。鲜辣椒经组织捣碎机捣碎，混匀后取样。

（2）确定试样质量　测试人员通过对样品的直接品尝，确定被测试样的辣味区段范围。每个样品拟定 3 个连续辣味区段，按表 6-5 称取测试样品的质量。

表 6-5　辣椒辣味区段对应的取样量

辣味区段	A′	B′	C′	D′	A
测试质量/g	10.000	5.000	2.000	1.000	0.500
辣味区段	B	C	D	E	F
测试质量/g	0.250	0.100	0.050	0.050	0.050

注：辣味区段 A′→F 表示辣味由弱至强。

（3）提取液制备

① A′→D 辣味区段的样液提取。样品质量根据辣椒的辣味区段称取。辣味区段为 C′时，称样 2g（精确到 0.001g）至小烧杯中，用乙醇分次转移至 50mL 容量瓶中，再用乙醇定容至刻度。用力振摇 1min，随后静置 30min。重复操作两次后，再振摇容量瓶一次，随后静置不少于 15h。然后用定性干滤纸将提取液过滤到 50mL 的烧杯中，弃去初滤液 15～20mL，收集滤液备用。

② E 辣味区段的样液提取。按上述①“用乙醇分次转移……收集滤液备用。”的方法操作。然后用 5.0mL 的移液管移取过滤后的提取液 5.0mL 至 50mL 容量瓶，用乙醇稀释至刻度。

③ F 辣味区段的样液提取。按上述“用乙醇分次转移……收集滤液备用。”的方法操作。然后用 5.0mL 的移液管移取过滤后的提取液 5.0mL 至 100mL 容量瓶，用乙醇稀释至刻度。

（4）空白液制备　在表 6-6 或表 6-7 对应的辣味区段内，选择所选辣味区段内中间段体积的乙醇，用定量移液器移取到 50mL 的容量瓶中。用蔗糖溶液稀释至刻度，此溶液为空白液。

① 辣味区段 A′、B′、C′、D′的斯科维尔指数见表 6-6。

表 6-6　辣味区段 A′、B′、C′、D′的斯科维尔指数

不同辣味区段移取提取液的体积/mL				稀释倍数
A′	B′	C′	D′	
			0.36	7000

续表

不同辣味区段移取提取液的体积/mL				稀释倍数
A′	B′	C′	D′	
			0.38	6500
			0.42	6000
			0.45	5500
			0.50	5000
			0.55	4500
			0.63	4000
			0.66	3800
			0.69	3600
			0.74	3400
			0.78	3200
		0.42	0.83	3000
		0.43	0.86	2900
		0.45	0.89	2800
		0.46		2700
		0.48		2600
		0.50		2500
		0.52		2400
		0.54		2300
		0.57		2200
		0.60		2100
		0.63		2000
		0.66		1900
		0.69		1800
		0.74		1700
		0.78		1600
		0.83		1500
		0.89		1400
		0.96		1300

续表

不同辣味区段移取提取液的体积/mL				稀释倍数
A′	B′	C′	D′	
	0.42	1.04		1200
	0.46	1.14		1100
	0.50	1.25		1000
	0.53			950
	0.56			900
	0.59			850
	0.63			800
	0.67			750
	0.72			700
0.38	0.77			650
0.42	0.83			600
0.46	0.91			550
0.50	1.00			500
0.56				450
0.63				400
0.72				350
0.83				300
1.00				250
1.25				200
1.67				150
2.50				100

② 辣味区段 A、B、C、D、E 和 F 的斯科维尔指数见表 6-7。

表 6-7 辣味区段 A、B、C、D、E 和 F 的斯科维尔指数

不同辣味区段移取提取液的体积/mL						稀释倍数
A	B	C	D	E	F	
					0.67	1500
					0.72	1400
					0.77	1300

续表

不同辣味区段移取提取液的体积/mL						稀释倍数
A	B	C	D	E	F	
					0.83	1200
					0.91	1100
				0.50	1.00	1000
				0.53	1.06	950
				0.56	1.11	900
				0.59	1.18	850
				0.63	1.25	800
				0.67	1.33	750
				0.72	1.43	700
				0.77		650
				0.83		600
				0.91		550
				1.00		500
				1.11		450
				1.25		400
				1.43		350
				1.67		300
				2.00		250
			0.25	2.50		200
			0.29			175
			0.33			150
			0.40			125
			0.50			100
		0.26	0.53			95
		0.28	0.56			90
		0.29	0.59			85
		0.31	0.63			80
		0.33	0.67			75

续表

不同辣味区段移取提取液的体积/mL						稀释倍数
A	B	C	D	E	F	
		0.35	0.72			70
		0.38	0.77			65
		0.42	0.83			60
		0.45	0.91			55
		0.50	1.00			50
		0.55				45
		0.63				40
		0.68				37
		0.74				34
		0.80				31
		0.89				28
	0.38	0.96				26
	0.40	1.00				25
	0.42					24
	0.46					22
	0.50					20
	0.56					18
	0.63					16
	0.72					14
	0.83					12
0.50	1.00					10
0.53	1.11					9.5
0.56	1.25					9.0
0.59						8.5
0.63						8.0
0.67						7.5
0.72						7.0
0.77						6.5

续表

不同辣味区段移取提取液的体积/mL						稀释倍数
A	B	C	D	E	F	
0.83						6.0
0.91						5.5

5. 稀释液制备

（1）确定最小样液量　在3个连续的辣味区段样液中，先品尝中间辣味区的样液。按表6-6或表6-7中的数据，从对应辣味区段所列数据中，用定量移液器从大到小移取提取液，然后转移到50mL的容量瓶中。用蔗糖溶液稀释至刻度，进行品评，直至品评小组5人中有4人或4人以上的品评人员都感觉不出辣的刺激为止，该体积即为最小样液量（品评前先让每一位品评员感觉空白溶液的刺激味道，当感觉到有强于空白的刺激味，且具有辣椒特有的辣味刺激时，才为辣的刺激反应，否则为不辣）。当取此辣味区段的最大体积品评时仍感觉不辣，或确定最小样液量后对应表中体积数据不足5个，用备份低辣味区段提取液重复上述方法确定最小样液量。当取此辣味区段的最小体积品评时仍感觉辣，用备份高辣味区段提取液重复上述方法确定最小样液量。

（2）稀释液制备　用定量移液器移取最小样液量和最小样液量之后的5个连续体积的提取液，按表6-6或表6-7所示区段的提取液体积移取样液，分别转移到50mL的容量瓶中，用蔗糖溶液稀释至刻度。

（3）样品稀释液体积的选取　设置取样辣味区段为C′，然后按表6-6的C′区段提取液体积从大到小移取，用蔗糖溶液定容至50mL的容量瓶中，使品评小组5人中有4个或4个以上的品评员感觉不辣的品样就是最小样液量。如不辣品样的最小样液量体积为0.48mL，起点体积就为0.48mL，然后按表6-6的C′区段以0.48mL为起点，连续选取6个提取液（0.48mL、0.50mL、0.52mL、0.54mL、0.57mL、0.60mL），分别用定量移液器移取，然后转移到6个50mL的容量瓶中。用蔗糖溶液稀释至刻度，制备6个样品稀释液。

6. 品评方法

确定品评员及品评小组，按要求执行品评。

① 品评液制备。在空白液和确定的6个稀释液中，用5mL移液管分别移取5mL稀释液至7个50mL烧杯中（编号为：空白液、品评液1、品评液2、品评液3、品评液4、品评液5、品评液6）。各制5份。

② 品评程序。在每个品评员面前，各放1组品评液，同时附一份辣度品评记录表（见表6-9）。品评员按照由稀到浓的顺序开始品评（即从品评液1至品评液6），在品每一个品评液前后都要用35～40℃的水漱口，并吃适量无盐苏打饼

干消除口中味道。然后吞咽品评液，20～30s后感觉特有的辣感，将品评结果记录于表5-9。每一个品评液的品评间隔时间为5min。

7. 结果评定

（1）斯科维尔指数的确定　当3位或3位以上的品评员对某一品评液具有相同的辣味刺激反应，且对品评液6（即最后一个品评液）至少有4位品评员有辣味刺激反应，以试验方法“（2）确定试样质量”中确定的辣味区段和品评液移取的体积为依据，从表6-6或表6-7中查出对应的稀释倍数，根据此稀释倍数确定斯科维尔指数。

① 表6-6中斯科维尔指数的确定。A′→D′辣味区段的斯科维尔指数＝稀释倍数。

② 表6-7中斯科维尔指数的确定。A→F辣味区段的斯科维尔指数＝稀释倍数×1000。

（2）结果的重新评定　当统计结果达不到“（1）斯科维尔指数的确定”的要求时，或者至少有3位品评员报告的最大稀释倍数超过2个以上的连续的稀释倍数，品评结果无效，应重新按品评方法中“②品评程序”的要求进行品评，与上次品评间隔时间为90min，直至达到“（1）斯科维尔指数的确定”的要求为止。

（3）辣度的表示方法及与斯科维尔指数的换算

① 辣椒的辣味强弱程度用辣度表示，单位为度。

② 辣度与斯科维尔指数（SHU）的换算关系为：150SHU＝1度。

8. 品评条件及品评结果

（1）品评人员

① 品评人员应为平常不吃辣椒或对辣椒很敏感的人员。在品评开始之前，应通过鉴别试验来挑选对辣味刺激灵敏度高的人员。

② 品评人员在品评前1h内不可吸烟、吃东西，但可以喝水；在测试前90min内没有受到过其他辣椒样品或辣度调味食品的影响；品评期间具有正常的生理状态，不能饥饿或过饱；品评人员在品评期间不使用化妆品或其他有明显气味的用品。

（2）配制标准辣度稀释液

① 称取0.6g（精确到0.001g）壬酸香草酰胺和20g（精确到0.001g）吐温-80或吐温-60于50mL的小烧杯中。低温加热10min左右使辣椒素溶解，用70℃蒸馏水定量转移到1000mL容量瓶中。冷却至室温，用室温（20℃）蒸馏水定容至刻度。

② 称取10g（精确到0.001g）①中的溶液稀释定容至另一个1000mL容量瓶中，盖上塞子冷藏。此为6mg/L的辣椒素储备溶液。

③ 称取 16.67g（精确到 0.001g）②中的溶液，用蒸馏水稀释定容至 250mL 容量瓶中。然后称取 10g（精确到 0.001g）稀释液，用蒸馏水稀释定容至 100mL 容量瓶中。此为 0.04mg/L 的辣度稀释液。

④ 称取 33.33g（精确到 0.001g）②中的溶液，用蒸馏水稀释定容至 250mL 容量瓶中。然后称取 10g（精确到 0.001g）稀释液，用蒸馏水稀释定容至 100mL 容量瓶中。此为 0.08mg/L 的辣度稀释液。

（3）品评过程及条件

① 按标准规定制备四份稀释液，其中两份是蒸馏水液，一份是 0.04mg/L 的辣度稀释液，一份是 0.08mg/L 的辣度稀释液。同时按照标准规定进行品评，要求品评人员鉴别找出两份有辣味刺激的稀释液，记录表示例见表 6-8。

表 6-8　鉴别试验记录表

品评人：	日期：
试样号	鉴别结果
1	√
2	
3	√
4	

注：在有辣味刺激的编号后打“√”。

② 鉴别试验应重复两次（时间间隔为 30min）。答对者打“√”，答错者打“×”，如果两次都答错，则表明其对辣味刺激的灵敏度太低，应予淘汰。

③ 初定 8～10 个品评员，随机挑选 5 个品评员组成品评小组，同一批次的感官评定不得更换品评员。

④ 品评时间应在饭后 1h 进行。每一份品评液的品评间隔时间为 5min。

⑤ 品评液应一人一份。品评人员在品评每一份品评液前后都要用 35～40℃ 的水漱口，并吃适量无盐苏打饼干消除口中味道。

⑥ 品评应在专用实验室进行。实验室应由样品制备室和品评室组成，两者应独立。品评室应充分换气，避免有异味或残留气体的干扰，室温 20～25℃，无强噪声，有足够的光线强度，室内色彩柔和，避免强对比色彩。品评人员每人一座，应相互隔离。

⑦ 品评时应保持室内和环境安静，无干扰。评分时不能讨论，以免相互影响，主持人不要向品评人员说明与试样辣味有关的情况。

⑧ 品评时，品评员吞咽样品溶液后 20～30s，感觉到有强于空白的刺激味，且具有辣椒特有的辣味刺激时，将品评结果记录于表 6-9。

表 6-9　辣度品评记录表

样液	样品				
	样品 1	样品 2	样品 3	样品 4	样品 5
品评液 1					
品评液 2					
品评液 3					
品评液 4					
品评液 5					
品评液 6					
时间：			品评员：		

注：有辣味刺激时标注“＋”，无辣味刺激时标注“－”。

第七章
我国农产品感官标准

目前，我国现行标准分为五级，即国家标准、行业标准、地方标准、团体标准和企业标准。除团体标准和企业标准外，国家标准、行业标准和地方标准都是政府标准，从法理角度看，应当具有同等的约束力和互不重叠性。但事实上，国家标准、行业标准和地方标准的审批发布机关不同，加之缺乏信息沟通与统一规范，导致的结果是各自为战、互不对接，有较多农产品标准及其生产技术规范，存在三类标准的内容相近，甚至出现一些关键参数上差异较大、相互矛盾的问题。

第一节 我国农产品感官标准现状

蔬菜水果标准化是农业标准化的重要组成部分。我国种植业标准体系，经过几十年的发展，已得到社会各方面的重视和认可。各级政府和农业部门已将农产品的标准化生产纳入到了工作规划中。近年来，国家对农业标准化工作十分重视，在农业标准制修订与标准体系建设方面成效显著，已基本建立起由产地环境标准、农业投入品标准、生产规范、产品质量安全标准和检验检疫方法标准等体系构成的种植业标准体系框架。

种植业标准体系的构建为种植业的发展提供了良好的技术支撑，但仍存在较大发展空间。依据农业行业标准《农产品市场信息分类与计算机编码》（NY/T 2137—2012）中列出的农产品品种名称，查询现有国家、行业标准情况，每一个品种的标准按基础/通用类（术语、分类）、方法类（检验/检测）、环境安全类（产地环境、投入品）、种质资源类（种子、种苗）、生产管理类（种植、植保、加工）、产品类（等级规格、品质/安全、原产地保护）、物流类（包装、标识、贮运）和质量追溯类等八个类别进行比较。在上述八个类别中只要有一个标准存在，就计该品种为“有标准”。按此方法统计，共采集 575 个品种，其中只有 170 多个品种“有标准”（至少存在 1 个标准），约占 30%，其余约 400 个品种无任何一项标准。由此统计分析结果可以得知，我国目前已有标准的种植业品种，与实际生产、流通的品种数量有较大差距。而在 170 余个“有标准”的品种中，有产品类标准的品种只有 120 多个，只占约 20%，即目前市场上的多数品种，在生产和流通领域“无标可依”。种植业标准化工作中存在着标准落后滞后、标准种类不能覆盖产业与实际产品需要、标准制定与市场需求脱节等问题，直接制约着我国市场经济发展的步伐，亟待在现有基础上对农业种植业标准体系加以调整和完善。

本书通过统计目前现行有效的 28 项国家标准和行业标准的感官要求，发现我国不同行业主管部门发布实施的农产品标准的感官要求，相互之间存在着较大的差异。现行标准交叉重复，同一产品标准的技术要求相互不一致。这些差异在实际使用标准的过程中，会对同一产品得出不同的结论，产品标准间技术要求的不统一、不协调性，反映出我国标准体系管理工作中存在的问题，需要进一步予以改进与完善。

第二节 我国农产品感官标准存在的问题及建议

一、存在的问题

1. 现行标准交叉重复，同一产品标准的技术要求相互不一致

国内农产品标准存在问题举例见表 7-1。

表 7-1 国内农产品标准存在问题举例

序号	标准名称与标准编号	标准间存在的问题
1	国家标准《大豆》GB 1352—2009 与农业行业标准《大豆等级规格》NY/T 1933—2010	农业行业标准《大豆等级规格》NY/T 1933—2010 中产品分 5 个等级要求，与比其早一年颁布实施的国家标准《大豆》GB 1352—2009 设置的等级规格要求相同，农业行业标准复制了国家标准，在有国家标准的情况下，重复了一个低一级的标准
2	农业行业标准《茄子》NY/T 581—2002 与农业行业标准《茄子等级规格》NY/T 1894—2010	《茄子等级规格》NY/T 1894—2010，在《茄子》NY/T 581—2002 发布实施 8 年后，将《茄子》NY/T 581—2002 标准中的感官要求，将一个表格改为两个表格，内容无实质性变化。在农业行业标准体系中，重复了一个标准
3	商业行业标准《鲜桃》SB/T 10090—1992、农业行业标准《鲜桃》NY/T 586—2002 和农业行业标准《桃等级规格》NY/T 1792－2009	商业行业标准《鲜桃》SB/T 10090—1992 与农业行业标准《桃等级规格》NY/T 1792—2009 中规定的桃等级规格不一致。而商业行业标准《鲜桃》SB/T 10090—1992、农业行业标准《桃等级规格》NY/T 1792—2009 又与农业行业标准《鲜桃》NY/ 586—2002 的要求不一致，即三个标准对同样的产品产生了三个要求
4	农业行业标准《苦瓜等级规格》NY/T 1588—2008 与商业行业标准《苦瓜购销等级要求》SB/T 10451—2007	两个标准中对苦瓜的等级规格要求不同，对苦瓜的描述不同，整齐度要求不同
5	商业行业标准《菜豆》SB/T 10025—1992 与农业行业标准《菜豆等级规格》NY/T 1062—2006	两个标准中对菜豆的等级规格要求不一致，感官要求不一致

续表

序号	标准名称与标准编号	标准间存在的问题
6	商业行业标准《大白菜》SB/T 10332—2000与农业行业标准《大白菜等级规格》NY/T 943—2006	两个标准中对大白菜的等级规格要求不一致，商业行业标准《大白菜》SB/T 10332—2000标准部分规格规定与实际生产产品的情况不符（如规定特小株≥1.0kg）
7	农业行业标准《胡萝卜》NY/T 493—2002与农业行业标准《胡萝卜等级规格》NY/T 1983—2011	两个标准中对胡萝卜的等级规格要求不一致
8	农业行业标准《莴苣》NY/T 582—2002与农业行业标准《茎用莴苣等级规格》NY/T 942—2006	两个标准中对莴苣等级规格的要求不一致
9	商业行业标准《蒜薹》SB/T 10330—2000与农业行业标准《蒜薹等级规格》NY/T 945—2006	两个蒜薹标准中对等级规格的要求不一致
10	农业行业标准《洋葱》NY/T 1071—2006与农业行业标准《洋葱等级规格》NY/T 1584—2008	两个洋葱标准中等级允许误差等规定不一致；规格要求不一致
11	国家标准《生姜》GB/T 30383—2013与农业行业标准《姜》NY/T 1193—2006、《农产品等级规格　姜》NY/T 2376—2013	国家标准《生姜》GB/T 30383—2013、农业行业标准《姜》NY/T 1193—2006与《农产品等级规格　姜》NY/T 2376—2013对姜的要求的内容差别极大；农业行业标准《姜》NY/T 1193—2006与《农产品等级规格　姜》NY/T 2376—2013中产品种类、等级规格要求不一致。三个标准对同样的产品产生了三个要求
12	供销行业标准《香菇》GH/T 1013—2015与农业行业标准《香菇等级规格》1061—2006	两个香菇标准中对等级规格的要求不一致
13	农业行业标准《黄瓜》NY/T 578—2002与农业行业标准《黄瓜等级规格》NY/T 1587—2008	两个标准中对黄瓜的等级规格要求不一致

标准是生产经营活动的依据，是重要的市场规则，必须增强统一性和权威性。现行国家标准、行业标准、地方标准中仅名称相同的就有千余项。有些标准技术指标不一致甚至冲突，既造成企业执行标准困难，也造成政府部门制定标准的资源浪费和执法尺度不一。特别是制定主体多，28个部门和31个省（市、自治区）制定发布标准，缺乏强有力的组织协调，交叉重复矛盾较多。

2. 为标准而标准

目前存在为标准而标准的问题，关系标准、立项、审查不严格，造成部分行业标准只是国家标准名称的改变、内容的简写。如，国家标准《大豆》GB

1352—2009 与农业行业标准《大豆等级规格》NY/T 1933—2010 之间存在的问题是：《大豆等级规格》NY/T 1933—2010 标准中设置了 5 个产品等级要求，与比其早一年发布实施的国家标准《大豆》GB 1352—2009 的“等级要求”相同，农业行业标准只是复制了国家标准内容。二者比较见表 7-2 大豆质量指标和表 7-3 大豆等级划分。

（1）国家标准《大豆》GB 1352—2009 要求

表 7-2　大豆质量指标

等级	完整粒率/%	损伤粒率/%		杂质含量/%	水分含量/%	气味、色泽
		合计	其中：热损伤粒			
1	≥95.0	≤1.0	≤0.2	≤1.0	≤13.0	正常
2	≥90.0	≤2.0	≤0.2			
3	≥85.0	≤3.0	≤0.5			
4	≥80.0	≤5.0	≤1.0			
5	≥75.0	≤8.0	≤3.0			

（2）农业行业标准《大豆等级规格》NY/T 1933—2010 要求

表 7-3　大豆等级划分　　单位：g/100g

等级	完整粒率	损伤粒率	
		合计	其中，热损伤粒
1 等	≥95.0	≤1.0	≤0.2
2 等	≥90.0	≤2.0	≤0.2
3 等	≥85.0	≤3.0	≤0.5
4 等	≥80.0	≤5.0	≤1.0
5 等	≥75.0	≤8.0	≤3.0

3. 国家标委会与各专业委员之间相互缺乏协调

（1）国家标准《生姜》GB/T 30383—2013 内容要求

① 通用要求

应符合食品安全和消费者保护法规有关掺杂（包括用天然或合成色素着色）、残留（如：重金属和霉菌毒素）、杀虫剂和卫生规范的相关要求。当买卖双方达成协议后，才能进行诸如使用溴甲烷、磷化铝、环氧乙烷、辐照以及加工助剂、化学漂白剂进行处理。

② 物理要求

a. 虫害

生姜不得带活虫，更不得带有可见的死虫或虫尸碎片；姜粉中污物按 ISO 1208 的规定测定。

b. 外来物和异物

按 ISO 927 的规定测定，生姜的外来物含量应不大于 1%、异物含量应不大于 1.0%（质量分数）。

（2）农业行业标准《姜》NY/T 1193—2006 等级要求

按姜外部形态分为一、二、三等。大姜各等级要求应符合表 7-4 的规定，小姜各等级要求应符合表 7-5 的规定。

表 7-4　大姜等级要求

等别	要求	限度以质量计/%
一等	1. 形态完整，具有该品种固有的特征，肥大、丰满、充实 2. 形态一致，色泽新鲜，表面光滑、清洁 3. 无异味 4. 机械伤 5. 杂质 6. 整块单重＞250g	第 4 项≤1.0， 第 5 项≤1.5
二等	1. 形态基本完整，具有该品种固有的特征，丰满充实 2. 形态、色泽基本一致，表面基本光滑、清洁 3. 无异味 4. 允许轻微皱缩、机械伤 5. 杂质 6. 整块单重 150～250g	第 4 项≤1.5， 第 5 项≤2.0
三等	1. 形态尚正常丰满，色泽尚正常 2. 具有相似品种特性、特征，允许少量异形品种，表面尚清洁 3. 无异味 4. 机械伤、表皮轻微皱缩 5. 杂质 6. 整块单重 150g 以上	第 4 项≤2.5， 第 5 项≤2.0

表 7-5　小姜等级要求

等别	要求	限度以质量计/%
一等	1. 形态完整，具有该品种固有的特征，丰满、充实 2. 形态、色泽新鲜一致，表面光滑、清洁 3. 气味正常 4. 机械伤 5. 杂质 6. 整块单重＞200g	第 4 项≤1.0， 第 5 项≤1.5

续表

等别	要求	限度以质量计/%
二等	1. 形态基本完整，具有该品种固有的特征，丰满充实 2. 形态一致，色泽基本新鲜，表面基本光滑、清洁 3. 气味正常 4. 表皮允许轻微皱缩、机械伤 5. 杂质 6. 整块单重 100～200g 以上	第 4 项≤1.5， 第 5 项≤2.0
三等	1. 形态尚丰满，色泽尚正常 2. 具有相似品种特性、特征，允许少量异色品种，表面尚清洁 3. 气味正常 4. 机械伤、允许轻微皱缩 5. 杂质 6. 整块单重 100g 以上	第 4 项≤2.5， 第 5 项≤2.0

（3）农产品等级规格姜 NY/T 2376—2013 等级要求

① 基本要求

姜应符合下列基本要求：

a. 清洁，无杂质；

b. 无腐烂、变质和异味；

c. 无冻害及严重病害；

d. 整理基本完好。

② 等级划分

在符合基本要求的前提下，姜分为特级、一级和二级，各级应符合表 7-6 的规定。

表 7-6　姜等级

等级	要求
特级	同一品种。形态一致、块茎完整；表面新鲜、光滑，色泽一致；无皱缩失水，无机械伤，无病虫害造成的损伤
一级	同一品种。形态基本一致、块茎较完整；表面较新鲜、较光滑，色泽较一致；表皮无明显皱缩失水和病虫害造成的损伤
二级	同一品种或相似品种。形态允许有少量不一致，允许有少量不完整块茎；表皮允许轻微皱缩失水和病虫害造成的损伤；允许有发芽迹象；允许有轻微的虫蚀现象；允许轻微的木栓化裂缝

从以上标准示例可以看出，我国在标准立项、制定、评审方面，需要进一步加强综合协调，尤其在立项和评审环节，加强查新、查重很有必要。

二、对我国农产品感官标准发展的建议

1. 加强标准体系顶层设计

我国需要进一步减少制定农产品标准的部门数量，真正实现农业标准由农业部门一家牵头的局面，避免不同部门制定农产品标准带来的重复和指标要求不一致的问题。

2. 加强标委会的日常责任管理

由于标准是逐个制定的，在制定过程中很难做到最佳协调，特别是要真正加强立项的审查和技术审核过程的要求，设立标准制定、审查评审的责任追究制度，切实将责任落实到参与环节的管理、评审和申请标准制定人员身上，强化管理。

3. 加强标准的落实和实施

避免制定“关系”标准。设立“制标立项”的审查与责任追究，公示制度。

附　表

附表1　三位随机数字表
附表2　顺位检验法检验表
附表3　Tukey's HSD q值表
附表4　χ^2分布表
附表5　Friedman秩和检验临界值表
附表6　F临界值表
附表7　三点检验正确响应临界值表
附表8　二-三点检验及方向性成对比较检验正确响应临界值表（单尾测验）
附表9　无方向性成对比较检验（双尾测验）正确响应临界值表
附表10　五中选二检验正确响应临界值表
附表11　采用成对比较检验和二-三点检验进行相似性检验的正确响应临界值表
附表12　采用三点检验进行相似性检验的正确响应临界值表
附表13　t值表
附表14　Page检验临界值表
附表15　t分配表
附表16　F分布表
附表17　配偶法检验表（a=5%）
附表18　$q(t, d_f, 0.05)$表
附表19　成对偏爱检验显著性差异的最小判断数

附表 1 三位随机数字表

742	648	278	258	797	755	155	619	551	787	473	505	734	439	817	680	474	270	179	187
996	897	791	183	770	370	974	932	954	254	576	351	232	747	177	586	552	415	352	415
726	520	915	872	843	569	188	131	400	315	764	674	876	109	394	645	215	714	212	321
946	262	700	129	138	659	779	565	369	416	693	502	704	136	225	154	814	917	154	873
812	520	350	274	962	988	361	433	112	167	355	242	615	803	669	587	388	866	498	377
791	619	447	131	458	221	624	574	600	690	692	872	403	571	864	941	799	880	409	129
504	564	624	534	292	436	543	645	911	925	616	256	575	123	805	244	698	594	247	186
719	368	109	276	647	362	676	560	229	502	527	501	601	543	728	995	563	591	155	412
710	830	961	305	920	192	612	795	925	524	368	672	503	295	395	532	935	933	642	744
532	939	238	625	303	382	581	843	926	460	339	407	361	987	409	309	415	282	869	699
976	404	862	859	221	452	674	207	443	195	510	295	896	840	748	813	913	515	712	931
402	941	226	995	533	163	847	814	426	199	416	298	236	648	249	513	344	102	492	132
675	826	751	139	683	509	824	994	359	234	819	185	396	361	799	310	123	679	570	450
569	209	187	353	939	263	717	249	278	778	145	334	646	343	796	441	694	478	635	614
175	255	412	822	329	138	390	392	962	175	340	560	354	238	697	897	476	473	306	301
843	479	843	136	368	341	714	921	440	432	532	621	837	579	529	840	632	720	365	289
674	923	697	364	739	617	469	499	793	251	681	528	364	523	135	869	407	481	727	993
838	917	187	608	134	421	487	233	917	455	329	841	827	244	607	733	901	684	617	654
136	174	394	145	932	882	690	685	994	243	425	227	942	470	485	421	552	885	517	337
999	202	683	809	545	503	767	482	268	661	582	370	462	755	358	888	276	851	697	581
159	246	150	983	279	324	934	192	871	847	380	612	302	472	370	180	964	617	915	410
841	246	658	338	262	519	806	582	882	681	731	621	622	926	462	472	794	862	799	426
409	995	580	568	850	908	494	787	587	372	670	737	503	610	358	222	243	880	983	419
526	722	608	444	388	406	215	786	445	386	774	830	566	395	203	594	612	699	480	500
307	432	528	224	161	690	580	825	163	771	372	150	272	373	462	412	768	762	993	716
762	612	207	937	377	328	778	781	173	445	310	505	641	254	873	465	482	628	666	701
397	725	351	138	904	307	547	536	328	512	165	961	325	195	958	259	561	660	549	580
641	587	846	981	233	781	341	730	322	759	481	689	242	403	863	278	446	445	577	481
557	283	937	476	584	839	613	668	325	491	699	122	506	254	110	217	767	245	808	950
700	477	486	960	186	227	398	458	843	857	908	382	822	647	860	192	284	435	687	667
314	340	795	697	994	502	340	154	296	946	343	981	297	526	391	394	400	813	174	992
779	897	513	649	694	980	142	790	676	885	959	424	640	621	291	972	915	238	376	946
255	494	749	989	694	979	722	874	122	616	698	544	368	324	550	837	714	297	867	948
356	813	320	373	664	184	311	269	943	304	884	524	944	345	755	462	594	550	199	596
669	240	885	225	792	641	567	754	387	291	904	907	397	108	150	476	985	494	229	236
721	873	933	303	818	756	609	768	803	129	538	638	416	232	428	307	339	580	912	833
842	464	969	414	758	288	460	240	690	743	253	264	116	122	322	235	898	402	436	954
143	338	828	318	906	865	333	739	908	644	951	141	745	941	116	267	649	875	709	579
784	429	750	585	860	768	773	983	759	569	719	677	569	823	691	639	812	547	848	555
477	432	361	929	173	459	435	379	700	485	672	469	812	243	799	246	499	874	165	620

附表 2 顺位检验法检验表

附表 2-1 顺位检验法检验表（$a=5\%$）

评价员数（n）	样品数（m）													
	2	3	4	5	6	7	8	9	10	11	12	13	14	15
2	—	—	—	—	—	—	—	—	—	—	—	—	—	—
	—	—	—	3-9	3-11	3-13	4-14	4-16	4-18	5-19	5-21	5-23	5-25	6-26
3	—	—	—	4-14	4-17	4-20	4-23	5-25	5-28	5-31	5-34	5-37	5-40	6-42
	—	4-8	4-11	5-13	6-15	6-18	7-20	8-22	8-25	9-27	10-29	10-32	11-34	12-36
4	—	5-11	5-15	6-18	6-22	7-25	7-29	8-32	8-36	8-40	9-34	9-47	10-50	10-54
	—	5-11	6-14	7-17	8-20	9-23	10-26	11-29	13-31	14-34	15-37	16-40	17-43	18-46
5	—	6-14	7-18	8-22	9-26	9-31	10-35	11-39	12-43	12-48	13-52	14-56	14-61	15-65
	6-9	7-13	8-17	10-20	11-24	13-27	14-31	15-35	17-38	18-42	20-45	21-49	23-52	24-56
6	7-11	8-16	9-21	10-26	11-31	12-36	13-41	14-46	15-51	17-55	18-60	19-65	19-71	20-76
	7-11	9-15	11-19	12-24	14-28	16-32	18-36	20-40	21-45	23-49	25-53	27-57	29-61	31-65
7	8-13	10-18	11-24	12-30	14-35	15-41	17-46	18-52	19-58	21-63	22-69	23-75	25-80	26-86
	8-13	10-18	13-22	15-27	17-32	19-37	22-41	24-46	26-51	28-56	30-61	33-65	35-70	37-75
8	9-15	11-21	13-27	15-33	17-39	18-46	20-52	22-58	24-64	25-71	27-77	29-83	30-90	32-96
	10-14	12-20	15-25	17-31	20-36	23-41	25-47	28-52	31-57	33-63	36-68	39-73	41-79	44-84
9	11-16	13-23	15-30	17-37	19-44	22-50	24-57	26-64	28-71	30-78	32-85	34-92	36-99	38-106
	11-16	14-22	17-28	20-34	23-40	26-46	29-52	32-58	35-64	38-70	41-76	45-81	48-87	51-93

续表

评价员数（n）	样品数（m）													
	2	3	4	5	6	7	8	9	10	11	12	13	14	15
10	12-18	15-25	17-33	20-40	22-48	25-55	27-63	30-70	32-78	34-86	37-93	39-101	41-109	44-116
	12-18	16-24	19-31	23-37	26-44	30-50	33-57	37-63	40-70	44-76	47-83	51-89	54-96	57-103
11	13-20	16-28	19-36	22-44	25-52	28-60	31-68	34-76	36-85	39-93	42-101	45-109	47-118	50-126
	14-19	18-26	21-34	25-41	29-48	33-56	37-62	41-69	45-76	49-83	53-90	57-97	60-105	64-112
12	15-21	18-30	21-39	25-47	28-56	31-65	34-74	38-82	41-91	44-100	47-109	50-118	53-127	56-136
	15-21	19-29	24-36	28-44	32-52	37-59	41-67	45-75	50-82	54-90	58-98	63-105	67-113	71-121
13	16-23	20-32	24-41	27-51	31-60	35-69	38-79	42-88	45-98	49-107	52-117	56-126	59-136	62-146
	17-22	21-31	26-39	34-47	35-56	40-64	45-72	50-80	54-98	59-97	64-105	69-113	74-121	78-130
14	17-25	22-34	26-44	30-54	34-64	38-74	42-84	46-94	50-104	54-114	57-125	61-135	65-145	69-155
	18-24	23-33	28-42	33-51	38-60	44-68	49-77	54-86	59-95	65-103	70-112	75-121	80-130	85-139
15	19-26	23-37	28-47	32-58	37-68	41-79	46-89	50-100	54-111	58-122	63-132	67-143	71-154	75-165
	19-26	25-35	30-45	36-54	42-63	47-73	53-82	59-91	64-101	70-110	75-120	81-129	87-138	92-148
16	20-28	25-39	30-50	35-61	40-72	45-83	49-95	54-106	59-119	63-129	68-140	73-151	77-163	82-174
	21-27	27-37	33-47	39-57	45-67	51-77	57-87	63-97	69-107	75-117	68-140	73-151	77-163	82-174
17	22-29	27-41	32-53	38-64	43-76	48-88	53-100	58-112	63-124	68-136	81-127	87-137	93-147	100-156
	22-29	28-40	35-50	41-61	48-71	54-82	61-92	67-103	74-113	81-123	73-148	78-160	83-172	88-184
18	23-31	29-43	34-56	40-68	46-80	51-93	57-105	62-118	68-130	73-143	87-134	94-144	100-155	107-165
	24-30	30-42	37-53	44-64	51-75	58-86	65-97	72-108	79-119	86-130	79-155	84-168	90-180	95-193

续表

评价员数（n）	样品数（m）													
	2	3	4	5	6	7	8	9	10	11	12	13	14	15
19	24-33	30-46	37-58	43-71	49-84	55-97	61-110	67-123	73-136	78-150	93-141	100-152	107-163	114-174
	25-32	32-44	39-56	47-67	54-79	62-90	69-102	76-114	84-125	91-137	84-163	90-176	76-189	102-202
20	26-34	32-48	39-61	45-75	52-88	58-102	65-115	71-129	77-143	83-157	99-148	106-160	114-171	121-183
	26-34	34-46	42-58	50-70	57-83	65-95	73-107	81-119	89-131	97-143	90-170	96-184	102-198	108-212
21	27-36	34-50	41-64	48-78	55-92	62-106	68-121	75-135	82-149	89-163	95-178	102-192	108-207	115-221
	28-35	36-48	44-61	52-74	61-86	69-99	77-112	86-124	94-137	102-150	110-163	119-175	127-188	135-201
22	28-36	36-52	43-67	51-81	58-96	65-110	72-126	80-140	87-155	94-170	101-185	108-200	115-215	122-230
	29-37	38-50	46-64	55-77	64-90	73-103	81-117	90-130	99-143	108-156	116-170	125-183	134-196	143-209
23	30-33	38-54	46-69	53-85	61-100	69-115	76-131	84-146	91-162	99-177	106-193	114-208	121-224	128-240
	31-38	40-52	49-66	58-88	67-94	76-108	85-122	95-135	104-149	113-163	122-177	131-191	141-204	150-218
24	31-41	40-56	48-72	56-88	64-104	72-120	80-136	88-152	96-168	104-184	112-200	120-216	127-233	135-249
	32-40	41-55	51-69	61-83	70-98	80-112	90-126	99-141	109-155	119-169	128-184	138-198	147-213	157-227
25	33-42	41-59	50-75	59-91	67-108	76-124	84-141	92-158	101-174	109-191	117-208	126-224	134-241	142-258
	33-42	43-57	53-72	63-87	73-102	84-116	94-131	104-146	114-161	124-176	134-191	144-206	154-221	164-236
26	34-44	43-61	52-78	61-95	70-112	79-129	88-146	97-163	106-180	114-198	123-215	132-232	140-250	149-267
	35-43	45-59	56-74	66-90	77-105	87-121	98-136	108-152	119-167	129-183	140-198	151-213	161-229	172-244
27	35-46	45-63	55-80	64-98	73-116	83-133	92-151	101-169	110-187	119-205	129-222	138-240	147-258	156-276
	36-45	47-61	58-77	69-93	80-109	91-125	102-141	113-157	124-173	135-189	146-205	157-221	168-237	179-253

续表

评价员数 (n)	样品数 (m)													
	2	3	4	5	6	7	8	9	10	11	12	13	14	15
28	37-47	47-65	57-83	67-101	76-120	86-138	96-156	106-174	115-193	125-211	134-230	144-248	153-267	162-286
	38-46	49-63	60-80	72-96	83-113	95-129	106-146	118-162	129-179	140-196	152-212	163-229	175-245	186-262
29	38-49	49-67	59-86	69-105	80-123	90-142	100-161	110-180	120-199	130-218	140-237	150-256	160-275	186-262
	39-48	51-65	63-82	74-100	86-117	98-134	110-151	122-168	134-185	146-202	158-219	170-236	182-253	194-270
30	40-50	51-69	61-89	72-108	83-127	93-147	104-166	114-186	125-205	135-225	145-245	156-264	166-284	176-304
	41-49	53-67	65-85	77-103	90-120	102-138	114-156	127-173	139-191	151-209	164-226	176-244	189-261	201-279
31	41-51	52-72	64-91	75-111	86-131	97-151	108-171	119-191	130-211	140-232	151-252	162-272	173-292	183-313
	42-51	55-69	67-88	80-106	93-124	106-142	119-160	131-179	144-197	157-215	170-233	183-251	196-269	208-288
32	42-54	54-74	66-94	77-115	89-135	100-156	112-176	123-197	134-218	146-238	157-259	168-280	179-301	190-322
	43-53	56-72	70-90	83-109	96-128	109-147	123-165	136-184	149-203	163-221	176-240	189-259	202-278	216-296
33	44-55	56-76	68-97	80-118	92-139	104-160	116-181	128-202	139-224	151-245	163-266	174-288	186-309	197-331
	45-54	58-74	72-93	86-112	99-132	113-151	127-176	141-189	154-209	168-226	182-247	196-266	209-286	223-305
34	45-57	58-78	70-100	83-121	95-143	108-164	120-136	132-208	144-230	156-252	168-274	180-296	192-318	204-340
	46-56	60-76	74-96	88-116	103-135	117-155	131-175	145-195	159-215	174-234	188-254	202-274	216-294	231-313
35	47-58	60-80	73-102	86-124	98-147	111-169	124-191	136-214	149-236	161-259	174-281	186-304	199-326	211-349
	48-57	62-78	77-98	91-119	106-139	121-159	135-180	150-200	165-220	179-241	194-261	209-281	223-302	238-322
36	48-60	62-82	75-105	88-128	102-150	115-173	128-196	141-219	154-242	167-265	180-288	193-311	205-335	318-358
	49-99	64-80	79-101	94-122	109-143	124-164	139-185	155-205	170-226	185-247	200-268	215-289	230-310	245-331

续表

评价员数（n）	样品数（m）													
	2	3	4	5	6	7	8	9	10	11	12	13	14	15
37	50-61	63-85	77-108	91-131	105-154	118-178	132-201	145-225	159-248	172-272	185-296	199-319	212-343	225-367
	51-60	66-82	81-104	97-125	112-147	128-168	144-189	159-211	175-232	190-254	206-275	222-296	237-318	253-339
38	51-63	65-87	80-110	94-134	108-158	122-182	136-206	150-230	164-254	177-279	191-303	205-327	219-351	232-376
	52-62	68-84	84-105	100-128	116-150	132-172	148-194	164-216	180-238	196-260	212-282	282-304	244-326	260-348

附表 2-2 顺位检验法检验表（$a=1\%$）

评价员数（n）	2	3	4	5	6	7	8	9	10	11	12	13	14	15
2	—	—	—	—	—	—	—	—	—	—	—	—	—	—
	—	—	—	—	—	—	—	—	3-19	3-21	3-23	3-26	3-27	3-29
3	—	—	—	—	—	—	—	—	4-29	4-32	4-35	4-38	4-41	4-44
	—	—	—	4-14	4-17	4-20	5-22	5-25	5-27	6-30	6-33	7-35	7-38	7-41
4	—	—	—	5-19	5-23	5-27	6-30	6-34	6-38	6-42	7-45	7-49	7-53	7-57
	—	—	5-15	6-18	6-22	7-25	8-28	8-32	9-35	10-38	10-42	11-45	12-48	13-51
5	—	—	6-19	7-23	7-28	8-32	8-37	9-41	9-46	10-50	10-55	11-59	11-64	12-68
	—	6-14	7-18	8-22	9-26	10-30	11-34	12-38	13-42	14-46	15-50	16-54	17-58	18-62
6	—	7-17	8-22	9-27	9-33	10-38	11-43	12-48	13-53	13-59	14-64	15-69	16-74	16-80
	—	8-16	9-21	10-26	12-30	13-35	14-40	16-44	17-49	18-54	20-58	21-63	28-67	24-72
7	—	8-20	10-25	11-31	12-37	13-45	14-49	15-55	16-61	17-67	18-73	19-79	20-85	21-91
	8-13	9-19	11-24	12-30	14-35	13-43	18-45	19-51	21-56	23-61	26-66	26-72	28-77	30-82

续表

评价员数（n）	2	3	4	5	6	7	8	9	10	11	12	13	14	15
8	9-15	10-22	11-29	13-35	14-42	16-40	17-55	19-61	20-68	21-75	23-81	24-68	25-95	27-101
	9-15	11-21	13-27	15-33	17-39	16-48	21-51	23-57	25-63	28-68	30-74	32-80	34-86	36-92
9	10-17	12-24	13-32	15-39	17-46	19-45	21-60	22-68	24-75	26-82	27-90	29-97	31-104	32-112
	10-17	12-24	15-30	17-37	20-43	19-53	25-56	27-63	30-69	32-76	35-82	37-89	40-95	42-102
10	11-19	13-27	15-35	18-42	20-50	22-50	24-66	26-74	28-82	30-90	32-98	34-106	36-114	38-122
	11-19	14-26	17-33	20-40	23-47	22-58	28-62	31-69	34-76	37-83	40-90	48-97	46-104	49-111
11	12-21	15-29	17-38	20-46	22-55	25-55	27-72	30-80	32-89	34-98	37-106	39-115	41-124	44-132
	13-20	16-28	19-36	22-44	25-52	25-63	32-67	36-75	39-82	42-90	45-98	48-106	52-113	55-121
12	14-22	17-31	19-41	22-50	25-59	29-59	31-77	33-87	36-96	39-105	42-114	44-124	47-133	50-142
	14-22	18-30	21-39	25-47	28-56	28-68	36-72	39-81	43-89	47-97	50-106	54-114	58-122	46-130
13	15-24	18-34	21-44	25-53	28-63	32-64	34-83	37-93	40-103	43-113	46-123	50-132	53-142	56-152
	15-24	19-33	23-42	27-51	31-60	31-73	39-78	44-86	48-96	52-104	56-113	60-122	64-131	68-140
14	16-26	20-36	24-46	27-57	31-67	35-69	38-88	41-99	45-109	48-120	51-131	55-141	58-152	62-162
	17-25	21-35	25-45	30-54	34-64	34-78	43-83	48-92	52-103	57-111	61-121	66-130	76-140	75-149
15	18-27	22-38	26-40	30-60	34-71	39-73	41-94	45-105	49-116	53-127	50-139	60-150	64-161	68-172
	18-27	23-37	28-47	32-58	37-68	37-83	47-88	52-98	57-108	62-118	67-128	72-138	76-149	81-159
16	19-29	23-41	28-52	32-64	36-76	42-78	45-99	40-111	53-123	57-135	62-146	66-158	70-170	74-182
	19-29	25-39	30-50	35-61	40-72	41-87	51-93	50-104	61-115	67-125	72-136	77-147	83-157	88-168
17	20-31	25-43	30-55	35-67	39-80	46-82	49-104	53-117	58-129	62-142	67-154	71-167	76-179	80-192
	21-30	26-42	32-53	38-64	42-76	44-92	55-98	60-110	66-124	72-132	78-143	83-155	89-166	95-177

续表

评价员数（n）	2	3	4	5	6	7	8	9	10	11	12	13	14	15
18	22-32	27-45	32-58	37-71	42-84	49-87	52-110	57-123	62-136	67-149	72-162	77-175	82-188	86-202
	22-32	28-44	34-56	40-68	46-80	47-97	99-103	65-115	71-127	77-129	83-151	89-163	95-175	102-186
19	23-34	29-47	34-61	40-74	45-88	52-92	59-115	61-129	67-142	72-156	77-170	82-184	86-197	93-211
	24-33	30-46	36-59	43-71	49-84	56-96	62-109	69-121	75-133	82-146	89-158	95-171	102-183	108-196
20	24-36	30-50	36-64	42-78	48-92	54-106	60-120	65-125	71-140	77-163	82-178	88-192	94-206	99-221
	25-35	32-48	38-62	45-75	52-88	59-101	60-114	73-127	80-140	87-153	88-185	101-179	108-192	115-203
21	26-37	32-52	38-67	45-81	51-96	57-111	63-126	66-141	75-156	82-170	100-173	94-200	100-215	106-230
	26-37	33-51	41-61	48-78	55-92	63-105	70-119	78-182	85-146	92-100	93-193	107-187	115-200	122-240
22	27-39	34-54	40-70	47-85	54-100	60-116	67-131	74-148	80-162	80-178	106-180	99-209	106-224	112-240
	28-38	35-53	43-67	51-81	58-96	66-110	74-124	82-138	90-152	98-166	98-201	113-195	121-209	129-223
23	28-41	36-56	43-72	50-88	57-104	64-120	71-136	78-152	85-168	91-185	111-188	105-217	112-233	119-249
	29-40	37-55	45-70	53-85	62-99	70-114	78-129	86-144	95-158	103-173	104-208	119-203	128-217	125-259
24	30-42	37-59	45-75	52-92	60-108	67-125	75-141	82-188	89-175	96-192	104-208	111-225	118-242	125-259
	30-42	39-57	47-73	56-88	65-103	73-119	80-134	91-140	99-165	108-180	117-195	126-210	134-226	143-241
25	31-44	39-61	47-78	55-95	63-112	71-129	78-147	66-161	94-181	101-199	109-216	117-233	124-251	132-268
	32-43	41-59	50-75	59-91	68-107	77-123	86-139	95-155	101-171	113-187	123-202	132-218	141-234	150-250
26	33-45	41-63	49-81	57-99	66-116	74-134	82-152	90-170	98-188	106-206	114-224	122-242	130-260	138-278
	33-45	42-62	52-78	61-95	71-111	80-128	90-144	100-166	109-177	149-193	128-210	138-226	147-243	157-259
27	34-47	43-65	51-84	60-102	69-120	77-139	86-157	94-176	103-194	111-213	120-231	128-250	137-268	145-287
	35-46	44-64	54-81	64-98	74-115	84-132	94-149	104-166	114-183	124-200	134-217	144-234	154-251	164-268

续表

评价员数（n）	2	3	4	5	6	7	8	9	10	11	12	13	14	15
28	35-49	44-68	54-86	63-105	72-124	81-143	90-162	99-181	108-200	110-220	125-239	134-258	143-277	152-296
	36-48	46-66	56-84	67-101	77-119	88-136	93-154	108-172	119-189	129-207	140-224	150-242	161-259	171-277
29	37-60	46-70	56-89	65-109	75-128	84-148	94-167	103-187	112-207	122-226	131-246	140-266	149-286	158-306
	37-50	48-68	59-86	69-105	80-123	91-141	102-159	113-177	124-195	135-213	145-232	156-250	167-268	178-286
30	38-52	48-72	58-92	68-112	78-132	88-152	97-173	107-183	117-213	127-233	136-254	146-274	155-295	165-315
	39-51	50-70	61-89	72-108	83-127	95-145	106-164	117-183	129-201	140-220	151-239	163-257	174-276	185-295
31	39-54	50-74	60-95	71-115	81-136	91-157	101-178	112-198	122-219	132-240	142-261	152-282	162-303	172-324
	40-53	51-73	63-92	75-111	85-131	98-150	110-169	122-188	133-208	145-227	157-246	169-265	180-285	192-304
32	41-55	52-70	62-98	73-119	84-140	95-161	105-183	166-204	126-226	137-217	147-269	158-290	168-312	179-333
	41-55	53-75	65-95	77-115	90-134	102-154	114-174	120-194	138-214	151-233	163-253	175-273	187-293	199-313
33	42-57	53-79	65-100	76-122	87-144	98-166	109-188	120-210	134-232	142-254	153-276	164-298	174-321	185-343
	43-56	55-77	68-97	80-118	93-138	105-159	118-179	131-199	145-220	156-240	169-260	181-281	194-301	206-322
34	44-58	55-81	67-103	78-126	90-148	102-170	113-193	124-216	136-238	147-261	158-284	170-306	181-281	192-352
	44-58	57-79	70-100	83-121	96-142	109-163	122-184	125-205	148-226	161-217	174-268	187-289	201-309	214-330
35	45-60	57-83	69-106	81-129	93-152	105-175	117-198	120-221	141-244	152-208	164-291	176-314	187-338	199-361
	46-59	59-81	72-103	86-124	99-146	113-167	120-189	140-210	153-232	167-253	180-275	191-289	207-318	221-339
36	46-62	59-85	71-109	84-132	96-156	109-179	121-203	133-227	145-251	157-275	170-298	182-322	194-346	206-370
	47-61	61-83	74-106	88-128	102-150	116-172	121-203	144-216	158-238	172-260	186-282	200-304	214-326	228-348
37	48-63	61-87	74-111	86-136	99-160	112-184	125-208	137-242	150-257	163-281	175-306	188-330	200-255	213-379
	48-63	63-85	77-108	91-131	105-154	120-176	134-199	149-221	163-244	177-267	192-239	206-312	221-334	235-357

续表

评价员数（n）	2	3	4	5	6	7	8	9	10	11	12	13	14	15
38	49-65	62-90	76-114	89-139	102-164	116-188	120-213	142-233	155-263	168-288	181-318	194-338	207-363	219-389
	50-64	64-83	79-111	94-134	109-157	123-181	138-304	153-227	168-250	183-273	198-296	213-319	227-323	242-366

附表 3　Tukey's HSD q 值表

d_f	a	K（检验极差的平均数个数，即秩次距）																		
		2	3	4	5	6	7	8	9	10	11	12	13	14	15	16	17	18	19	20
3	0.05	4.50	5.91	6.82	7.50	8.04	8.84	8.85	9.18	9.46	9.72	9.95	10.15	10.35	10.52	10.84	10.69	10.98	11.11	11.24
	0.01	8.26	10.62	12.27	13.33	14.24	15.00	15.64	16.20	16.69	17.13	17.53	17.89	18.22	18.52	19.07	18.81	19.32	19.55	19.77
4	0.05	3.39	5.04	5.76	6.29	6.71	7.05	7.35	7.60	7.83	8.03	8.21	8.37	8.52	8.66	8.79	8.91	9.03	9.13	9.23
	0.01	6.51	8.12	9.17	9.96	10.85	11.10	11.55	11.93	12.27	12.57	12.84	13.09	13.32	13.53	13.73	13.91	14.08	14.24	14.40
5	0.05	3.64	4.60	5.22	5.67	6.03	6.33	6.58	6.80	6.99	7.17	7.32	7.47	7.60	7.72	7.83	7.93	8.03	8.12	8.21
	0.01	5.70	6.98	7.80	8.42	8.91	9.32	9.67	9.97	10.24	10.48	10.07	10.89	11.08	11.24	11.40	11.55	11.68	11.81	11.93
6	0.05	3.46	4.34	4.90	5.30	5.63	5.90	6.12	6.32	6.49	6.65	6.79	6.92	7.03	7.14	7.24	7.34	7.43	7.51	7.59
	0.01	5.24	6.33	7.03	7.56	7.97	8.32	8.61	8.87	9.10	9.30	9.48	9.65	9.81	9.95	10.08	12.21	10.32	10.43	10.54
7	0.05	3.34	4.16	4.68	5.06	5.36	5.01	5.82	6.00	6.16	6.30	6.43	6.55	6.66	6.76	6.85	9.94	7.02	7.10	7.17
	0.01	4.95	5.92	6.54	7.01	7.37	7.68	9.94	8.17	8.37	8.55	8.71	8.86	9.00	9.12	9.24	9.35	9.46	9.55	9.65
8	0.05	3.26	4.04	4.53	4.89	5.17	5.40	5.60	5.77	5.92	6.05	6.18	6.29	6.39	6.48	6.57	6.65	6.73	6.80	6.87
	0.01	4.75	5.64	6.20	6.62	4.96	7.24	7.47	7.68	7.86	8.03	8.18	8.31	8.44	8.55	8.66	8.76	8.85	8.94	9.03

续表

d_f	a	K（检验极差的平均数个数，即秩次距）																		
		2	3	4	5	6	7	8	9	10	11	12	13	14	15	16	17	18	19	20
9	0.05	3.20	3.95	4.41	4.76	5.02	5.24	5.43	5.59	5.74	5.87	5.98	6.09	6.19	6.28	6.36	6.44	6.51	6.58	6.64
	0.01	4.60	5.43	5.96	6.35	6.66	6.91	7.13	7.33	7.49	7.65	7.78	7.91	8.03	8.13	8.23	8.33	8.41	8.49	8.57
10	0.05	3.15	3.88	4.33	4.65	4.91	5.12	5.30	5.46	5.60	5.72	5.83	5.93	6.03	6.11	6.19	6.27	6.34	6.40	6.47
	0.01	4.48	5.27	5.77	6.14	4.43	6.67	6.87	7.05	7.21	7.36	7.48	7.60	7.71	7.81	7.91	7.99	8.08	8.15	8.23
11	0.05	3.11	3.82	4.26.	4.57	4.82	5.03	5.20	5.35	5.49	5.61	5.71	5.81	5.90	5.98	6.06	6.13	6.20	6.27	6.33
	0.01	4.39	5.15	5.62	5.97	6.25	6.48	6.67	6.84	6.99	7.13	7.25	7.36	7.46	7.56	7.65	7.13	7.81	7.88	7.95
12	0.05	3.08	3.77	4.20	4.51	4.75	4.95	5.12	5.27	5.39	5.51	5.61	5.71	5.80	5.88	5.95	6.02	6.09	6.15	6.21
	0.01	4.32	5.05	5.55	5.84	6.10	6.32	6.51	6.67	6.81	6.94	7.06	7.17	7.26	7.36	7.44	7.52	7.59	7.66	7.73
13	0.05	3.06	3.73	4.15	4.45	4.69	4.88	5.05	5.19	5.32	5.45	5.53	5.63	5.71	5.79	5.86	5.93	5.99	6.05	6.11
	0.01	4.26	4.96	5.40	5.73	5.98	6.19	6.37	6.53	6.67	6.79	6.90	7.01	7.10	7.19	7.27	7.35	7.42	7.48	7.55
14	0.05	3.03	3.70	4.11	4.41	4.64	4.83	4.99	5.13	5.25	5.36	5.46	5.55	5.64	5.71	5.79	5.85	5.91	5.97	6.03
	0.01	4.21	4.89	5.32	5.63	5.88	6.08	6.26	6.41	6.54	6.66	6.77	6.87	6.96	7.05	7.13	7.20	7.27	7.33	7.39
15	0.05	3.01	3.67	4.08	4.37	4.59	4.78	4.94	5.08	5.20	5.31	5.40	5.49	5.57	5.65	5.72	5.78	5.85	5.90	5.96
	0.01	4.17	4.84	5.25	5.56	5.80	5.99	6.16	6.31	6.44	6.55	6.66	6.76	6.84	6.93	7.00	7.07	7.14	7.20	7.26
16	0.05	3.00	3.65	4.05	4.33	4.56	4.74	4.90	5.03	5.15	5.26	5.35	5.44	5.52	5.59	5.66	5.73	5.79	5.84	5.90
	0.01	4.13	4.79	5.19	5.49	5.72	5.92	6.08	6.22	6.35	6.46	6.56	6.66	6.74	6.82	6.90	6.97	7.03	7.09	7.15
17	0.05	2.98	3.63	4.02	4.30	4.52	4.70	4.86	4.99	5.11	5.21	5.31	5.39	5.47	5.54	5.61	5.67	5.73	5.79	5.84
	0.01	4.10	4.74	5.14	5.43	5.66	5.85	6.01	6.15	6.27	6.38	6.48	6.57	6.66	6.73	6.81	6.87	6.94	7.00	7.05

续表

d_f	a	K（检验极差的平均数个数，即秩次距）																		
		2	3	4	5	6	7	8	9	10	11	12	13	14	15	16	17	18	19	20
18	0.05	2.97	3.61	4.00	4.28	4.49	4.67	4.82	4.96	5.07	5.17	5.27	5.35	5.43	5.50	5.57	5.63	5.69	5.74	5.76
	0.01	4.07	4.70	5.09	5.38	5.60	5.79	5.94	6.08	6.20	6.31	6.41	6.50	6.58	6.65	6.73	6.79	6.85	6.91	6.97
19	0.05	2.96	3.59	3.98	4.25	4.47	4.65	4.49	4.92	5.04	5.14	5.23	5.31	5.39	5.46	5.53	5.59	5.65	5.70	5.75
	0.01	4.05	4.67	5.05	5.33	5.55	5.73	5.89	6.02	6.16	6.25	6.34	6.43	6.51	6.58	6.65	6.72	6.78	6.84	6.89
20	0.05	2.95	3.58	3.96	4.23	4.45	4.62	4.77	4.90	5.01	5.11	5.20	5.28	5.36	5.43	5.49	5.55	5.61	5.66	5.71
	0.01	4.02	4.64	5.02	5.29	5.51	5.69	5.84	5.97	6.09	6.19	6.28	6.37	6.45	6.52	6.59	6.65	6.71	6.77	6.82
24	0.05	2.92	3.53	3.90	4.17	4.37	4.54	4.68	4.81	4.92	5.05	5.10	5.18	5.25	5.32	5.38	5.44	5.49	5.55	5.59
	0.01	3.96	4.55	4.91	5.17	5.37	5.54	5.69	5.81	5.92	6.02	6.11	6.19	6.26	6.33	6.39	6.45	6.51	6.56	6.01
30	0.05	2.89	3.49	3.85	4.10	4.30	4.46	4.60	4.72	4.82	4.92	5.00	5.08	5.15	5.21	5.27	5.33	5.38	5.43	6.47
	0.01	3.89	4.45	4.80	5.05	5.24	5.40	5.54	5.65	5.76	5.85	5.93	6.01	6.08	6.14	6.20	6.26	6.31	6.36	6.41
40	0.05	2.86	3.44	3.79	4.04	4.23	4.39	4.52	4.63	4.73	4.82	4.90	4.98	5.04	5.11	5.16	5.22	5.27	5.31	5.36
	0.01	3.82	4.37	4.70	4.93	5.11	5.26	5.39	5.50	5.60	5.69	5.76	5.83	5.90	5.96	6.02	6.07	6.12	6.16	6.21
60	0.05	2.83	3.40	3.74	3.98	4.16	4.31	4.44	4.55	4.65	4.73	4.81	4.88	4.94	5.00	5.06	5.11	5.15	5.20	5.24
	0.01	3.76	4.28	4.59	4.82	4.99	5.13	5.25	5.36	5.45	5.53	5.60	5.67	5.73	5.78	5.84	5.89	5.93	5.97	6.01
120	0.05	2.80	3.36	3.68	3.92	4.10	4.24	4.36	4.47	4.56	4.64	4.71	4.78	4.84	4.90	4.95	5.00	5.04	5.09	5.13
	0.01	3.70	4.20	4.50	4.71	4.87	5.01	5.12	5.21	5.30	5.37	5.44	5.50	5.56	5.61	5.66	5.71	5.75	5.79	5.85
∞	0.05	2.77	3.31	3.63	3.86	4.03	4.17	4.29	4.39	4.47	4.55	4.62	4.68	4.74	4.80	4.85	4.89	4.93	4.97	5.01
	0.01	3.64	4.12	4.40	4.60	4.76	4.88	4.99	5.08	5.16	5.23	5.29	5.35	5.40	5.45	5.49	5.54	5.57	5.61	5.65

附表 4 χ^2 分布表

d_f	概率 P（a）											
	0.995	0.99	0.975	0.95	0.90	0.75	0.25	0.10	0.05	0.025	0.01	0.005
1	—	—	0.001	0.004	0.016	0.102	1.323	2.706	3.841	5.024	6.635	7.879
2	0.010	0.020	0.051	0.103	0.211	0.575	2.773	4.605	5.991	7.378	9.210	10.597
3	0.072	0.115	0.216	0.352	0.584	1.213	4.108	6.251	7.815	9.348	11.345	12.838
4	0.207	0.297	0.484	0.711	1.064	1.923	5.385	7.779	9.488	11.143	13.277	14.860
5	0.412	0.554	0.831	1.145	1.610	2.675	6.626	9.236	11.071	12.833	15.086	16.750
6	0.676	0.872	1.237	1.635	2.204	3.455	7.841	10.645	12.592	14.449	16.812	18.548
7	0.989	1.239	1.690	2.167	2.833	4.255	9.037	12.017	14.067	16.013	18.475	20.278
8	1.344	1.646	2.180	2.733	3.490	5.071	10.219	13.362	15.507	17.535	20.090	21.955
9	1.735	2.088	2.700	3.325	4.168	5.899	11.389	14.684	16.919	19.023	21.666	23.589
10	2.156	2.558	3.247	3.940	4.865	6.737	12.549	15.987	18.307	20.483	23.666	23.589
11	2.603	3.053	3.816	4.575	5.578	7.584	13.701	17.275	19.675	21.920	24.725	26.757
12	3.074	3.571	4.404	5.226	6.304	8.438	14.845	18.579	21.026	23.337	26.217	28.299
13	3.565	4.107	5.009	5.892	7.042	9.233	15.984	19.812	22.362	24.736	27.688	29.818
14	4.075	4.660	5.629	5.571	7.790	10.165	17.117	21.064	23.685	26.119	29.141	31.319
15	4.601	5.229	6.262	7.261	8.547	11.037	18.245	22.307	24.996	27.488	30.578	32.801
16	5.142	5.812	6.908	7.962	9.312	12.212	19.369	23.542	26.296	28.845	32.000	34.267
17	5.697	6.408	7.564	8.672	10.085	12.792	20.489	24.769	27.587	30.191	33.409	35.718
18	6.265	7.015	8.231	9.390	10.865	13.675	21.605	25.989	28.869	31.526	34.805	37.156
19	6.844	7.633	8.907	10.117	11.651	14.562	22.718	27.204	30.144	32.852	36.191	38.582
20	7.434	8.260	9.591	10.851	12.443	15.452	23.828	28.412	31.410	34.170	37.566	39.997
21	8.034	8.897	10.283	11.591	13.240	16.344	24.935	29.615	32.671	35.479	38.932	41.401
22	8.643	9.542	10.982	12.338	14.042	17.240	26.039	30.813	33.924	36.781	40.289	42.796
23	9.260	10.193	11.689	13.091	14.848	18.137	27.141	32.007	35.172	38.076	41.638	44.181
24	9.885	10.593	12.401	13.848	15.659	19.037	28.241	33.196	36.415	39.364	42.980	45.559
25	10.520	11.524	13.120	14.611	16.473	19.939	29.339	34.382	37.652	40.646	44.314	46.928
26	11.160	12.198	13.844	15.379	17.292	20.843	30.435	35.563	38.885	41.923	45.642	48.290
27	11.808	12.879	14.573	16.151	18.114	21.749	31.528	36.741	40.113	43.194	46.963	49.645

续表

d_f	概率 P（a）											
	0.995	0.99	0.975	0.95	0.90	0.75	0.25	0.10	0.05	0.025	0.01	0.005
28	12.461	13.555	15.308	16.928	18.939	22.657	32.602	37.916	41.337	44.461	48.278	50.993
29	13.121	14.257	16.047	17.708	19.768	23.567	33.711	39.081	42.557	45.722	49.588	52.336
30	13.787	14.954	16.791	18.493	20.599	24.478	34.800	40.256	43.773	46.979	50.892	53.672
31	14.458	15.655	17.539	19.281	21.434	25.890	35.887	41.422	44.985	48.232	52.191	55.003
32	15.134	16.362	18.291	20.072	22.271	26.304	36.973	42.585	46.194	49.480	53.486	56.328
33	15.815	17.047	19.047	20.867	23.110	27.219	38.058	43.745	47.400	50.725	54.776	57.648
34	16.501	17.789	19.806	21.664	23.952	28.136	39.141	44.903	48.602	51.966	56.061	58.964
35	17.682	18.509	20.569	22.465	24.797	29.054	40.223	46.059	49.802	53.203	57.342	60.275
36	17.887	19.233	21.336	23.269	25.643	29.973	41.304	47.212	50.998	54.437	58.619	61.581
37	18.586	19.950	22.106	21.075	25.492	30.893	42.383	48.363	52.192	55.668	59.892	62.883
38	19.289	20.691	22.878	24.884	27.343	31.893	43.462	49.513	53.384	56.896	61.162	64.181
39	19.996	21.426	23.654	25.695	28.196	32.737	44.539	50.660	54.572	58.120	62.428	65.476
40	20.707	22.164	24.433	26.509	29.051	33.660	45.616	51.805	55.758	59.342	63.691	66.766
41	21.421	22.906	25.215	27.326	29.907	34.585	46.692	52.949	56.942	60.561	64.950	68.053
42	22.138	23.650	25.999	28.144	30.765	35.510	47.766	54.090	58.124	61.777	66.206	69.336
43	22.859	24.398	26.785	28.965	31.625	36.436	48.840	55.230	59.304	62.990	67.459	70.615
44	23.584	25.148	27.575	29.787	32.487	37.363	49.913	56.369	60.481	64.201	68.710	71.893
45	24.311	25.901	28.366	31.612	33.350	38.291	50.985	57.505	61.656	65.410	69.957	73.166
46	25.041	26.557	29.160	31.439	34.215	39.220	52.056	58.641	62.830	66.617	71.201	74.437
47	25.775	27.416	29.956	32.268	35.081	40.149	53.127	59.774	64.001	67.821	72.443	75.704
48	26.511	28.177	30.755	33.098	35.949	41.079	54.196	60.907	65.171	69.023	73.683	76.969
49	27.249	28.941	31.555	33.930	36.818	42.010	55.265	62.038	66.339	70.222	74.919	78.231
50	27.991	29.707	32.357	34.764	37.689	42.942	56.334	63.167	67.505	71.420	76.154	79.490
51	28.735	30.475	33.162	35.600	38.560	43.874	57.401	64.295	68.669	72.616	77.386	80.747
52	29.481	31.246	33.968	36.437	39.433	44.808	58.468	65.422	69.832	73.810	78.616	82.001
53	30.230	32.018	34.776	37.276	40.303	45.741	59.534	66.548	70.993	75.002	79.843	83.253
54	30.981	32.793	35.586	38.116	41.183	46.676	60.600	67.673	72.153	76.192	81.069	84.502

续表

d_f	概率 P（a）											
	0.995	0.99	0.975	0.95	0.90	0.75	0.25	0.10	0.05	0.025	0.01	0.005
55	31.735	33.570	36.398	38.958	42.060	47.610	61.665	68.796	73.311	77.380	82.292	85.749
56	32.490	34.350	37.212	39.801	42.937	43.546	62.729	69.919	74.468	78.567	83.513	86.994
57	33.248	35.131	38.027	40.646	43.816	59.482	63.793	71.040	75.624	79.752	84.733	88.236
58	34.008	35.913	38.844	41.492	44.696	50.419	64.857	72.160	76.778	80.936	85.950	89.477
59	34.770	36.698	39.662	42.339	45.577	51.356	65.919	73.279	77.931	82.117	87.166	90.715
60	35.534	37.485	40.482	43.188	46.459	52.294	66.981	74.397	79.082	83.298	88.379	91.952
61	36.300	38.273	41.303	44.038	47.342	53.232	68.043	75.514	80.232	84.476	89.591	93.186
62	37.058	39.063	42.126	44.889	48.226	54.171	69.104	76.630	81.381	85.654	90.802	94.419
63	37.838	39.855	42.950	45.741	49.111	55.110	70.165	77.745	82.529	86.830	92.010	95.649
64	38.610	40.649	43.776	46.595	49.996	56.050	71.225	78.860	83.675	88.004	93.217	96.878
65	39.383	41.444	44.603	47.450	50.883	56.990	72.285	79.973	84.821	89.117	94.422	98.105
66	40.158	42.240	45.434	48.305	51.770	57.931	73.344	81.085	85.965	90.349	95.626	99.330
67	40.935	43.038	46.261	49.162	52.659	58.872	74.403	82.197	87.108	91.519	96.828	100.554
68	41.713	43.838	47.092	50.020	53.543	59.814	75.461	83.308	88.250	92.689	98.028	101.776
69	42.494	44.639	47.924	50.879	54.438	60.756	76.519	84.418	89.391	93.856	99.228	102.996
70	43.275	45.442	48.758	51.739	55.329	61.698	77.577	85.527	90.531	95.023	100.425	104.215
71	44.058	46.246	49.592	52.600	56.221	62.641	78.634	86.635	91.670	96.189	101.621	105.432
72	44.843	47.051	50.428	53.462	57.113	63.585	79.690	87.743	92.808	97.353	102.816	106.648
73	45.629	47.858	51.265	54.325	58.006	64.528	80.747	88.850	93.945	98.516	104.010	107.862
74	46.417	48.666	52.103	55.189	58.900	65.472	81.803	89.956	95.081	99.678	105.202	109.074
75	47.206	49.475	52.945	56.054	59.795	66.417	82.858	91.061	96.217	100.839	106.393	110.286
76	47.997	50.286	53.782	56.920	60.690	67.362	83.913	92.166	97.351	101.999	107.583	111.495
77	48.788	51.097	54.623	57.786	61.585	68.307	84.968	93.270	98.484	103.158	108.771	112.704
78	49.582	51.910	55.466	58.654	62.483	69.252	86.022	94.374	99.617	104.316	109.958	113.911
79	50.376	52.725	56.309	59.522	63.380	70.198	87.077	95.476	100.749	105.473	111.144	115.117
80	51.172	53.540	57.153	60.391	64.278	71.145	88.130	96.578	101.879	106.629	112.329	116.321
81	51.969	54.357	57.998	61.261	65.176	72.091	89.184	97.680	103.010	107.783	113.511	117.524

续表

d_f	概率 P（a）											
	0.995	0.99	0.975	0.95	0.90	0.75	0.25	0.10	0.05	0.025	0.01	0.005
82	52.767	55.174	58.845	62.132	66.075	73.038	90.237	98.780	104.139	108.937	114.695	118.726
83	53.567	55.993	59.692	63.004	66.976	73.985	91.289	99.880	105.267	110.090	115.876	119.927
84	54.368	56.813	60.540	63.876	67.875	74.933	92.342	100.980	106.395	111.242	117.057	121.126
85	55.170	57.634	61.389	64.749	68.777	75.881	93.394	102.079	107.522	112.393	118.236	122.325
86	55.973	58.456	62.239	65.623	69.679	76.829	94.446	103.177	108.648	113.544	119.414	123.522
87	56.777	59.279	63.089	66.498	70.581	77.777	95.497	104.275	109.773	114.693	120.591	124.718
88	57.582	60.103	63.941	67.373	71.484	78.726	96.548	105.372	110.898	115.841	121.767	125.913
89	58.389	60.928	64.793	68.249	72.387	79.675	97.599	106.469	112.022	116.980	122.942	127.406
90	59.196	61.754	65.647	69.126	73.291	80.625	98.650	107.365	113.145	118.136	124.116	128.299

附表 5 Friedman 秩和检验临界值表

评价员数目 J	样品数目 P					
	3	4	5	3	4	5
	$a=0.05$			$a=0.01$		
2	—	6.00	7.60	—	—	8.00
3	6.00	7.00	8.53	—	8.20	10.13
4	6.50	7.50	8.80	8.00	9.30	11.10
5	6.40	7.80	8.96	8.40	9.96	11.52
6	6.33	7.60	9.49	9.00	10.20	13.28
7	6.00	7.62	9.49	8.85	10.37	13.28
8	6.25	7.65	9.49	9.00	10.35	13.28
9	6.22	7.81	9.49	8.66	11.34	13.28
10	6.20	7.81	9.49	8.60	11.34	13.28
11	6.54	7.81	9.49	8.90	11.34	13.28
12	6.16	7.81	9.49	8.66	11.34	13.28
13	6.00	7.81	9.49	8.76	11.34	13.28
14	6.14	7.81	9.49	9.00	11.34	13.28
15	6.40	7.81	9.49	8.93	11.34	13.28

附表 6　F 临界值表

分母的自由度 d_{f_2}	分子的自由度 d_{f_1}																							
	1	2	3	4	5	6	7	8	9	10	11	12	14	16	20	24	30	40	50	75	100	200	500	∞
1	161	200	216	225	230	234	237	239	241	242	243	224	245	246	248	249	250	251	252	253	253	254	254	254
	4052	4999	5403	5625	5764	5859	5928	5981	6022	6056	6082	6106	6142	6169	6208	6234	6258	6286	6302	6323	6334	6352	6361	6366
2	18.51	19.00	19.16	19.25	19.30	19.33	19.36	19.37	19.38	19.39	19.40	19.41	19.2	19.43	19.44	19.45	19.46	19.47	19.47	19.48	19.49	19.49	19.50	19.50
	98.49	99.00	99.17	99.25	99.30	99.33	99.34	99.36	99.38	99.40	99.41	99.42	99.43	99.44	99.45	99.46	99.47	99.48	99.48	99.49	99.49	99.49	99.50	99.50
3	10.13	9.55	9.28	9.12	9.01	8.94	8.88	8.84	8.81	8.78	8.76	8.74	8.71	8.69	8.66	8.64	8.62	8.60	8.58	8.57	8.56	8.54	8.54	8.53
	34.12	30.82	29.46	28.71	28.24	27.91	27.67	27.49	27.34	27.23	27.13	27.05	26.92	26.83	26.69	26.60	26.50	26.41	26.35	26.27	26.23	26.18	26.14	26.12
4	7.71	6.94	6.59	6.39	6.26	6.16	6.09	6.04	6.00	5.96	5.93	5.91	5.87	5.84	5.80	5.77	5.74	5.71	5.70	5.68	5.66	5.65	5.64	5.63
	21.20	18.00	16.69	15.98	15.52	15.21	14.98	14.80	14.66	14.54	14.45	14.37	14.24	14.15	14.02	13.93	13.83	13.74	13.69	13.61	13.57	13.52	13.48	13.46
5	6.61	5.79	5.41	5.19	5.05	4.95	4.88	4.82	4.78	4.74	4.70	4.68	4.64	4.60	4.56	4.53	4.50	4.46	4.44	4.42	4.40	4.38	4.37	4.36
	16.26	13.27	12.06	11.39	10.97	10.67	10.45	10.27	10.15	10.05	9.96	9.89	9.77	9.68	9.55	9.47	9.38	9.29	9.24	9.17	9.13	9.07	9.04	9.02
6	5.99	5.14	4.76	4.53	4.39	4.28	4.21	4.15	4.10	4.06	4.03	4.00	3.96	3.92	3.87	3.84	3.81	3.77	3.75	3.72	3.71	3.69	3.68	3.67
	13.74	10.92	9.78	9.15	8.75	8.47	8.26	8.10	7.98	7.87	7.79	7.72	7.60	7.52	7.39	7.31	7.23	7.14	7.09	7.02	6.99	6.94	6.90	6.88
7	5.59	4.74	4.35	4.12	3.97	3.87	3.79	3.73	3.68	3.63	3.60	3.57	3.52	3.49	3.44	3.41	3.38	3.34	3.32	3.29	3.28	3.25	3.24	3.23
	12.25	9.55	8.45	7.85	7.46	7.19	7.00	6.84	6.71	6.62	6.54	6.47	6.35	6.27	6.15	6.07	5.98	5.90	5.85	5.78	5.75	5.70	5.67	5.65
8	5.32	4.46	4.07	3.84	3.69	3.58	3.50	3.44	3.39	3.34	3.31	3.28	3.23	3.20	3.15	3.12	3.08	3.05	3.03	3.00	2.98	2.96	2.94	2.93
	11.26	8.65	7.59	7.01	6.63	6.37	6.19	6.03	5.91	5.82	5.74	5.67	5.56	5.48	5.36	5.28	5.20	5.11	5.06	5.00	4.96	4.91	4.88	4.86

续表

分母的自由度 d_{f_2}	分子的自由度 d_{f_1}																						
	1	2	3	4	5	6	7	8	9	10	11	12	14	16	20	24	30	40	50	75	100	200	500	∞
9	5.12	4.26	3.86	3.63	3.48	3.37	3.29	3.23	3.18	3.13	3.10	3.07	3.02	2.98	2.93	2.90	2.86	2.82	2.80	2.77	2.76	2.73	2.72	2.71
	10.56	8.02	6.99	6.42	6.06	5.80	5.62	5.47	5.35	5.26	5.18	5.11	5.00	4.92	4.80	4.73	4.64	4.56	4.51	4.45	4.41	4.36	4.33	4.31
10	4.96	4.10	3.71	3.48	3.33	3.22	3.14	3.07	3.02	2.97	2.94	2.91	2.86	2.82	2.77	2.74	2.70	2.67	2.64	2.61	2.59	2.56	2.55	2.54
	10.04	7.56	6.55	5.99	5.64	5.39	5.21	5.06	4.95	4.85	4.78	4.71	4.60	4.52	4.41	4.33	4.25	4.17	4.12	4.05	4.01	3.96	3.93	3.91
11	4.84	3.98	3.59	3.36	3.20	3.09	3.01	2.95	2.90	2.86	2.82	2.76	2.74	2.70	2.65	2.61	2.57	2.53	2.50	2.47	2.45	2.42	2.41	2.40
	9.65	7.20	6.22	5.67	5.32	5.07	4.88	4.74	4.63	4.54	4.46	4.40	4.29	4.21	4.10	4.02	3.94	3.86	3.80	3.74	3.70	3.66	3.62	3.60
12	4.75	3.88	3.49	3.26	3.11	3.00	2.92	2.85	2.80	2.76	2.72	2.69	2.64	2.60	2.54	2.50	2.46	2.42	2.40	2.36	2.35	2.32	2.31	2.30
	9.33	6.93	5.95	5.41	5.06	4.82	4.65	4.50	4.39	4.30	4.22	4.16	4.05	3.98	3.86	3.78	3.70	3.61	3.56	3.49	3.46	3.41	3.38	3.36
13	4.67	3.80	3.41	3.18	3.02	2.92	2.84	2.77	2.72	2.67	2.63	2.60	2.55	2.51	2.46	2.42	2.38	2.34	2.32	2.28	2.26	2.24	2.22	2.21
	9.07	6.70	5.74	5.20	4.86	4.62	4.44	4.30	4.19	4.10	4.02	3.96	3.85	3.78	3.67	3.59	3.51	3.42	3.37	3.30	3.27	3.21	3.18	3.16
14	4.60	3.74	3.34	3.11	2.96	2.85	2.77	2.70	2.65	2.60	2.56	2.53	2.48	2.44	2.39	2.35	2.31	2.27	2.24	2.21	2.19	2.16	2.14	2.13
	8.86	6.51	5.56	5.03	4.69	4.46	4.28	4.14	4.03	3.94	3.86	3.80	3.70	3.62	3.51	3.43	3.34	3.26	3.21	3.14	3.11	3.06	3.02	3.00
15	4.54	3.68	3.29	3.06	2.90	2.79	2.70	2.64	2.59	2.55	2.51	2.48	2.43	2.39	2.33	2.29	2.25	2.21	2.18	2.15	2.12	2.10	2.08	2.07
	8.68	6.36	5.42	4.89	4.56	4.32	4.14	4.00	3.89	3.80	3.73	3.67	3.56	3.48	3.36	3.29	3.20	3.12	3.07	3.00	2.97	2.92	2.89	2.87
16	4.49	3.63	3.24	3.01	2.85	2.74	2.66	2.59	2.54	2.49	2.45	2.42	2.37	2.33	2.28	2.24	2.20	2.16	2.13	2.09	2.07	2.04	2.02	2.01
	8.53	6.23	5.29	4.77	4.44	4.20	4.03	3.89	3.78	3.69	3.61	3.55	3.45	3.37	3.25	3.18	3.10	3.01	2.96	2.89	2.86	2.80	2.77	2.75
17	4.45	3.59	3.20	2.96	2.81	2.70	2.62	2.55	2.50	2.45	2.41	2.38	2.33	2.29	2.23	2.19	2.15	2.11	2.08	2.04	2.02	1.99	1.97	1.96
	8.40	6.11	5.18	4.67	4.34	4.10	3.93	3.79	3.68	3.59	3.52	3.45	3.35	3.27	3.16	3.08	3.00	2.92	2.86	2.79	2.76	2.70	2.67	2.65

续表

分母的自由度 d_{f_2}	分子的自由度 d_{f_1}																					
	1	2	3	4	5	6	7	8	9	10	11	12	14	16	20	24	30	40	50	75	100	200	500	∞
18	4.41	3.55	3.16	2.93	2.77	2.66	2.58	2.51	2.46	2.41	2.37	2.34	2.29	2.25	2.19	2.15	2.11	2.07	2.04	2.00	1.98	1.95	1.93	1.92
	8.28	6.01	5.09	4.58	4.25	4.01	3.85	3.71	3.60	3.51	3.44	3.37	3.27	3.19	3.07	3.00	2.91	2.83	2.78	2.71	2.68	2.62	2.59	2.57
19	4.38	3.52	3.13	2.90	2.74	2.63	2.55	2.48	2.43	2.38	2.34	2.31	2.26	2.21	2.15	2.11	2.07	2.02	2.00	1.96	1.94	1.91	1.90	1.88
	8.18	5.93	5.01	4.50	4.17	3.94	3.77	3.63	3.52	3.43	3.36	3.30	3.19	3.12	3.00	2.92	2.84	2.76	2.70	2.63	2.60	2.54	2.51	2.49
20	4.35	3.49	3.10	2.87	2.71	2.60	2.52	2.45	2.40	2.35	2.31	2.28	2.23	2.18	2.12	2.08	2.04	1.99	1.96	1.92	1.90	1.87	1.85	1.84
	8.10	5.85	4.94	4.43	4.10	3.87	3.71	3.56	3.45	3.37	3.30	3.23	3.13	3.05	2.94	2.86	2.77	2.69	2.63	2.56	2.53	2.47	2.44	2.42
21	4.32	3.47	3.07	2.84	2.68	2.57	2.49	2.42	2.37	2.32	2.28	2.25	2.20	2.15	2：09	2.05	2.00	1.96	1.93	1.89	1.87	1.84	1.82	1.81
	8.02	5.78	4.87	4.37	4.04	3.81	3.65	3.51	3.40	3.31	3.24	3.17	3.07	2.99	2.88	2.80	2.72	2.63	2.58	2.51	2.47	2.42	2.38	2.36
22	4.30	3.44	3.05	2.82	2.66	2.55	2.47	2.40	2.35	2.30	2.26	2.23	3.18	2.13	2.07	2.03	1.98	1.93	1.91	1.87	1.84	1.81	1.80	1.78
	7.94	5.72	4.82	4.31	3.99	3.76	3.59	3.45	3.35	3.26	3.18	3.12	3.02	2.94	2.83	2.75	2.67	2.58	2.53	2.46	2.42	2.37	2.33	2.31
23	4.28	3.42	3.03	2.80	2.64	2.53	2.45	2.38	2.32	2.28	2.24	3.20	2.14	2.10	2.04	2.00	1.96	1.91	1.88	1.84	1.82	1.79	1.77	1.76
	7.88	5.66	4.76	4.26	3.94	3.71	3.54	3.41	3.30	3.21	3.14	3.07	2.97	2.89	2.78	2.70	2.62	2.53	2.48	2.41	2.37	2.32	2.28	2.26
24	4.26	3.40	3.01	2.78	2.62	2.51	2.43	2.36	2.30	2.26	2.22	2.18	2.13	2.09	2.02	1.98	1.94	1.89	1.86	1.82	1.80	1.76	1.74	1.73
	7.82	5.61	4.72	4.22	3.90	3.67	3.50	3.36	3.25	3.17	3.09	3.03	2.93	2.85	2.74	2.66	2.58	2.49	2.44	2.36	2.33	2.27	2.23	2.21
25	4.24	3.38	2.99	2.76	2.60	2.49	2.41	2.34	2.28	2.24	2.20	2.16	2.11	2.06	2.00	1.96	1.92	1.87	1.84	1.80	1.77	1.74	1.72	1.71
	7.77	5.57	4.68	4.18	3.86	3.63	3.46	3.32	3.21	3.13	3.05	2.99	2.89	2.81	2.70	2.62	2.54	2.45	2.40	2.32	2.29	2.23	2.19	2.17
26	4.22	3.37	2.98	274	2.59	2.47	2.39	232	227	2.22	2.18	2.15	2.10	205	1.99	1.95	1.90	1.85	1.82	1.78	1.76	1.72	1.70	1.69
	7.72	5.53	4.64	4.14	3.82	3.59	3.42	3.29	3.17	3.09	3.02	2.96	2.86	2.77	2.66	2.58	2.50	2.41	2.36	2.28	2.25	2.19	2.15	2.13

续表

分母的自由度 d_{f_2}	分子的自由度 d_{f_1}																						
	1	2	3	4	5	6	7	8	9	10	11	12	14	16	20	24	30	40	50	75	100	200	500	∞
27	4.21	3.35	2.96	2.73	2.57	2.46	2.37	2.30	2.25	2.20	2.16	2.13	2.08	2.03	1.97	1.93	1.88	1.84	1.80	1.76	1.74	1.71	1.68	1.67
	7.68	5.49	4.60	4.11	3.79	3.56	3.39	3.26	3.14	3.06	2.98	2.93	2.83	2.74	2.63	2.55	2.47	2.38	2.33	2.25	2.21	2.16	2.12	2.10
28	4.20	3.34	2.95	2.71	2.56	2.44	2.36	2.29	2.24	2.19	2.15	2.12	2.06	2.02	1.96	1.91	1.87	1.81	1.78	1.75	1.72	1.69	1.67	1.65
	7.64	5.45	4.57	4.07	3.76	3.53	3.36	3.23	3.11	3.03	2.95	2.90	2.80	2.71	2.60	2.52	2.44	2.35	2.30	2.22	2.18	2.13	2.09	2.06
29	4.18	3.33	2.93	2.70	2.54	2.43	2.35	2.28	2.22	2.18	2.14	2.10	2.05	2.00	1.94	1.90	1.85	1.80	1.77	1.73	1.71	1.68	1.65	1.64
	7.60	5.42	4.54	4.04	3.73	3.50	3.33	3.20	3.08	3.00	2.92	2.87	2.77	2.68	2.57	2.49	2.41	2.32	2.27	2.19	2.15	2.10	2.06	2.03
30	4.17	3.32	2.92	2.69	2.53	2.42	2.34	2.27	2.21	2.16	2.12	2.09	2.04	1.99	1.93	1.89	1.84	1.79	1.76	1.72	1.69	1.66	1.64	1.62
	7.56	5.39	4.51	4.02	3.70	3.47	3.30	3.17	3.06	2.98	2.90	2.84	2.74	2.66	2.55	2.47	2.38	2.29	2.24	2.16	2.13	2.07	2.03	2.01
32	4.15	3.30	2.90	2.67	2.51	2.40	2.32	2.25	2.19	2.14	2.10	2.07	2.02	1.97	1.91	1.86	1.82	1.76	1.74	1.69	1.67	1.64	1.61	1.59
	7.50	5.34	4.46	3.97	3.66	3.42	3.25	3.12	3.01	2.94	2.86	2.80	2.70	2.62	2.51	2.42	2.34	2.25	2.20	2.12	2.08	2.02	1.98	1.96
34	4.13	3.28	2.88	2.65	2.49	2.38	2.30	2.23	2.17	2.12	2.08	2.05	2.00	1.95	1.89	1.84	1.80	1.74	1.71	1.67	1.64	1.61	1.59	1.57
	7.44	5.29	4.42	3.93	3.61	3.38	3.21	3.08	2.97	2.89	2.82	2.76	2.66	2.58	2.47	2.38	2.30	2.21	2.15	2.08	2.04	1.98	1.94	1.91
36	4.11	3.26	2.86	2.63	2.48	2.36	2.28	2.21	2.15	2.10	2.06	2.03	1.98	1.93	1.87	1.82	1.78	1.72	1.69	1.65	1.62	1.59	1.56	1.55
	7.39	5.25	4.38	3.89	3.58	3.35	3.18	3.04	2.94	2.86	2.78	2.72	2.62	2.54	2.43	2.35	2.26	2.17	2.12	2.04	2.00	1.94	1.90	1.87
38	4.10	3.25	2.85	2.62	2.46	2.35	2.26	2.19	2.14	2.09	2.05	2.02	1.96	1.92	1.85	1.80	1.76	1.71	1.67	1.63	1.60	1.57	1.54	1.53
	7.35	5.21	4.34	3.86	3.54	3.32	3.15	3.02	2.91	2.82	2.75	2.69	2.59	2.51	2.40	2.32	2.22	2.14	2.08	2.00	1.97	1.90	1.86	1.84

续表

分母的自由度 d_{f_2}	分子的自由度 d_{f_1}																						
	1	2	3	4	5	6	7	8	9	10	11	12	14	16	20	24	30	40	50	75	100	200	500	∞
40	4.08	3.23	2.84	2.61	2.45	2.34	2.25	2.18	2.12	2.07	2.04	2.00	1.95	1.90	1.84	1.79	1.74	1.69	1.66	1.61	1.59	1.55	1.53	1.51
	7.31	5.18	4.31	3.83	3.51	3.29	3.12	2.99	2.88	2.80	2.73	2.66	2.56	2.49	2.37	2.29	2.20	2.11	2.05	1.97	1.94	1.88	1.84	1.81
42	4.07	3.22	2.83	2.59	2.44	2.32	2.24	2.17	2.11	2.06	2.02	1.99	1.94	1.89	1.82	1.78	1.73	1.68	1.64	1.60	1.57	1.54	1.51	1.49
	7.27	5.15	4.29	3.80	3.49	3.26	3.10	2.96	2.86	2.77	2.70	2.64	2.54	2.46	2.35	2.26	2.17	2.08	2.02	1.94	1.91	1.85	1.80	1.78
44	4.06	3.21	2.82	2.58	2.43	2.31	2.23	2.16	2.10	2.05	2.01	1.98	1.92	1.88	1.81	1.76	1.72	1.66	1.63	1.58	1.56	1.52	1.50	1.48
	7.24	5.12	4.26	3.78	3.46	3.24	3.07	2.94	2.84	2.75	2.68	2.62	2.52	2.44	2.32	2.24	2.15	2.06	2.00	1.92	1.88	1.82	1.78	1.75
46	4.05	3.20	2.81	2.57	2.42	2.30	2.22	2.14	2.09	2.04	2.00	1.97	1.91	1.87	1.80	1.75	1.71	1.65	1.62	1.57	1.54	1.51	1.48	1.46
	7.21	5.10	4.24	3.76	3.44	3.22	3.05	2.92	2.82	2.73	2.66	2.60	2.50	2.42	2.30	2.22	2.13	2.04	1.98	1.90	1.86	1.80	1.76	1.72
48	4.04	3.19	2.80	2.56	2.41	2.30	2.21	2.14	2.08	2.03	1.99	1.96	1.90	1.86	1.79	1.74	1.70	1.64	1.61	1.56	1.53	1.50	1.47	1.45
	7.19	5.08	4.22	3.74	3.42	3.20	3.04	2.90	2.80	2.71	2.64	2.58	2.48	2.40	2.28	2.20	2.11	2.02	1.96	1.88	1.84	1.78	1.73	1.70
50	4.03	3.18	2.79	2.56	2.40	2.29	2.20	2.13	2.07	2.02	1.98	1.95	1.90	1.85	1.78	1.74	1.69	1.63	1.60	1.55	1.52	1.48	1.46	1.44
	7.17	5.06	4.20	3.72	3.41	3.18	3.02	2.88	2.78	2.70	2.62	2.56	2.46	2.39	2.26	2.18	2.10	2.00	1.94	1.86	1.82	1.76	1.71	1.68
60	4.00	3.15	2.76	2.52	2.37	2.25	2.17	2.10	2.04	1.99	1.95	1.92	1.86	1.81	1.75	1.70	1.65	1.59	1.56	1.50	1.48	1.44	1.41	1.39
	7.08	4.98	4.13	3.65	3.34	3.12	2.95	2.82	2.72	2.63	2.56	2.50	2.40	2.32	2.20	2.12	2.03	1.93	1.87	1.79	1.74	1.68	1.63	1.60
70	3.98	3.13	2.74	2.50	2.35	2.23	2.14	2.07	2.01	1.97	1.93	1.89	1.84	1.79	1.82	1.67	1.62	1.56	1.53	1.47	1.45	1.40	1.37	1.35
	7.01	4.92	4.08	3.60	3.29	3.07	2.91	2.77	2.67	2.59	2.51	2.45	2.35	2.28	2.15	2.07	1.98	1.88	1.82	1.74	1.69	1.62	1.56	1.53

续表

分母的自由度 d_{f_2}	分子的自由度 d_{f_1}																						
	1	2	3	4	5	6	7	8	9	10	11	12	14	16	20	24	30	40	50	75	100	200	500	∞
80	3.96	3.11	2.72	2.48	2.33	2.21	2.12	2.05	1.99	1.95	1.91	1.88	1.82	1.77	1.70	1.65	1.60	1.54	1.51	1.45	1.42	1.38	1.35	1.32
	6.96	4.88	4.04	3.56	3.25	3.04	2.87	2.74	2.64	2.55	2.48	2.41	2.32	2.24	2.11	2.03	1.94	1.84	1.78	1.70	1.65	1.57	1.52	1.49
100	3.94	3.09	2.70	2.46	2.30	2.19	2.10	2.03	1.97	1.92	1.88	1.85	1.79	1.75	1.68	1.63	1.57	1.51	1.48	1.42	1.39	1.34	1.30	1.28
	6.90	4.82	3.98	3.51	3.20	2.99	2.82	2.69	2.59	2.51	2.43	2.36	2.26	2.19	2.06	1.98	1.89	1.79	1.73	1.64	1.59	1.59	1.51	1.43
125	3.92	3.07	2.68	2.44	2.29	2.17	2.08	2.01	1.95	1.90	1.86	1.83	1.77	1.72	1.65	1.60	1.55	1.49	1.45	1.39	1.36	1.31	1.27	1.25
	6.84	4.78	3.94	3.47	3.17	2.95	2.79	2.65	2.56	2.47	2.40	2.33	2.23	2.15	2.03	1.94	1.85	1.75	1.68	1.59	1.54	1.46	1.40	1.37
150	3.91	3.06	2.67	2.43	2.27	2.16	2.07	2.00	1.94	1.89	1.85	1.82	1.76	1.71	1.64	1.59	1.54	1.47	1.44	1.37	1.34	1.29	1.25	1.22
	6.81	4.75	3.91	3.44	3.14	2.92	2.76	2.62	2.53	2.44	2.37	2.30	2.20	2.12	2.00	1.91	1.83	1.72	1.66	1.56	1.51	1.43	1.37	1.33
200	3.89	3.04	2.65	2.41	2.26	2.14	2.05	1.98	1.92	1.87	1.83	1.80	1.74	1.69	1.62	1.57	1.52	1.45	1.42	1.35	1.32	1.26	1.22	1.19
	6.76	4.71	3.88	3.41	3.11	2.90	2.73	2.60	2.50	2.41	2.34	2.28	2.17	2.09	1.97	1.88	1.79	1.69	1.62	1.53	1.48	1.39	1.33	1.28
400	3.86	3.02	2.62	2.39	2.23	2.12	2.03	1.96	1.90	1.85	1.81	1.78	1.72	1.67	1.60	1.54	1.49	1.42	1.38	1.32	1.28	1.22	1.16	1.13
	6.70	4.66	3.83	3.36	3.06	2.85	2.69	2.55	2.46	2.37	2.29	2.23	2.12	2.04	1.92	1.84	1.74	1.64	1.57	1.47	1.42	1.32	1.24	1.19
1000	3.85	3.00	2.61	2.38	2.22	2.10	2.02	1.95	1.89	1.84	1.80	1.76	1.70	1.65	1.58	1.53	1.47	1.41	1.36	1.30	1.26	1.J9	1.13	1.08
	6.66	4.62	3.80	3.34	3.04	2.82	2.66	2.53	2.43	2.34	2.26	2.20	2.09	2.01	1.89	1.81	1.71	1.61	1.54	1.44	1.38	1.28	1.19	1.11
∞	3.84	2.99	2.60	2.37	2.21	2.09	2.01	1.94	1.88	1.83	1.79	1.75	1.69	1.64	1.57	1.52	1.46	1.40	1.35	1.28	1.24	1.17	1.11	1.00
	6.64	4.60	3.78	3.32	3.02	2.80	2.64	2.51	2.41	2.32	2.24	2.18	2.07	1.99	1.87	1.79	1.69	1.59	1.52	1.41	1.36	1.25	1.15	1.00

注：方差用（单尾），上行显著性水平为0.05，下行显著性水平为0.01。

附表 7　三点检验正确响应临界值表

评价员数量 n	显著性水平 a			
	0.1	0.05	0.01	0.001
3	3	3	—	—
4	4	4	—	—
5	4	4	5	—
6	5	5	6	—
7	5	5	6	7
8	5	6	7	8
9	6	6	7	8
10	6	7	8	9
11	7	7	8	10
12	7	8	9	10
13	8	8	9	11
14	8	9	10	11
15	8	9	10	12
16	9	9	11	12
17	9	10	11	13
18	10	10	12	13
19	10	11	12	14
20	10	11	13	14
21	11	12	13	15
22	11	12	14	15
23	12	12	14	16
24	12	13	15	16
25	12	13	15	17
26	13	14	15	17
27	13	14	16	18
28	14	15	16	18
29	14	15	17	19

续表

评价员数量 n	显著性水平 a			
	0.1	0.05	0.01	0.001
30	14	15	17	19
31	15	16	18	20
32	15	16	18	20
33	15	17	18	21
34	16	17	19	21
35	16	17	19	22
36	17	18	20	22
42	19	20	22	25
48	21	22	25	27
54	23	25	27	30
60	26	27	30	33
66	28	29	32	35
72	30	32	34	38
78	32	34	37	40
84	35	36	39	43
90	37	38	42	45
96	39	41	44	48

附表 8　二-三点检验及方向性成对比较检验正确响应临界值表（单尾测验）

评价员数量 n	显著性水平 a			
	0.1	0.05	0.01	0.001
4	4	—	—	—
5	5	5	—	—
6	6	6	—	—
7	6	7	7	—
8	7	7	8	—

续表

评价员数量 n	显著性水平 a			
	0.1	0.05	0.01	0.001
9	7	8	9	—
10	8	9	10	10
11	9	9	10	11
12	9	10	11	12
13	10	10	12	13
14	10	11	12	13
15	11	12	13	14
16	12	12	14	15
17	12	13	14	16
18	13	13	15	16
19	13	14	15	17
20	14	15	16	18
21	14	15	17	18
22	15	16	17	19
23	16	16	18	20
24	16	17	19	20
25	17	18	19	21
26	17	18	20	22
27	18	19	20	22
28	18	19	21	23
29	19	20	22	24
30	20	20	22	24
31	20	21	23	25
32	21	22	24	26
33	21	22	24	26
34	22	23	25	27
35	22	23	25	27

续表

评价员数量 n	显著性水平 a			
	0.1	0.05	0.01	0.001
36	23	24	26	28
40	25	26	28	31
44	27	28	31	33
48	29	31	33	36
52	32	33	35	38
56	34	35	38	40
60	36	37	40	43
64	38	40	42	45
68	40	42	45	48
72	42	44	47	50
76	45	46	49	52
80	47	48	51	55
84	49	51	54	57
88	51	53	56	59
92	53	55	58	62
96	55	57	60	64
100	57	59	63	66

附表 9　无方向性成对比较检验（双尾测验）正确响应临界值表

评价员数量 n	显著性水平 a			
	0.1	0.05	0.01	0.001
4	—	—	—	—
5	5	—	—	—
6	6	6	—	—
7	7	7	—	—
8	7	8	8	—
9	8	8	9	—

续表

评价员数量 *n*	显著性水平 *a*			
	0.1	0.05	0.01	0.001
10	9	9	10	—
11	9	10	11	11
12	10	10	11	12
13	10	11	12	13
14	11	12	13	14
15	12	12	13	14
16	12	13	14	15
17	13	13	15	16
18	13	14	15	17
19	14	15	16	17
20	15	15	17	18
21	15	16	17	19
22	16	17	18	19
23	16	17	19	20
24	17	18	19	21
25	18	18	20	21
26	18	19	20	22
27	19	20	21	23
28	19	20	22	23
29	20	21	22	24
30	20	21	23	25
31	21	22	24	25
32	22	23	24	26
33	22	23	25	27
34	23	24	25	27
35	23	24	26	28
36	24	25	27	29

续表

评价员数量 n	显著性水平 a			
	0.1	0.05	0.01	0.001
40	26	27	29	31
44	28	29	31	34
48	31	32	34	36
52	33	34	36	39
56	35	36	39	41
60	37	39	41	44
64	40	41	43	46
68	42	43	46	48
72	44	45	48	51
76	46	48	50	53
80	48	50	52	56
84	51	52	55	58
88	53	54	57	60
92	55	56	59	63
96	57	59	62	65
100	59	61	64	67

附表 10　五中取二检验正确响应临界值表

评价员数量 n	显著性水平 a			
	0.1	0.05	0.01	0.001
2	2	2	2	—
3	2	2	3	3
4	2	3	3	4
5	2	3	3	4
6	3	3	4	5
7	3	3	4	5
8	3	3	4	5

续表

评价员数量 n	显著性水平 a			
	0.1	0.05	0.01	0.001
9	3	4	4	5
10	3	4	5	6
11	3	4	5	6
12	4	4	5	6
13	4	4	5	6
14	4	4	5	7
15	4	5	6	7
16	4	5	6	7
17	4	5	6	7
18	4	5	6	8
19	5	5	6	8
20	5	5	7	8
21	5	6	7	8
22	5	6	7	8
23	5	6	7	9
24	5	6	7	9
25	5	6	7	9
26	6	6	8	9
27	6	6	8	9
28	6	7	8	10
29	6	7	8	10
30	6	7	8	10
31	6	7	8	10
32	6	7	9	10
33	7	7	9	11
34	7	7	9	11
35	7	8	9	11

续表

评价员数量 n	显著性水平 a			
	0.1	0.05	0.01	0.001
36	7	8	9	11
37	7	8	9	11
38	7	8	10	11
39	7	8	10	12
40	7	8	10	12
41	8	8	10	12
42	8	9	10	12
43	8	9	10	12
44	8	9	11	12
45	8	9	11	13
46	8	9	11	13
47	8	9	11	13
48	9	9	11	13
49	9	10	11	13
50	9	10	11	14
51	9	10	12	14
52	9	10	12	14
53	9	10	12	14
54	9	10	12	14
55	9	10	12	14
56	10	10	12	14
57	10	11	12	15
58	10	11	13	15
59	10	11	13	15
60	10	11	13	15
70	11	12	14	17
80	13	14	16	18

续表

评价员数量 n	显著性水平 a			
	0.1	0.05	0.01	0.001
90	14	15	17	20
100	15	16	19	21

附表 11　采用成对比较检验和二-三点检验进行相似性检验的正确响应临界值表

评价员数量 n	a=0.05					a=0.1				
	p					p				
	0.1	0.2	0.3	0.4	0.5	0.1	0.2	0.3	0.4	0.5
5	0	0	0	1	1	0	1	1	1	1
6	0	1	1	1	2	1	1	1	2	2
7	1	1	1	2	2	1	2	2	2	3
8	1	2	2	2	3	7.	2	2	3	3
9	2	2	2	3	4	2	3	3	4	4
10	2	2	3	4	4	2	3	4	4	5
11	2	3	3	4	5	3	4	4	5	5
12	3	3	4	5	5	3	4	5	5	6
13	3	4	5	5	6	4	5	5	6	7
14	4	4	5	6	7	4	5	6	7	7
15	4	5	6	6	7	5	6	6	7	8
16	5	5	6	7	8	5	6	7	8	9
17	5	6	7	8	9	6	7	8	8	9
18	5	6	7	8	9	6	7	8	9	10
19	6	7	8	9	10	7	8	9	10	11
20	6	7	8	10	11	7	8	9	10	11
21	7	8	9	10	11	8	9	10	11	12
22	7	8	10	11	12	8	9	10	12	13
23	8	9	10	11	13	9	10	11	12	14
24	8	9	11	12	13	9	10	12	13	14

续表

评价员数量 n	$a=0.05$					$a=0.1$				
	p					p				
	0.1	0.2	0.3	0.4	0.5	0.1	0.2	0.3	0.4	0.5
25	9	10	11	13	14	10	11	12	14	15
26	9	10	12	13	15	10	11	13	14	16
27	10	11	12	14	15	11	12	13	15	16
28	10	12	13	15	16	11	12	14	15	17
29	11	12	14	15	17	12	13	15	16	18
30	11	13	14	16	17	12	14	15	17	18
35	13	15	17	19	21	14	16	18	20	22
40	16	18	20	22	24	17	19	21	23	25
45	18	21	23	25	28	19	22	24	27	29
50	21	23	26	29	31	22	25	27	30	33
60	26	29	32	35	38	27	30	33	36	40
70	31	34	38	42	45	32	36	39	43	47
80	36	40	44	48	53	37	41	46	50	54
90	41	45	50	55	60	42	47	52	56	61
100	46	51	56	61	67	48	53	58	63	68

附表 12　采用三点检验进行相似性检验的正确响应临界值表

评价员数量 n	$a=0.05$					$a=0.1$				
	Δ_0					Δ_0				
	0.1	0.2	0.3	0.4	0.5	0.1	0.2	0.3	0.4	0.5
5	0	0	0	0	1	0	0	0	1	1
6	0	0	0	1	1	0	0	1	1	1
7	0	0	1	1	2	0	1	1	2	2
8	0	0	1	2	2	0	1	1	2	3
9	0	1	1	2	3	1	1	2	3	3
10	1	1	2	2	3	1	7	7	3	4
11	1	1	2	3	4	1	1	3	4	4

续表

评价员数量 n	$a=0.05$					$a=0.1$				
	Δ_0					Δ_0				
	0.1	0.2	0.3	0.4	0.5	0.1	0.2	0.3	0.4	0.5
12	1	2	3	3	4	1	1	3	4	5
13	1	2	3	4	5	7	3	4	5	5
14	2	3	3	4	5	1	3	4	5	6
15	2	3	4	5	6	3	4	5	6	7
16	7	3	4	5	7	3	4	5	6	7
17	3	4	5	6	7	3	4	5	7	8
18	3	4	5	6	8	4	5	6	7	8
19	3	4	6	7	8	4	5	6	8	9
20	3	5	6	7	9	4	5	7	8	10
21	4	5	6	8	9	5	6	7	9	10
22	4	5	7	8	10	5	6	8	9	11
23	4	6	7	9	11	5	7	8	10	11
24	5	6	8	9	11	6	7	9	10	12
25	5	7	8	10	12	6	7	9	11	13
26	5	7	9	10	12	6	8	10	11	13
27	6	7	9	11	13	7	8	10	12	14
28	6	8	10	12	13	7	9	11	12	14
29	6	8	10	12	14	7	9	11	13	15
30	7	9	11	13	15	8	10	11	14	16
35	8	11	13	15	18	9	12	14	16	19
40	10	13	15	18	21	11	14	16	19	22
45	12	15	17	21	24	13	16	19	22	25
50	13	17	20	23	27	15	18	21	25	28
60	17	21	25	29	33	18	22	26	30	34
70	20	25	29	34	39	22	26	31	36	41
80	24	29	34	40	45	25	31	36	41	47
90	27	33	39	45	52	29	35	41	47	53
100	31	37	44	51	58	33	39	46	53	60

附表 13　t 值表

d_f	a（双尾）	0.50	0.20	0.10	0.05	0.02	0.01
	a（单尾）	0.25	0.10	0.05	0.025	0.01	0.005
1		1.000	3.078	6.314	12.706	31.821	63.657
2		0.816	1.886	2.920	4.303	6.965	9.925
3		0.765	1.638	2.353	3.182	4.541	5.841
4		0.741	1.533	2.132	2.776	3.747	4.604
5		0.727	1.476	2.015	2.571	3.365	4.032
6		0.718	1.440	1.943	2.447	3.143	3.707
7		0.711	1.415	1.895	2.365	2.998	3.499
8		0.706	1.397	1.860	2.306	2.896	3.355
9		0.703	1.383	1.833	2.262	2.821	3.250
10		0.700	1.372	1.812	2.228	2.764	3.169
11		0.697	1.363	1.796	2.201	2.718	3.106
12		0.695	1.356	1.782	2.179	2.681	3.055
13		0.694	1.350	1.771	2.160	2.650	3.012
14		0.692	1.345	1.761	2.145	2.624	2.977
15		0.691	1.341	1.753	2.131	2.602	2.947
16		0.690	1.337	1.746	2.120	2.583	2.921
17		0.689	1.333	1.740	2.110	2.567	2.898
18		0.688	1.330	1.734	2.101	2.552	2.878
19		0.688	1.328	1.729	2.093	2.539	2.861
20		0.687	1.325	1.725	2.086	2.528	2.845
21		0.686	1.323	1.721	2.080	2.518	2.831
22		0.686	1.321	1.717	2.074	2.508	2.819
23		0.685	1.319	1.714	2.069	2.500	2.807
24		0.685	1.318	1.711	2.064	2.492	2.797
25		0.684	1.316	1.708	2.060	2.485	2.787
26		0.684	1.315	1.706	2.056	2.479	2.779
27		0.684	1.314	1.703	2.052	2.473	2.771
28		0.683	1.313	1.701	2.048	2.467	2.763
29		0.683	1.311	1.699	2.045	2.462	2.756
30		0.683	1.310	1.697	2.042	2.457	2.750
35		0.682	1.306	1.690	2.030	2.438	2.724
40		0.681	1.303	1.684	2.021	2.423	2.704
50		0.679	1.299	1.676	2.009	2.403	2.678
60		0.679	1.296	1.671	2.000	2.390	2.660
70		0.678	1.294	1.667	1.994	2.381	2.648
80		0.678	1.292	1.664	1.990	2.374	2.639
90		0.677	1.291	1.662	1.987	2.368	2.632
100		0.677	1.290	1.660	1.984	2.364	2.626
200		0.676	1.286	1.653	1.972	2.345	2.601
∞		0.6745	1.2816	1.6449	1.9600	2.3263	2.5758

附表 14 Page 检验临界值表

评价员数目 J	样品（或产品）的数 P											
	3	4	5	6	7	8	3	4	5	6	7	8
	显著水平 $a=0.05$						显著水平 $a=0.01$					
2	28	58	103	166	252	362	—	60	106	173	261	376
3	41	84	150	244	370	532	42	87	155	252	382	549
4	54	111	197	321	487	701	55	114	204	331	501	722
5	66	137	244	397	603	869	68	141	251	409	620	893
6	79	163	291	474	719	1037	81	167	299	486	737	1063
7	91	189	338	550	835	1204	93	193	346	563	855	1232
8	104	214	384	625	950	1371	106	220	393	640	972	1401
9	116	240	431	701	1065	1537	119	246	441	717	1088	1569
10	128	266	477	777	1180	1703	131	272	487	793	1205	1736
11	141	292	523	852	1295	1868	144	298	534	869	1321	1905
12	153	317	570	928	1410	2035	156	324	584	946	1437	2072
13	165	343	615	1003	1525	2201	169	350	628	1022	1553	2240
14	178	368	661	1078	1639	2367	181	376	674	1098	1668	2407
15	190	394	707	1153	1754	2532	194	402	721	1174	1784	2574
16	202	420	754	1228	1868	2697	206	427	767	1249	1899	2740
17	215	445	800	1303	1982	2862	218	453	814	1325	2014	2907
18	227	471	816	1378	2097	3028	231	479	860	1401	2130	3073
19	239	496	891	1453	2217	3193	243	505	906	1476	2245	3240
20	251	522	937	1528	2325	3358	256	531	953	1552	2360	3406

附表 15 t 分配表

自由度	a								
	0.500	0.400	0.200	0.100	0.050	0.025	0.010	0.005	0.001
1	1.000	1.376	3.078	6.314	12.706	25.452	63.675	127.32	318.31
2	0.815	1.061	1.886	2.920	4.303	6.205	9.925	14.089	31.598
3	0.785	0.978	1.638	2.363	3.182	4.176	5.841	7.453	12.941
4	0.777	0.941	1.533	2.132	2.776	3.495	4.604	5.598	8.610
5	0.727	0.920	1.476	2.015	2.571	3.163	4.032	4.773	6.859

续表

自由度	a								
	0.500	0.400	0.200	0.100	0.050	0.025	0.010	0.005	0.001
6	0.718	0.906	1.440	1.943	2.417	2.989	3.707	4.317	5.959
7	0.711	0.896	1.415	1.895	2.385	2.841	4.489	4.029	5.405
8	0.706	0.889	1.397	1.860	2.306	2.752	3.355	3.832	5.041
9	0.703	0.883	1.383	1.833	2.262	2.685	3.250	3.630	4.781
10	0.700	0.879	1.372	1.812	2.226	2.634	3.169	3.581	4.587
11	0.697	0.876	1.363	1.795	2.201	2.593	3.106	3.497	4.437
12	0.695	0.873	1.356	1.782	2.179	2.590	3.055	3.428	4.318
13	0.694	0.870	1.350	1.771	2.160	2.533	3.012	3.372	4.221
14	0.692	9.868	1.345	1.761	2.145	2.510	2.977	3.326	4.140
15	0.691	0.866	1.341	1.753	2.131	2.490	2.947	3.286	4.073
16	0.690	0.865	1.337	1.746	2.120	2.473	2.921	3.252	4.015
17	0.689	0.863	1.333	1.740	2.110	2.459	2.898	3.222	3.965
18	0.688	0.862	1.330	1.734	2.101	2.445	2.878	3.197	3.922
19	0.688	0.861	1.328	1.728	2.093	2.433	2.861	3.174	3.883
20	0.687	0.860	1.325	1.725	2.086	2.423	2.845	3.135	3.850
21	0.686	0.859	1.323	1.717	2.080	2.414	2.831	3.135	3.789
22	0.686	0.858	1.321	1.717	2.074	2.406	2.819	3.119	3.782
23	0.685	0.858	1.319	1.714	2.069	2.393	2.807	3.104	3.767
24	0.685	0.857	1.313	1.711	2.064	2.391	2.799	3.090	3.745
25	0.684	9.836	1.315	1.706	2.060	2.385	2.787	3.078	3.725
26	0.684	0.856	1.315	1.706	2.055	2.379	2.779	3.067	3.707
27	0.694	0.855	1.314	1.703	2.052	2.373	2.771	3.056	3.690
28	0.683	0.855	1.313	1.701	2.048	2.368	2.763	3.047	3.674
29	0.683	0.854	1.311	1.696	2.045	2.364	2.756	3.038	3.659
30	0.693	0.854	1.310	1.691	2.042	2.360	2.750	3.030	3.646
35	0.692	0.852	1.306	1.690	2.030	2.342	2.724	2.996	3.591
40	0.681	0.851	1.303	1.684	2.201	2.329	2.704	2.971	3.551
45	0.680	0.850	1.301	1.680	2.014	2.319	2.690	2.952	3.520
50	0.680	0.849	1.299	1.676	2.008	2.310	2.678	2.937	3.496
55	0.679	0.849	1.297	1.673	2.004	2.304	2.669	2.925	3.476

续表

自由度	a								
	0. 500	0. 400	0. 200	0. 100	0. 050	0. 025	0. 010	0. 005	0. 001
60	0. 679	0. 849	1. 296	1. 671	2. 000	2. 299	2. 660	2. 915	3. 460
70	0. 679	0. 849	1. 296	1. 671	2. 000	2. 299	2. 660	2. 915	3. 460
80	0. 678	0. 847	1. 293	1. 665	1. 989	2. 284	2. 638	2. 887	3. 416
90	0. 678	0. 846	1. 291	1. 662	1. 986	2. 278	2. 631	2. 878	3. 402
100	0. 677	0. 846	1. 290	1. 661	1. 982	2. 276	2. 625	2. 871	3. 390
120	0. 677	0. 845	1. 289	1. 658	1. 980	2. 270	2. 617	2. 860	3. 373
∞	0. 6745	0. 8418	1. 2816	1. 6448	1. 9800	2. 2414	2. 5758	2. 8070	3. 2905

附表 16　F 分布表

$P(F > F_a) = a$

分母自由度	a	分子自由度															
		1	2	3	4	5	6	7	8	9	10	12	15	20	30	60	120
1	0. 005	16211	2000	21615	32500	23056	23437	23715	23925	24091	24224	24426	24630	24836	25044	25253	25359
	0. 010	4052	4999	5403	5624	5763	5859	5928	5981	6022	6056	6106	6157	6209	6261	6313	6339
	0. 025	647. 8	799. 5	864. 2	899. 6	921. 8	937. 1	948. 2	855. 7	963. 3	968. 6	976. 7	984. 9	993. 1	1001	1010	1014
	0. 050	161. 4	199. 5	215. 7	224. 6	230. 2	234. 0	236. 0	238. 9	240. 5	241. 9	243. 9	245. 9	278. 0	250. 1	252. 2	253. 3
2	0. 005	198. 5	199. 0	199. 2	199. 2	199. 3	199. 3	199. 4	199. 4	199. 4	199. 4	199. 4	199. 4	199. 4	199. 5	199. 5	199. 5
	0. 010	98. 50	99. 00	99. 17	99. 25	99. 30	99. 33	99. 36	99. 37	99. 39	99. 40	99. 42	99. 43	99. 45	99. 47	99. 48	99. 49
	0. 025	38. 51	39. 00	39. 17	39. 25	39. 30	39. 30	39. 36	39. 37	39. 39	39. 40	39. 41	39. 43	39. 45	39. 46	39. 48	39. 49
	0. 050	18. 51	19. 00	19. 16	19. 25	19. 30	19. 33	19. 35	19. 37	19. 38	19. 40	19. 41	19. 43	19. 45	19. 46	19. 48	19. 49
3	0. 005	55. 55	49. 80	47. 47	46. 19	45. . 39	44. 84	44. 43	44. 13	43. 88	43. 69	43. 39	43. 08	42. 78	42. 47	42. 15	41. 99
	0. 010	34. 12	30. 82	29. 46	28. 71	28. 24	27. 91	27. 67	27. 49	27. 35	27. 23	27. 05	27. 87	26. 69	26. 50	26. 32	26. 22
	0. 025	17. 44	16. 04	15. 44	15. 10	14. 88	14. 73	14. 62	14. 54	14. 47	14. 42	14. 34	14. 25	14. 17	14. 08	13. 99	13. 95
	0. 050	10. 13	9. 552	9. 277	9. 117	9. 014	8. 941	8. 887	8. 845	8. 812	8. 786	8. 745	8. 703	8. 660	8. 617	8. 572	8. 549
4	0. 005	31. 33	26. 28	24. 26	23. 15	22. 46	21. 97	21. 62	21. 35	21. 41	20. 97	20. 70	20. 44	20. 17	19. 89	19. 61	19. 47
	0. 010	21. 20	18. 00	16. 69	15. 98	15. 52	15. 21	14. 98	14. 80	14. 65	14. 55	14. 37	14. 20	14. 02	13. 84	13. 65	13. 56
	0. 025	12. 22	10. 65	9. 979	9. 604	9. 364	9. 197	9. 074	8. 980	8. 905	8. 844	8. 751	8. 656	8. 560	8. 461	8. 360	8. 309
	0. 050	7. 709	6. 944	6. 591	6. 388	6. 256	6. 163	6. 094	6. 041	5. 999	5. 964	5. 912	5. 858	5. 802	5. 746	5. 688	5. 658

续表

分母自由度	a	分子自由度															
		1	2	3	4	5	6	7	8	9	10	12	15	20	30	60	120
5	0. 005	22. 78	18. 31	15. 53	15. 56	14. 94	14. 51	14. 20	13. 96	13. 77	13. 62	13. 38	13. 15	12. 90	12. 66	12. 40	12. 27
	0. 010	16. 26	13. 27	12. 06	11. 39	10. 97	10. 67	10. 46	10. 29	10. 16	10. 05	9. 888	9. 722	9. 553	9. 370	9. 202	9. 112
	0. 025	10. 01	8. 434	7. 764	7. 388	7. 146	6. 978	6. 853	6. 757	6. 681	6. 619	6. 525	6. 428	6. 328	6. 227	6. 122	6. 069
	0. 050	6. 608	5. 786	5. 410	5. 192	5. 050	4. 950	4. 876	4. 818	4. 772	4. 735	4. 678	4. 619	4. 558	4. 496	4. 431	4. 398
6	0. 005	18. 63	14. 54	12. 92	12. 03	11. 46	11. 07	10. 79	10. 57	10. 25	10. 13	10. 03	9. 814	9. 589	9. 258	9. 122	9. 002
	0. 010	13. 75	10. 92	9. 780	9. 148	8. 746	8. 466	8. 260	8. 102	7. 976	7. 874	7. 718	7. 559	7. 396	7. 228	7. 057	6. 969
	0. 025	8. 073	7. 260	6. 599	6. 227	5. 988	5. 820	5. 696	5. 600	5. 523	5. 461	5. 366	5. 269	5. 168	5. 065	4. 956	4. 904
	0. 050	5. 987	5. 143	4. 757	4. 534	4. 387	4. 284	4. 207	4. 147	4. 099	4. 060	4. 000	3. 874	3. 938	3. 808	3. 740	3. 705
7	0. 005	16. 24	12. 40	10. 88	10. 05	9. 522	9. 155	8. 885	8. 678	8. 514	8. 380	8. 176	7. 968	7. 754	7. 534	7. 309	7. 193
	0. 010	12. 25	9. 547	8. 451	7. 847	7. 460	7. 191	6. 993	6. 840	6. 719	6. 620	6. 469	6. 314	6. 155	5. 992	5. 824	5. 737
	0. 025	8. 073	6. 542	5. 890	5. 523	5. 285	5. 119	4. 995	4. 899	4. 823	4. 761	4. 666	4. 568	4. 467	4. 362	4. 254	4. 199
	0. 050	5. 591	4. 737	4. 347	4. 120	3. 972	3. 868	3. 787	3. 726	3. 677	3. 636	3. 575	5. 511	3. 444	3. 376	3. 304	3. 267
8	0. 005	14. 69	11. 04	9. 536	8. 805	8. 302	7. 952	7. 694	7. 495	7. 339	7. 211	7. 015	6. 814	6. 608	6. 396	6. 177	6. 065
	0. 010	11. 26	8. 649	7. 591	4. 006	6. 632	6. 371	6. 178	5. 029	5. 911	5. 814	5. 667	5. 515	. 359	5. 198	5. 032	4. 946
	0. 025	7. 571	6. 060	5. 416	5. 053	4. 817	4. 652	4. 529	4. 433	4. 357	4. 295	4. 200	4. 101	4. 000	3. 894	3. 784	3. 728
	0. 050	5. 318	4. 459	4. 066	3. 838	3. 688	3. 581	3. 500	3. 438	3. 388	3. 347	3. 284	3. 218	3. 150	3. 079	3. 005	2. 967
9	0. 005	13. 81	10. 11	8. 717	7. 956	7. 471	7. 134	6. 885	6. 693	6. 541	6. 417	6. 227	6. 032	5. 832	5. 625	5. 410	5. 300
	0. 010	10. 56	8. 022	6. 992	6. 422	6. 057	5. 592	5. 613	5. 467	5. 351	5. 256	5. 111	4. 962	4. 808	4. 649	4. 483	4. 398
	0. 025	7. 209	5. 715	5. 078	4. 718	4. 484	4. 320	4. 197	4. 102	4. 026	3. 964	3. 868	3. 769	3. 667	3. 560	3. 449	3. 392
	0. 050	5. 117	4. 256	3. 863	3. 633	3. 482	3. 374	3. 293	3. 230	3. 179	3. 173	3. 073	3. 006	2. 936	2. 864	2. 787	2. 748
10	0. 005	12. 83	9. 247	8. 081	7. 343	6. 872	6. 545	6. 302	6. 116	5. 968	5. 847	5. 661	5. 471	5. 274	5. 070	4. 859	4. 750
	0. 010	10. 04	7. 559	6. 552	5. 994	5. 636	5. 386	5. 200	5. 057	4. 942	4. 849	4. 706	4. 558	4. 405	4. 247	4. 082	3. 996
	0. 025	6. 937	5. 456	4. 826	4. 468	4. 236	4. 072	3. 950	3. 855	3. 779	3. 717	3. 621	3. 522	3. 419	3. 311	3. 198	3. 140
	0. 050	4. 955	4. 103	3. 708	3. 478	3. 236	3. 217	3. 136	3. 072	3. 020	2. 978	2. 913	2. 845	2. 774	2. 700	2. 621	2. 580
12	0. 005	11. 75	8. 510	7. 226	6. 521	6. 071	5. 757	5. 524	5. 345	5. 202	5. 086	4. 906	4. 721	4. 530	4. 331	4. 123	4. 015
	0. 010	9. 330	6. 927	5. 953	5. 412	5. 064	4. 821	4. 640	4. 499	4. 388	4. 296	4. 155	4. 010	3. 858	3. 701	3. 536	3. 449
	0. 025	6. 554	3. 096	4. 474	4. 121	3. 891	3. 728	3. 606	3. 512	3. 436	3. 374	3. 277	3. 177	3. 073	2. 963	2. 848	2. 787
	0. 050	4. 747	3. 885	3. 490	3. 259	3. 106	2. 996	2. 913	2. 849	2. 976	2. 753	2. 687	2. 617	2. 544	2. 466	2. 384	2. 341

续表

分母自由度	a	分子自由度															
		1	2	3	4	5	6	7	8	9	10	12	15	20	30	60	120
15	0.005	10.30	7.701	6.476	5.803	5.372	5.071	4.847	4.674	4.536	4.424	4.250	4.070	3.663	3.687	3.480	3.372
	0.010	8.683	6.359	5.417	4.893	4.556	4.318	4.142	4.004	3.895	3.805	3.666	3.522	3.372	3.214	3.047	2.960
	0.025	6.200	4.765	3.153	3.804	3.576	3.415	3.293	3.199	3.123	3.060	2.963	2.862	2.756	2.644	2.524	2.461
	0.050	4.543	3.682	3.287	3.056	2.901	2.790	2.707	2.641	2.538	2.544	2.475	2.404	2.328	2.247	2.160	2.114
20	0.005	9.944	6.986	5.818	5.174	4.762	4.472	4.257	4.090	3.956	3.847	3.678	3.502	3.318	3.123	2.916	2.806
	0.010	8.096	5.819	4.938	4.431	4.103	3.871	3.699	3.564	3.457	3.368	3.231	3.088	2.938	2.778	2.608	2.517
	0.025	5.872	4.461	3.859	3.515	3.289	3.128	3.007	2.913	2.836	2.774	2.676	2.573	2.464	2.349	2.223	2.156
	0.050	4.351	3.493	3.098	2.866	2.711	2.599	2.514	2.447	2.393	2.348	2.278	2.203	2.124	2.309	1.946	1.896
30	0.005	9.180	6.355	5.239	4.623	4.228	3.949	3.742	3.580	3.450	3.344	3.179	3.006	2.823	2.628	2.415	2.300
	0.010	7.562	5.390	4.510	4.018	3.699	3.474	3.304	3.173	3.066	2.979	2.843	2.700	2.549	2.386	2.208	2.111
	0.025	5.568	4.182	3.589	3.250	3.026	2.867	2.746	2.951	2.575	2.511	2.412	2.307	2.195	2.074	1.940	1.866
	0.050	4.171	3.316	2.922	2.090	2.534	2.420	2.334	2.266	2.211	2.165	2.092	2.015	1.932	1.841	1.740	1.684
60	0.005	8.495	5.795	4.729	4.140	3.760	3.492	3.291	3.134	3.008	2.904	2.742	2.570	2.387	2.187	1.962	1.834
	0.010	7.077	4.977	4.126	3.649	3.339	3.119	2.953	2.823	2.718	2.632	2.496	2.352	2.193	2.028	1.836	1.726
	0.025	5.286	3.925	3.342	3.008	2.786	2.627	2.507	2.412	2.334	2.270	2.169	2.061	1.944	1.815	1.667	1.581
	0.050	4.001	3.150	2.758	2.525	2.368	2.254	2.163	2.097	2.040	1.993	1.917	1.836	1.748	1.649	1.534	1.467
120	0.005	8.179	5.539	4.497	3.921	3.548	3.285	3.087	2.933	2.808	2.705	2.544	2.373	2.188	1.984	1.747	1.606
	0.010	6.851	4.786	3.949	3.480	3.174	2.956	2.792	2.663	2.559	2.472	2.336	2.192	2.035	1.860	1.656	1.533
	0.025	5.512	3.805	3.227	2.894	2.674	2.515	2.395	2.299	2.222	2.157	2.055	1.915	1.825	1.690	1.530	1.433
	0.050	3.920	3.072	2.680	2.447	2.290	2.175	2.087	2.016	1.969	1.910	1.834	1.750	1.659	1.564	1.429	1.352

附表 17 配偶法检验表（a= 5%）

m	S	
	$m+1$	$m+2$
3	3	3
4	3	3
5	3	3
6 以上	4	3

附表 18　$q(t, d_f, 0.05)$ 表

d_f	t											
	2	3	4	5	6	7	8	9	10	12	15	20
1	18.00	27.0	32.8	37.1	40.4	43.1	45.4	47.4	49.1	52.0	55.4	59.6
2	6.09	8.3	9.8	10.9	11.7	12.4	13.0	13.5	14.0	14.7	15.7	16.8
3	4.50	5.91	6.82	7.50	8.04	8.48	8.85	9.18	9.46	9.95	10.52	11.24
4	3.93	5.04	5.76	6.29	6.71	7.05	7.35	7.60	7.83	8.21	8.66	9.23
5	3.64	4.60	5.22	5.67	6.03	6.38	6.58	6.80	6.99	7.32	7.72	8.21
6	3.46	4.34	4.90	5.31	5.63	5.89	6.12	6.32	6.49	7.32	7.72	8.21
7	3.34	4.16	4.68	5.06	5.36	5.61	5.82	6.00	6.16	6.43	6.76	7.17
8	3.26	4.04	5.43	4.89	5.17	5.40	5.60	5.77	5.92	6.18	4.48	6.87
9	3.20	3.95	4.42	4.76	5.02	5.24	5.43	5.60	5.74	5.98	6.28	6.64
10	3.15	3.88	4.33	4.65	4.91	5.12	5.30	5.46	5.60	5.83	6.11	6.47
11	3.11	3.82	4.26	4.57	4.82	5.03	5.20	5.35	5.49	5.71	5.99	6.33
12	3.08	3.77	4.20	4.51	4.75	4.95	5.12	5.27	5.40	5.62	5.88	6.21
13	3.06	3.73	4.15	4.45	4.69	4.88	5.05	5.19	5.32	5.53	5.79	6.11
14	3.03	3.70	4.11	4.41	4.64	4.88	4.99	5.13	5.25	5.46	5.72	6.03
15	3.01	3.67	4.08	4.37	4.60	4.78	4.94	5.08	5.20	5.40	5.65	5.96
16	3.00	3.65	4.05	4.30	4.56	4.74	4.90	5.03	5.15	5.35	5.59	5.90
17	2.98	3.63	4.02	4.30	4.52	4.71	4.86	4.99	5.11	5.31	5.55	5.84
18	2.97	3.61	4.00	4.28	4.49	4.67	4.82	4.96	5.07	5.27	5.50	5.79
19	2.96	3.59	3.98	4.25	4.47	4.65	4.79	4.92	5.07	5.23	5.46	5.75
20	2.95	3.58	3.96	4.23	4.45	4.62	4.77	4.90	5.01	5.20	5.43	5.71
24	2.92	3.53	3.90	4.17	4.37	4.54	4.68	4.81	4.92	5.10	5.32	5.59
30	2.89	3.49	3.84	4.10	4.30	4.46	4.60	4.72	4.83	5.00	5.21	5.48
40	2.86	3.44	3.79	4.04	4.23	4.39	4.52	4.63	4.74	4.91	5.11	5.36
60	2.83	3.40	3.74	3.93	4.16	4.31	4.44	4.55	4.65	4.81	5.00	5.24
120	2.80	3.36	3.84	3.92	4.10	4.24	4.36	4.48	4.56	4.72	4.90	5.13
∞	2.77	3.31	3.63	3.88	4.03	4.17	4.29	4.39	4.47	4.32	4.80	5.01

注：t 为比较物个数，d_f 为自由度。

附表 19　成对偏爱检验显著性差异的最小判断数

答案数目（n）	显著性水平 a		答案数目（n）	显著性水平 a		答案数目（n）	显著性水平 a	
	0.05	0.01		0.05	0.01		0.05	0.01
7	7		24	18	19	41	28	30
8	8	8	25	18	20	42	28	30
9	8	9	26	19	20	43	29	31
10	9	10	27	20	21	44	29	31
11	10	11	28	20	22	45	30	32
12	10	11	29	21	22	46	31	33
13	11	12	30	21	23	47	31	33
14	12	13	31	22	24	48	32	34
15	12	13	32	23	24	49	32	34
16	13	14	33	23	25	50	33	35
17	13	15	34	24	25	60	39	41
18	14	15	35	24	26	70	44	47
19	15	16	36	25	27	80	50	52
20	15	17	37	25	27	90	55	58
21	16	17	38	26	28	100	61	64
22	17	18	39	27	28			
23	17	19	40	27	29			

参考文献

[1] 马永强，韩春然，刘静波. 食品感官检验. 北京：化学工业出版社，2005.

[2] 王朝臣. 食品感官检验技术项目化教程. 北京：北京师范大学出版社，2013.

[3] GB/T 12311—1990 感官分析方法　三点检验.

[4] GB/T 12310—2012 感官分析方法　成对比较检验.

[5] GB/T 12314—1990 感官分析方法　不能直接感官分析的样品制备准则.

[6] GB/T 12316—1990 感官分析方法　“A”-“非 A”检验.

[7] GB/T 21172—2007 感官分析方法　食品颜色评价的总则和检验方法.

[8] GB/T 22366—2008 感官分析　方法学　采用三点选配法(3-AFC)测定嗅觉、味觉和风味觉察阈值的一般的导则.

[9] GB/T 23470.2—2009 感官分析　感官分析实验室人员一般导则　第 2 部分：评价小组组长的聘任和培训.

[10] GB/T13868—2009 感官分析　建立感官分析实验室的一般导则.

[11] GB/T29505—2013 感官分析　食品感官质量控制导则.

[12] GB/T12312—2012 感官分析　味觉敏感度的测定方法.

[13] GB/T12315—2008 感官分析　方法学　排序法.

[14] GB/T19547—2004 感官分析　方法学　量值估计法.

[15] GB/T10220—2012 感官分析　方法学　总论.

[16] GB/T21265—2007 辣椒辣度的感官评价方法.

[17] 高桥和彦，西泰道. 保护地蔬菜生理障碍与病害诊断原色图谱. 姚方杰，李国花，译. 长春：吉林科学技术出版社，2001.

[18] 梁成华. 保护地蔬菜生理病害诊断及防治. 北京：中国农业出版社，1999.

[19] 徐树来，王永华. 食品感官分析与实验. 北京：化学工业出版社，2010.

[20] 王栋，李崎，华兆哲. 食品感官评价原理与技术. 北京：中国轻工业出版社，2001.

[21] 张水华，孙君社，薛毅. 食品感官鉴评. 2 版. 广州：华南理工大学出版社，2001.

[22] 韩北忠，童华荣. 食品感官评价. 北京：中国林业出版社，2009.

[23] 汤卫东，朱海涛，王建军. 苹果感官品质的模糊综合评价. 现代食品科技，2005，21(3)：61-63.